U0361811

新一代信息技术（人工智能）系列丛书

大数据技术伦理

张佐　裴欣 ◎ 编著

清华大学出版社

北京

内 容 简 介

本书系统而深入地探讨了伦理学在信息时代，尤其在大数据、人工智能等新兴技术领域的实际应用及其深远影响。全书结构清晰，共分为 8 章，内容从伦理直觉与伦理学的基础理论开篇，逐步延伸至工程师的伦理观念、信息社会中的伦理风险与挑战、大数据应用的伦理考量、数据权利的界定与保护、数据如何赋能公共治理，以及人工智能伦理的前沿探索等多个维度。

本书的核心目标在于帮助读者全面把握伦理学在信息时代的关键作用，提升个人的伦理素养，并为应对信息时代层出不穷的伦理挑战提供坚实的理论与实践支撑。通过丰富的案例分析、理论阐述与实践指导，本书旨在培养读者在复杂技术环境中做出符合伦理规范决策的能力。

本书不仅适合作为高等学校人工智能、信息科学、工程学等相关专业的教学用书，也是伦理学研究者、信息技术从业者、政策制定者以及对信息时代伦理问题感兴趣的广大读者不可或缺的参考读物。

版权所有，侵权必究。举报：010-62782989，beiqinquan@tup.tsinghua.edu.cn。

图书在版编目 (CIP) 数据

大数据技术伦理 / 张佐，裴欣编著 . -- 北京：清华大学出版社，2024. 12.
（新一代信息技术（人工智能）系列丛书）. -- ISBN 978-7-302-67342-2

Ⅰ . TP274

中国国家版本馆 CIP 数据核字第 2024YA0681 号

责任编辑： 赵　凯
封面设计： 杨玉兰
责任校对： 李建庄
责任印制： 沈　露

出版发行： 清华大学出版社

网　　　址：https://www.tup.com.cn，https://www.wqxuetang.com
地　　　址：北京清华大学学研大厦 A 座　　　　邮　　编：100084
社 总 机：010-83470000　　　　　　　　　　邮　　购：010-62786544
投稿与读者服务：010-62776969，c-service@tup.tsinghua.edu.cn
质 量 反 馈：010-62772015，zhiliang@tup.tsinghua.edu.cn
课 件 下 载：https://www.tup.com.cn，010-83470236

印 装 者：三河市铭诚印务有限公司
经　　销：全国新华书店
开　　本：210mm×260mm　　　印　张：12.5　　　字　数：268 千字
版　　次：2024 年 12 月第 1 版　　印　次：2024 年 12 月第 1 次印刷
印　　数：1 ～ 1500
定　　价：59.00 元

产品编号：107173-01

大数据技术伦理

张佐　裴欣　编著

为了助力教学，本书精心制作了立体化的一系列配套资源，旨在为教师和学生提供更加便捷、高效的教学与学习体验。通过这些资源的结合运用，能够更好地帮助学生理解课程内容，提升学习效果，同时也为教师的教学工作提供有力的支持和辅助。

本书提供的配套资源有教学课件、知识图谱、进一步学习的内容、随堂视频等。

配套资源使用指南

- 请扫描本书封底的文泉云盘专属防盗码进行验证；
- 验证通过后，再扫描书中对应的二维码，即可获得相应的配套资源。

知识图谱　　教学课件

随堂视频

第1讲　第2讲　第3讲　第4讲　第5讲

实验实践

实验1　实验2　实验3　实验4　实验5

实验6　实验7　实验8　实验9　实验10

编委会
EDITORIAL COMMITTEE

顾 问

李衍达 清华大学　　　　　　　　戴琼海 清华大学

吴 澄 清华大学　　　　　　　　管晓宏 西安交通大学 / 清华大学

陈 杰 自主智能无人系统全国重点实验室

主 任

张 涛 清华大学

副主任（按拼音排序）

耿 华 清华大学　　　　　　　　鲁继文 清华大学

古 槿 清华大学　　　　　　　　卢先和 清华大学出版社

委 员（按拼音排序）

卜东波 中国科学院　　　　　　　黄 高 清华大学

陈 峰 清华大学　　　　　　　　贾瑾萌 清华大学

陈 磊 清华大学　　　　　　　　贾庆山 清华大学

陈盛泉 南开大学　　　　　　　　江 瑞 清华大学

陈 欣 清华大学　　　　　　　　姜文斌 北京师范大学

程晓喜 清华大学　　　　　　　　李志勇 北京外国语大学

段岳圻 清华大学　　　　　　　　刘奋荣 清华大学

方 浩 北京理工大学　　　　　　闫海荣 清华大学

郝井华 北京三快在线科技有限公司　裴 欣 清华大学

何仁清 北京三快在线科技有限公司　沈 抖 清华大学

侯 琳 清华大学　　　　　　　　孙致钊 北京三快在线科技有限公司

唐彦嵩　清华大学深圳国际研究生院	曾宪琳　北京理工大学
陶建华　清华大学	张　利　清华大学
汪小我　清华大学	张　鹏　清华大学
王　扬　清华大学	张晓燕　清华大学
王　颖　厦门大学	张　昕　清华大学
王志青　北京师范大学	张欣然　中央财经大学
魏　磊　清华大学	张旭东　清华大学
魏少军　清华大学	张学工　清华大学
吴辉航　清华大学	张长水　清华大学
谢　震　清华大学	张　佐　清华大学
杨庆凯　北京理工大学	赵明国　清华大学
杨　旸　新加坡管理大学	郑相涵　福州大学
易江燕　清华大学	朱　丹　清华大学
尹首一　清华大学	朱　岩　清华大学
于　恒　北京师范大学	

序言
FOREWORD

习近平总书记指出："人工智能是引领这一轮科技革命和产业变革的战略性技术，具有溢出带动性很强的'头雁'效应。"人工智能的发展掀开了智能时代的帷幕，并通过赋能技术革命性突破、带动生产要素创新性配置、促进产业深度转型升级，催生新质生产力，是我国实现高水平科技自立自强、推动经济高质量发展、增强国家竞争力的重要战略抓手。

当今世界的竞争说到底是人才竞争，人工智能未来竞争的关键是人才的培养。与传统学科不同，人工智能具有很强的交叉属性，其诞生之初就是神经科学、计算机科学、数学等领域的交叉，当前日新月异的深度学习、大模型等技术也与各行各业紧密交织，这为人工智能人才的培养提出了更高的要求，迫切需要理学思维与工科实践的深度融合，加快推动交叉领域中创新人才的全面培养。我国人工智能领域的人才培养仍处在发展阶段，人才缺口客观存在。因此，一套理论体系健全、前沿知识集聚、实践案例丰富、发展方向明确的教材，将为我国人工智能教育教学工作开展和人才培养打下基础，也将为更高水平、更可持续的新质生产力发展埋下种子。

在教育部"十四五"高等教育教材体系建设工作部署下，新一代信息技术（人工智能）教材体系的建设工作正全面展开。作为最早开展人工智能教学及科研工作的单位之一，清华大学自动化系在该领域的课程建设和人才培养方面积累了深厚的经验、取得了显著的成果。作为领域的排头兵，清华大学自动化系以牵引人工智能核心课程建设、提升领域人才自主培养质量为己任，发掘校内相关院系和国内其他高校的优秀科研、师资力量，联合组建了编写团队，以清晰的理论框架为依据，以前沿的科研知识为核心，以先进的实践案例为示范，以国家的发展政策为导向，编写了本套人工智能教材。

本套教材在编写过程中，以培养有交叉、懂理论、会实践、负责任的人工智能人才为目标，注重基础与前沿相结合、理论与实践相结合、技术与社会相结合。首先，本套教材涵盖了人工智能的经典基础理论、算法和模型，同时也并入和吸纳了大量国内外最新研究成果；其次，本套教材在理论知识学习的同时，也设计了与课程配套的实验和项目，提升解决实际问题的综合能力，并围绕产品设计、数字经济、生命健康、金融系统等多个领域，

对人工智能的应用实践进行多维阐述和分析。最后，本套教材不仅关注了人工智能的技术发展，也兼顾了人工智能的安全与伦理问题，对于人工智能的内生风险、数据安全、人机关系、权责归属等方面进行了探讨。

我相信，这套人工智能系列教材的出版，将为广大读者特别是高校学生打开人工智能的大门，带领大家在人工智能的无限可能中尽情探索。我也期待广大读者能够充分利用这套教材，不断提升自己的专业素养和创新能力，成为具备"独辟蹊径"能力的创新拔尖人才、具备"领军开拓"能力的战略领军人才、具备"攻坚克难"能力的大国工匠人才，为我国人工智能事业的繁荣发展贡献智慧和力量。

最后，我要感谢所有参与教材编写和审稿工作的专家学者，感谢他们的辛勤付出和无私奉献，为保证本套教材的科学性、严谨性、前瞻性做出了重要贡献。同时，我也要感谢广大读者的信任和支持，希望这套教材能够成为您学习人工智能技术的良师益友，共同推动人工智能事业的发展。

中国人工智能学会理事长

中国工程院院士

戴琼海

2024 年 10 月

本书序

习近平总书记指出："谁能把握大数据、人工智能等新经济发展机遇，谁就把准了时代脉搏。"自 2012 年全球开启"大数据元年"以来，大数据技术加速演进，大数据工具层出不穷，大数据资产爆发式增长，大数据应用已经渗透到社会的每一个角落。大数据技术与人工智能技术结合，为人们的生活提供高效率、便利性、丰富性；同时，也带来了数据安全、隐私侵犯、算法偏见、自主智能等伦理问题。

清华大学以培养具有"爱国奉献、追求卓越"的拔尖创新人才为使命，深化跨学科培养改革，系统推进课程体系建设，强化落实"价值塑造、能力培养、知识传授"教育理念。2013 年，研究生院开始在全校推进职业伦理课程群建设；2014 年，推出大数据研究生培养项目，并在工程伦理方向下专设"数据伦理"课程，及时回应时代对大数据创新人才综合素质培养的需要。本书作者由此承担了"数据伦理"课程建设和教学任务。

本书是作者在十年教学实践基础上完成编写的，呈现出三方面特色。一是结构清晰，体系完整。从伦理直觉与伦理学的基础理论出发，逐步引导读者深入理解工程伦理、信息伦理、大数据应用伦理的基本问题，深入分析和掌握数字经济、公共治理、社会生活等大数据重要应用中权利、义务、责任等伦理要素。二是案例、资料丰富，可读性强。用引导案例切入每一章主题，激发兴趣；每一小节都设置讨论题，启发思考；每章末提供 2 个案例，深化理解、强化运用；文中和各章末还为读者准备了较为丰富的文献、法规、报告等资源，引导自学。三是提供跨学科分析方法，重视能力培养。由伦理推理过程出发提出应对工程伦理问题一般框架，结合价值敏感设计方法而形成应对大数据伦理问题的分析框架和对策工具。

本书既可作为研究生教材，也适合对大数据技术伦理感兴趣的广大读者自学。我希望读者能够充分用好本书，不仅学习其中的知识，更要在实践中不断反思、探索和创新。

在此，我要衷心感谢参与本教材编写的专家们所作出的突出贡献。同时，希望你们继续加强研究、交流和实践，让大数据技术伦理得到更广泛的普及。

教育部自动化类专业教学指导委员会主任委员

清华大学教授　周杰

2024 年 10 月

1. 信息与大数据伦理教育的意义

习近平总书记指出："教育、科技、人才是全面建设社会主义现代化国家的基础性、战略性支撑。"

现代科技的崛起和各类工程的广泛建造，使得科技伦理、工程伦理教育受到高度关注。以互联网、移动通信、大数据、云计算、人工智能等新兴技术为代表的信息技术自身具有强大的创新动力，技术突破接连不断，且"跨界"与各行各业结合，产生了一个又一个新应用和新业态。信息和大数据技术的广泛应用，也蕴含着、汇集了更大的系统安全风险，如数据泄露、隐私风险、数据权利、数字鸿沟、机器人替代、智能自主武器研发等，其中很大程度上涉及社会良好秩序、人类核心价值等伦理问题。

因此，对当前和未来信息技术从业人员普遍开展伦理教育重要且必要。教育目标有四个层次：一是扩展思考维度，做到"应知"，即通过学习掌握信息和大数据伦理问题识别和分析方法，培养伦理意识和责任感；二是履行职业责任，做到"善行"，即要掌握并能践行工程伦理的基本规范；三是促进法治建设，做到"敢创"，即在面对接踵而至的信息和大数据伦理困境时，不断提高前瞻力和决断力，敢于推动创建企业规章、行业规范、国家法律和全球协议；四是引导公众认知，做到"会引"，即能够组织和参与法治、标准、论坛等行动，并善于通过公共平台发出专业声音，贡献专业智慧，引导公众提升信息素养，学会驾驭和管控信息领域多发风险，保护自身权益。

2. 教材设计与特点

本书作者自 2015 年起在清华大学首次开设"数据伦理"课程，至今已讲授 14 班次，近 1200 名学生选修。在这些教学活动中，除教师讲授外，利用李正风教授、王前教授主持建设，本书作者参与录制的"工程伦理"慕课和其在"雨课堂"、网络学堂的教学资源，采用了翻转课堂、案例教学、小组主题研讨、角色扮演等多种教学形式来促进学生主动学习，先后试用过基本知识考核（雨课堂）、案例反思写作、课程报告（案例写作或研究论文）、开卷考试等多种形式对学习成果进行评价。基于上述教学实践中的有益经验，本书以对信息技术，尤其是大数据、人工智能等技术创新感兴趣或正在从事相关工作的工程技术人员，包括学习电子信息类、计算机类、自动化类、经济管理类、公共管理类等本科专业高年级学生及专业学位硕士或博士研究生为读者对象来编写，并可作为工程伦理（信息类专业学生）、数据伦理、信息伦理等课程的教材。

本书尽量选用本领域国内外发生的真实案例，来解读大数据、人工智能等信息新技术在个人、企业、社会、国家和全球产生的切实的、深刻的影响，运用工程伦理问题通用分析框架来剖析新型伦理问题，并从多种途径提出解决对策。最终落脚点是目标读者对象——信息领域从业人员、年轻的技术创新者，希望他们懂得如何在信息专业领域保持竞争力的同时，切实履行社会责任。

全书由工程应用伦理通论、信息与大数据应用伦理专论和附录三部分组成。通论部分包括伦理直觉与伦理学、工程师的伦理观、信息社会风险与信息伦理等内容。鉴于信息和大数据伦理属于应用伦理的范畴，专论部分侧重应用问题分析而非伦理理论创新，采用专题式编排，聚焦数据安全、个人信息与隐私保护、数据权利与数字经济法治、数据赋能公共治理、人工智能伦理及做负责任的创新者等内容，分章论述。一些内容来自作者撰写的《工程伦理》（第二版）第10章"信息与大数据的伦理问题"并进行了更新。除第8章外，本书的每章开篇由引导案例代入主题，接着从伦理学原理、伦理设计方法或符合伦理的行动框架加以阐述分析，为读者提供将当代科技伦理和工程伦理的基本价值观用于解决新型伦理问题的分析方法、决策过程和行动方案实例；每章的末尾进行小结，并再提供两个相关案例可供进一步研讨；每小节后均设计了讨论题，有的是对本节内容进行反思和深入研讨，有的是与本节相关的拓展内容，需要读者自行探索。

附录收录了相关领域的法律法规、伦理章程等材料，供读者参考。

本书的主要特色体现在：

（1）案例引导，突出信息新技术领域伦理问题的现实性和紧迫性；

（2）通专结合，在概述伦理学、工程伦理、技术伦理等基本原理基础上，重点针对大数据、人工智能等新技术产生的新型伦理问题进行理论和实践相结合的分析；

（3）实践为重，通过设置讨论案例、提供伦理讨论、伦理章程、伦理行动等数字化资源等方式，推动读者养成在相关工程和科技创新过程中能够采取符合伦理的行动方案的自觉性和行动能力。

目录
CONTENTS

第 7 章　人工智能伦理——深度学习算法如何守"道德" / 148

第1章
伦理直觉与伦理学——你怎么做决策

引导案例 **计算机前的困惑** [1]

苏珊硕士毕业后进入银行结算部门工作。三年来，上级主管张三一直安排她负责高端客户理财系统等三个业务系统的日常运行和维护。

银行对业务分工和业务规范有专门的规章制度明确责任义务。新业务一般由业务部门提需求，技术部门负责开发业务系统软件并完成测试。新业务上线后，结算部门录入每一个金融产品的募集期限、最低交易金额、适用利率等参数，进行系统维护和导出最终报表。理财中心、储蓄柜台等业务部门在前台接待客户，并录入每一笔实际业务数据，如客户信息、交易金额、交易日期等。技术部门负责技术支持。

苏珊主要负责与理财中心进行业务联系。理财中心设计好产品后，将产品说明书、产品设计方案及按结算部门要求填写的产品参数设置申请表同时交给苏珊。申请表应按产品设计方案正确填写利率、期限、计息方式等数据，且应有理财中心经办人员及复核人员两人签字，并加盖理财中心部门公章。按照行内规定，加盖部门公章还需部门主管副总经理的签字。苏珊收到产品说明和申请表后，应在规定时间内设置好系统参数，以便理财中心前台业务人员开展客户交易服务。

主管张三希望工作平稳轻松不出风险。有了学历高、活泼外向、工作积极主动、业务上手快、能力强的苏珊，深感欣慰。张三把很多重要的工作逐渐交给苏珊经办，也把许多荣誉都给了她，使得苏珊在同一批进入公司工作的同事中处于佼佼者的地位。三年来，苏珊已熟练掌握目前业务，日益感觉工作缺乏挑战性，和自身能力并不完全匹配；但考虑在金融街的银行总行工作非常体面，于是一直在这里安稳工作，直到这一年的春节假期结束。

1月下旬，理财中心发现高端客户大量资金在春节期间闲置，快速决定推出短期高利率

---

[1] 钱小军，姜朋．你知道我的迷惘——商业伦理案例选辑 [M]．北京：清华大学出版社，2016．

"春节宝"理财产品。2月7日是大年初一，募集期为2月1日至5日，在此期间存入的资金按同期活期存款利率计息。存续期从除夕到正月十五（2月6—21日），正好覆盖整个春节假期，在此期间按照理财产品的高额年化利率4.8%计息。一份"春节宝"产品的最低购买额为100万，募集总额为50亿元。

技术部门在时间非常紧迫的情况下开发出"春节宝"业务系统，并仓促上线。日常维护交到苏珊手中，她按照理财中心提供的产品申请表正常设置了系统参数。

没想到，这款产品发布后短短3小时便达到募集上限，销量创下业界纪录。苏珊除系统维护已无事可做，轻松准备回家过年。

正月十五过后，系统自动结转"春节宝"利息，苏珊负责统计汇总报表。突然，来自理财中心贵宾室的一声咆哮打破了平静，一名客户声称其被少算了利息，来向银行讨说法。

直到这时，银行才发现内部使用的产品设计方案和提供给客户的产品说明书虽然都按照天数计息，但是日利率的计算方法并不一致。一个用"年利率/365"，另一个用"月利/30"即"年利率/360"。100万元一份产品的利息差额为274元。这位客户购买了50份产品，差额达13 700元！虽然这个客户是有钱人，但1万多的利息差额还是无法忍受，加上柜台人员态度敷衍，解释很不专业，客户气愤地表示要把自己及好友的资金全部转走。这对银行无疑是物质及名誉的双重损失。

理财中心向苏珊索要全部客户销售表，发现大部分客户都是购买1份产品，可能感觉不到200多元的利息差。于是，理财中心提出，只针对这名客户做系统参数修改以平息事件，其他客户维持不变，减少声誉方面的不利影响。

银行以往推出过区别对待不同类型客户的产品，但或者直接在产品设计方案中加以说明，或者由业务部门向结算部门再单独提交参数设置申请表，使工作流程完整、闭合。然而这次有点不一样，为了应对这起意外的突发情况，理财中心并没有提供类似的文字依据。

苏珊立即向主管张三汇报情况，请求指示。张三表示苏珊可以马上修改参数来帮助理财中心处理危机事件，并说明，部门之间在非原则问题上应该互相体谅、互相帮忙，不一定事事都追究责任。

在客户依然怒气冲冲、银行遭遇信誉危机之际，苏珊既拿不到业务部门按规定的书面申请，也拿不到上级签署的特批意见。苏珊坐在计算机前，打开了参数设置界面，想到银行内外经常有定期和不定期的审计、问责，如果发现自己直接修改参数而没有相应的依据，自己将会背"锅"！她的双手久久没有按键……

> **讨论**
>
> （1）苏珊为什么难以抉择？她所面临的困境是否会出现在贵宾室怒气冲冲的客户身上？
>
> （2）根据"春节宝"产品的研发、销售情况，梳理业务部门、技术部门和结算部门的责任分工，结合你们从事软件开发的经验，这个错误可能是哪些环节、哪些原因导致的？

（3）如果你是苏珊，你接下来会怎么做？为什么？

（4）如果你是理财中心的产品设计、销售人员或负责人，知道这个消息后会怎么考虑、怎么行动？你有办法避免该错误吗？

（5）如果你是负责设计、开发"春节宝"软件的技术人员，知道这个消息后会怎么考虑、怎么行动？你有办法避免该错误吗？

（6）你这么做所秉持的价值原则主要是什么？

（7）今后遇到类似事件，你还会这样做吗？

1.1 伦理和价值观

伦理，这个在现代社会中被广泛讨论的词汇，究竟蕴含着怎样的内涵和外延？

一般而言，伦理是关于好坏和对错的辨析。价值观是喜欢某种事态而不喜欢另一种事态的大致倾向。每个伦理决策均体现决策者或决策群体的价值观。

讨论 请按照你的价值观将下列与价值相关的概念放到如图 1-1 所示坐标系合适的位置上。

（1）健康；

（2）财富；

（3）欺骗；

（4）杀戮；

（5）提高效率；

（6）缩短工期；

（7）客户满意；

（8）从事生物武器研发；

（9）围海造田；

……

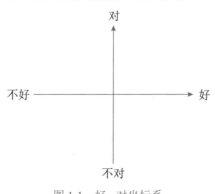

图 1-1　好 - 对坐标系

就上述论题而言，排布位置能反映人的价值观。"一千个人有一千个哈姆雷特"，不同人的价值排序难以完全一致，价值观存在明显的个体差异。根据课内测试和实践观察发现，大多数人倾向于将"健康"放在右半空间（善），但一部分人同时认为"健康"是"对"（正当）的，而把它落到第一象限；其他人则认为"健康"并无"对""错"（正当、不正当）之分，而把它放在右半幅横轴上。针对"健康"和"财富"这两项，中老年人更愿意把"健康"放在"财富"的右上方，认为"健康"更重要、更好，而年轻人可能会认为"财富"更好而放在更右侧的位置上。

价值观具有多样性。同一个人，当他处于不同角色、不同视角时，价值观排序也可能变化。以软件开发工作为例，在受托完成甲方任务时，乙方一般会认为"提高效率""缩短工期"是对的、好的，并以此为工作目标进行优化管理，降低项目开发人员的时间成本和人力投入。但一旦他通过购买第三方服务或借助开源代码而转身成为"甲方"，又可能担心"乙方"（第三方服务提供商或开源代码提供者）出现代码优化不到位、测试不充分、安全性不保障等情况，反而不再认为"提高效率""缩短工期"一定是好的、对的。

价值观随历史而演进。在人类发展史上，"开垦荒地""围海造田"曾经为人类生存带来更多的生存资源，在当时常被认为是对的、好的、值得鼓励的。但是，随着人们逐渐加深对生态环境演化规律的认识，尤其是1969年《寂静的森林》一书出版后，越来越多的人开始反思人与自然的关系，强化了对自然界的感知和同理心，激发了对生命平等权重的思考，促进了环境保护伦理的传播和普及，并在全球范围内开启了尊重自然、节制使用、可持续发展的倡议和行动。

在中国，2003年，时任中共中央总书记胡锦涛同志提出了科学发展观思想，强调坚持以人为本，实现全面、协调、可持续的发展；2005年，时任浙江省委书记的习近平在考察湖州安吉时提出"绿水青山就是金山银山"的科学论断；2012年，党的十八大将生态文明建设纳入"五位一体"总体布局，并和"四个全面"战略布局一起扎实推进，取得了如期实现第一个百年奋斗目标的历史性成就；2022年，在开启推进中国式现代化新征程之际，党的二十大报告再次强调，"尊重自然、顺应自然、保护自然，是推进全面建设社会主义现代化国家的内在要求"。与此同时，联合国也积极推动全球可持续发展，在2015年召开的全球可持续发展峰会上提出了包含消除贫困、消除饥饿、健康福祉、优质教育、性别平等、清洁饮水、清洁能源、体面工作、工业创新、社会平等、永续社区、永续供求、气候行动、海洋环境、陆地生态、机构正义、全球伙伴共17项内容的联合国可持续发展目标（Sustainable Development Goals，SDGs）。

价值观还存在显著的文化差异[2]。例如，在灾难事故出现后，中国和西方的国家媒体均会进行综合、全面的报道。不过，多层面对比研究发现，我国的新闻媒体往往选取整体视

中美疫情防控
中的文化价值观
体现与分析

---

[2] 郑佳雪，缪莉杨，徐圣陶，等 . 中美疫情防控中的文化价值观体现与分析 [J]. 产业与科技论坛，2022，21（14）：85-87.

角，报道主题着重表现"集体"，凸显政府机构、社会团体在灾难事故中所采取的应对措施；而西方国家的媒体往往选择个人视角，着重表现"个人"，关注每个个体的际遇，凸显个人在应对灾难时表现出来的无畏精神。再以中美两国各自制作的精美科幻电影《流浪地球》与《星际穿越》为例，两部电影都体现出对人类命运深沉的直面与严肃的思考，表现出较为积极的精神取向。但《流浪地球》以同舟共济、精诚团结的"饱和式救援"叙事情节，深刻阐述了基于"人类共同利益"构建人类命运共同体的全球治理理念，这也是习近平外交思想提出的总目标；而《星际穿越》以"奥德赛英雄探秘 / 神秘主义弥赛亚拯救人类"式的故事叙述，阐述家庭 / 亲情这一西方保守主义价值观。

专栏 1-1 是由国内研究机构评选的年度十大伦理事件，供读者品味伦理在当代中国所具有的丰富内涵。

专栏 1-1　年度十大伦理事件

为了记录新时代道德文明进步历程，推动社会公众关注和参与道德建设和精神文明建设，教育部人文社会科学重点研究基地中国人民大学伦理学与道德建设研究中心、融媒体矩阵中国伦理在线于 2019、2020 年连续两年组织专家推选和公众评选，从中确定年度十大伦理事件。其中，算法善用、助力老年人使用智能手机改革、人脸识别技术滥用、蚂蚁上市被叫停等事件与本书探讨的主题直接相关。

▸ **2019 年十大伦理事件：**

（1）党中央、国务院隆重表彰英雄模范；

（2）《新时代爱国主义实施纲要》颁布；

（3）《新时代公民道德建设实施纲要》颁布；

（4）国家科技伦理委员会将组建；

（5）上海率先实施生活垃圾分类处理；

（6）"基因编辑婴儿案"公开宣判；

（7）《中国新闻工作者职业道德准则》修订；

（8）"民航总医院杀医案"引发社会关注；

（9）"翟天临学术造假"等学术不端引发关注；

（10）互联网行业践行"算法善用"理念。

▸ **2020 年十大伦理事件：**

（1）脱贫攻坚取得重大胜利，实现战胜绝对贫困的千年夙愿；

（2）抗击新冠肺炎疫情取得战略成果，铸就伟大抗疫精神；

（3）《民法典》施行，法治与德治相结合塑造中国伦理精神；

（4）多地曝出冒名顶替上大学事件，严重挑战教育公平；

（5）人类学术语"内卷"出圈，低效率竞争推高社会焦虑；

（6）老年人运用智能技术困难，国家专项政策予以关怀；

（7）人脸识别、信息码等智能技术滥用，伦理风险引担忧；

（8）《后浪》《乘风破浪的姐姐》热播，美好生活是共同追求；

（9）蚂蚁上市被叫停，服务人民福祉应成企业社会责任；

（10）中央重点整治诚信缺失问题，建立诚信制度长效机制。

讨论

请自行收集中国工程院院士、"共和国勋章"获得者、呼吸病学专家钟南山，中国工程院院士、"共和国勋章"获得者、生物安全专家陈薇，中国科学院院士、国家最高科学技术奖获得者王大中，3U8633航班机长、感动中国2018年度人物、"最美奋斗者"荣誉称号获得者刘传健的工作经历和事迹。

思考：他们在工作中遇到的哪些问题是伦理问题？这些问题是否带有"职业"特点？你未来计划从事什么职业？其中是否存在需要高度重视、体现职业特点的伦理问题？

1.2 伦理学基础

1.2.1 伦理学的研究对象

伦理学界普遍认为伦理学是研究道德的学问，是哲学的一个重要分支。道德作为伦理学的研究对象，既反映个体心理意识和行为，又涉及社会规范和知识体系，具有独特的社会价值和历史特征，需要深入地研究和理解。可以从心理意识、行为活动、价值规范和社会作用等方面来理解什么是"道德"。在心理意识层面，道德反映人们对善与恶、正当与不正当的认识，涉及道德价值观念、道德判断标准、道德原则规范等。在行为活动层面，道德通过指导人们的道德行为和道德活动，以规范人与人之间以及人与自然之间的关系，促进社会的和谐发展。在价值规范体系方面，道德通过价值规范来调整和规范社会成员的行为，包括伦理道德规范、道德评价标准、道德教育内容等，为社会的秩序和谐提供保障。此外，道德能够引导和规范人们的行为选择，使个体行为符合社会整体利益和公共道德要求，具有价值导向作用。道德以规范和约束个体行为，调整人与人之间的关系，促进个体与社会的和谐统一，具有主体性规范作用。道德是社会的调控机制之一，通过道德评价、道德约束和道德导向来维护社会秩序，保障社会正常运行。道德是反映人们价值观念的知识体系，包括伦理理论、道德规范、道德评价等，需要专门的学科研究来阐释和传播。道德随着社会历史条件的变迁而发展变化，具有历史性，不同历史时期的道德规范和道德观念存在差异。

作为一门古老学科，伦理学（Ethics）一词起源于公元前4世纪的古希腊，由亚里士多德（Aristotle）通过改造古希腊语中的"风俗"（Ethos）一词所创立的。而"道德"（Moral）

一词是古罗马思想家西塞罗（M. T. Cicero）把亚里士多德著作中的"风俗"（Ethos）改译成拉丁语（More）的形容词，用以表示国家生活的道德风俗与人们的道德品性。在西方，古希腊时期苏格拉底（Socrates）、柏拉图（Plato）、亚里士多德等哲学家奠定了西方伦理学基础。基督教伦理学在中世纪占主导地位，圣奥古斯丁（Augustine of Hippo）、阿奎那（T. Aquinas）等思想家提出"神学伦理学"为代表。到了文艺复兴时期，人文主义伦理学开始复兴，柏拉图、亚里士多德等古希腊伦理学传统再次得到重视。进入启蒙时期，伊曼努尔·康德（Immanuel Kant）为代表的思想家倡导"道德理性主义"。19 世纪后，伦理学进入现代化进程，出现了功利论、实用主义、存在主义等新的伦理学流派。

中国古代虽无"伦理"一词，但有"伦理""道德"的概念，且二者含义大体相通。其中，"伦"在东汉许慎的《说文解字》中训为"辈"，即指人与人之间的辈分次第关系，引申出"类""比""序""等"等含义。"理"的本义是治玉，后引申出条理、规则、道理、治理等含义，指事物和行为当然的律则和道理。"道"原指由此达彼的道路，引申为正确规则。"德"是多义词，其中至少有三种含义与"道"发生关联。如图 1-2 所示，"德"在甲骨文表正直行为，在金文中表正直心性；此外，自商至周，"德""得"互通，渐生"得道"之意。对道德和伦理问题的辨析思考是中国传统文化思想的重要组成。先秦时期，诸侯国并立，思想上百家争鸣，孔子、墨子、庄子、商鞅等为代表的思想家，提出了仁爱思想、兼爱思想、自然伦理思想、法治思想等，奠定了中国社会伦理的基础。蔡元培指出"吾族之始建国也，以家族为模型。又以其一族之文明，同化异族，故一国犹一家也。一家之中，父兄更事多，常能以其所经验者指导子弟。一国之中，政府任事专，故亦能以其所经验者指导人民。"[3] 这种家国同构、上下尊卑的影响至今仍在。秦汉建立封建帝国，实现大一统，董仲舒独尊儒术，提出"仁义礼智信"五常伦理且被采纳；后经历魏晋南北朝动荡分裂，期间佛教传入、道家思想盛行、玄学兴起，中外多种思想纷乱杂陈；到了唐代盛世，又迎来兼收并蓄、百花齐放的局面。直到宋明时期，名儒辈出，其中，朱熹提出的理学得以成为官方哲学，他本人也成为中国伦理思想的集大成者。清末民初，被船坚炮利攻破的中华民族谋求复兴，大量引入西方伦理学思想，并与中国传统文化思想猛烈碰撞，掀开了中国现代化进程的序幕。

汉字释义：伦、理、道、德

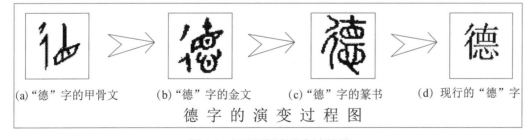

| (a)"德"字的甲骨文 | (b)"德"字的金文 | (c)"德"字的篆书 | (d) 现行的"德"字 |

德 字 的 演 变 过 程 图

图 1-2 汉语"德"字演变过程[4]

[3] 蔡元培 . 中国伦理学史 [M]. 北京：北京大学出版社，2009.

[4] 搜狗百科 . 汉字"德"[EB/OL][2024-01-26]. https://baike.sogou.com.

1.2.2 伦理学的研究内容

伦理学的研究内容主要有三方面：道德的基本理论、道德规范体系、道德活动或实践。

道德的基本理论涉及道德的起源和发展，道德的本质、结构和功能等，用来探讨道德是什么，何时、何地发生，为何发生。

道德规范体系主要研究道德原则、规范和范畴，涉及人类行为的**善**、**正当**和**幸福**等重要概念，试图解答何为"好"的行为。

善，在伦理学中指的是人类行为的正面价值，即某种行为或结果对个体或社会有益、值得追求的特性。善的行为可以带来积极的影响，增进个体和社会的福祉。伦理学家探讨不同类型的善，如善良、善良意志、善行等，并试图确定如何评估行为的善性。

正当，在伦理学中是指行为是否符合道德规范和原则。它关注行为本身的道德性，而不仅仅是行为带来的结果。正当的行为是在遵守道德法则和尊重他人权利的基础上所采取的行动。伦理学家研究不同道德理论，如功利论、康德伦理学等，以确定行为的正当性。

幸福，在伦理学中是指人类追求的理想状态，包括个体内心的满足、安康和幸福感。伦理学家探讨幸福与道德行为之间的关系，以及如何通过道德行为实现幸福。他们研究幸福的重要性以及它是否为道德行为的最终目标。

道德活动或实践研究道德心理、道德行为、道德决策、道德评价、道德教育、道德修养、道德建设等问题，试图解答人们应该如何行动。

此外，伦理学还关注道德判断、道德责任和道德义务等概念。道德判断是对行为是否符合道德标准的评价，道德责任是指个体对其行为的道德义务，道德义务是指个体应尽的责任和义务。

通过对这些问题的探讨，伦理学试图为人类行为提供指导原则，引导人们追求美好的生活。

1.2.3 伦理学的学科性质与研究方法

伦理学具有哲学属性、价值属性、实践属性、社会属性、历史属性、跨学科属性、价值导向属性等丰富的性质，既是一门哲学分支学科，也是一门具有实践性和社会性的综合性学科。伦理学的使命在于针对"应然性问题"而非"实然性问题"（见专栏 1-2）开展理论和应用研究，在指导实践过程中推动个人和社会道德进步，促进人的全面发展和社会文明进步。

在开展伦理学研究中，要坚持以马克思、恩格斯创立的唯物主义辩证法和唯物史观为基本方法论，针对具体问题，还可以采用理性思辨方法、阶级分析方法、历史分析方法和价值分析方法等。

专栏 1-2　实然性问题与应然性问题

在人们的知识体系中，事实问题与价值问题有着根本区别。事实是已经存在或发生的事情，而价值则是人赋予事物或事件的好坏意义和评价。所以，事实问题探究对象是什么、有什么、为什么，是"实然性"问题；而价值问题探讨对象是好是坏、是善是恶、据此追问人应当如何以及不应如何，属"应然性"问题。对"对象是什么、有什么、为什么"的提问，只能用已有的相关事实作出回答。而对"对象是好是坏、是善是恶"和"人应当如何"的问题作答，最终只能通过确立特定的价值标准来作判断。自然科学强调研究事实问题，伦理学直接对人提供"应然"即"应当如何"的规范与指导，两个学科性质有别：前者指向事实和实然性的知识，后者指向价值和应然性的理想。

讨论

善、正当、幸福是伦理学的重要概念，与个人品德养成、心理健康发展、社会法律建设和社会主义核心价值观形成有密切关系。

（1）结合自己的学科或所长，分析"善、正当、幸福"这三个概念的内涵。

（2）讨论"善、正当、幸福"与个人品德、心理健康、社会法律和社会主义核心价值观之间的关系。

（3）从信息和智能的广泛应用中找一个实例，讨论信息技术如何在个人和社会层面促进实现"善、正当、幸福"。

1.3　主要伦理学理论

在伦理学的历史发展中，出现了多种理论流派，每种流派都有其独特的观点和代表性人物。其中，功利论、义务论、德性伦理学、社会契约论、正义论等在当代社会仍有重要影响。功利论关注行为带来的后果，义务论强调行为遵循普遍性原则，德性伦理学关注个体德性和幸福，社会契约论强调以缔结契约达成个人自由与社会秩序的平衡，正义论强调道德价值在于实现社会公平和正义。

1.3.1　功利论

功利论（Utilitarianism）是伦理学中最常见的理论流派之一，可以追溯到古希腊伊壁鸠鲁（Epicurus）等人。功利论的代表性人物有 18 世纪、19 世纪英国思想家约翰·S. 穆勒（John S. Mill）和杰里米·边沁（Jeremy Bentham）等。穆勒撰写的《功利论》一书系统阐述了其思想。

功利论认为，行为的道德性取决于行为带来的后果，即"最大幸福原则"。在功利论中，善是指能够带来快乐和幸福的事物，而恶则是指带来痛苦和不幸的事物。正当的行为是那些能够产生最大快乐、最小痛苦的行为。幸福在这里指的是个体满足感和安康的状态，是行为道德性的衡量标准。

功利论将行为的道德性量化为幸福（Welfare）或效用（Utility）和痛苦的量，主张通过权衡不同行为的快乐和痛苦来确定行为的道德性。功利论强调追求个体的快乐和幸福，并将之作为行为正当与否的衡量标准。值得指出的是，穆勒认为，功利论不仅关注个体快乐，还关注社会整体的福祉，强调行为正当与否应当以社会大多数人的幸福为标准。

1.3.2　义务论

义务论（Deontology），又称康德伦理学，是 18 世纪德国哲学家康德创立的伦理学理论，他在《道德形而上学奠基》等作品中阐述了康德伦理学理论。

康德认为，道德行为应当遵循普遍性原则，将个体作为目的本身来尊重。主张行为的道德性取决于行为是否遵循普遍性原则，而不是行为的后果，即"自律原则"，这一点恰与功利论相对。在义务论中，善是指遵循道德律令的行为，而恶则是指违背道德律令的行为。正当的行为是那些基于道德律令、遵循普遍性原则的行为。幸福在这里并非行为道德性的衡量标准，而是道德行为的自然结果。

康德认为，行为正当与否应当基于道德律令，即那些能够被普遍化的原则。他提出了"实践理性的公式"，包括"人类行为的普遍化原则""尊重他人作为目的的本身"等，作为判断行为道德性的标准。

1.3.3　德性伦理学

德性伦理学（Virtue Ethics）起源于古希腊哲学家亚里士多德，在其《尼各马可伦理学》等著作中阐述了德性伦理学理论主要内容。其核心思想是"德性"，即个体优良品质和性格。德性伦理学认为，行为的道德性取决于个体是否具备德性，如正义、勇敢、诚实等。

这种伦理学关注个体的幸福和福祉，认为具备德性的个体能够实现真正的幸福。在德性伦理学中，善是指具备德性的行为，而恶则是指缺乏德性的行为。亚里士多德提出了"中道"概念，也被称为"黄金法则"，主张个体应当在过度和不足之间寻求平衡，"应善待他人，就如我们想要他人善待自己一样"，与孔子"己所不欲，勿施于人"有异曲同工之效。正当的行为是那些基于个体德性、符合中道原则的行为。幸福在这里指的是个体实现其目的的状态，是行为道德性的衡量标准。德性伦理学强调，个体应当追求德性，即良好品质和性格，以实现真正的幸福。

1.3.4 社会契约论

社会契约论（Contract Theory）起源于 17 世纪的欧洲。在这个时期，欧洲社会经历了巨大的变革，包括宗教改革、启蒙运动和资本主义的发展。这些变革引起思想家跳出个人品德、伦理行为的小视野，从理解社会秩序的新视角，重新审视社会结构和政治制度。社会契约论的代表人物有托马斯·霍布斯（Thomas Hobbes）、约翰·洛克（John Locke）和让 - 雅克·卢梭（Jean-Jacques Rousseau）。

霍布斯在其著作《利维坦》中提出了社会契约论的基本概念，认为道德和社会秩序源于人们之间的约定和契约，并由此解释道德和社会秩序的产生。洛克的《政府论》和卢梭的《社会契约论》对此做出进一步发展。

社会契约论的核心思想是人们在社会中达成契约，共同建立一个统一的权威来维护社会秩序和保障个体权利。社会契约论的主要观点包括：人们处于自然状态下是自由而平等的；人们为了逃避自然状态下的混乱和不确定性，愿意放弃部分自由，与他人达成契约；社会契约建立了统一的权威，个体必须遵守社会规则和制度；社会契约保障了个体的自然权利，如财产权、生命权和自由权。

社会契约论是一种政治哲学，反映了资本主义萌芽期的社会、经济、政治的特征和关系。社会契约论对伦理学产生了多方面影响，它不仅改变了人们对于政治权力来源和性质的理解，也深刻影响了伦理学对于个体权利、社会正义以及政权合法性的探讨，为现代伦理学的发展提供了一种重要的理论基础。

1.3.5 正义论

正义论（Theory of Justice）由美国哲学家约翰·罗尔斯（John Rawls）提出。1971 年出版的《正义论》集中阐述正义论的主要内容。正义论起源于对平等和公正的关注，为伦理学提供了新的视角，认为道德价值在于实现社会公平和正义，并由此出发探讨社会分配原则和制度安排，以促进实现社会公平和正义。

正义论的核心思想是通过建立公平正义的原则来解决社会不平等问题。其主要观点有以下几点：首先，提出了"无知之幕"的概念，强调在制定社会规则和分配资源时，人们应当忽略自己的社会地位、种族、性别等因素，以实现公平；其次，强调了对最不利群体的关注，认为社会正义的实现应当保障最弱势群体的利益；最后，主张通过政治过程和公共讨论来解决社会正义问题，强调民主制度的重要性。在伦理实践层面，罗尔斯提出了两个正义原则：第一个原则是平等的基本自由权，即每个人都应当拥有相同的自由权利；第二个原则是公平的机会原则，即社会应当提供平等的机会，使每个人都能实现自己的潜能。

正义论从提出以来，被广泛应用于全球不同国家制定法律和教育、社会领域的公共政策等实践中，也用于国际社会为解决饥饿、贫困、资源、环境等全球问题进行多边协商过

程中，为处理社会不平等和实现公正提供了理论指导。

1.3.6 简要评述

如前文所述，善、正当、幸福是得到普遍认同的伦理价值，也是各种伦理学理论的核心概念。不过，不同流派伦理学理论对这些概念的解释不尽相同。

善是伦理学中衡量行为价值的标准，指行为所带来的有益的、值得追求的后果。在功利论中，善以快乐和痛苦为衡量标准；在义务论中，善体现为符合道德义务和规则的行为；在德性伦理学中，善表现为个体德性的完善；在社会契约论中，善源于人们之间的约定和契约；在正义论中，善体现为社会公平和正义的实现。

正当是伦理学中衡量行为道德性的标准，指行为符合道德规则和义务。在功利论中，正当以快乐和痛苦为依据；在义务论中，正当是道德规则的体现；在德性伦理学中，正当与个体德性相关；在社会契约论中，正当源于人们之间的约定和契约；在正义论中，正当关注社会公平和正义的实现。

幸福是伦理学中追求的理想状态，指个体在物质、精神和道德方面的满足。在功利论中，幸福以获得快乐和避免痛苦为核心；在义务论中，幸福与道德义务和德性相关；在德性伦理学中，幸福体现在个体德性的完善；在社会契约论中，幸福源于社会秩序与和谐；在正义论中，幸福与社会公平和正义紧密相连。

产生于不同时代并得到传承和发展的各种伦理学理论，一定程度上反映了时代背景、社会发展进程和文化特征，在传播和实践中也受到不同程度的质疑。例如，对功利论的批评主要是：将个体的幸福等同于总体的幸福，可能导致对个体独特感受和需求的忽视；属于主观感受的快乐与幸福很难被正确量化；过度重视追求短期快乐，忽视长期福祉和可持续性；在社会公平正义和保护个人基本权利方面，有时存在激烈矛盾等。对义务论的批评主要是：绝对的普遍性原则与相对的伦理困境容易发生矛盾，导致其实践意义较弱；过于强调个人的义务，可能严重伤害个人自由；作为实践理性产物的普遍道德律是否确定存在、并能被正确认知受到怀疑等。对德性伦理学的主要批评是："黄金法则"缺乏明确、一致的标准；强调个体的情感、意图和品格，可能导致道德判断的高度主观化、不确定；处理人与自身、人与人之间的个人品德较为有效，但在应对社会正义问题方面表现较为无力；关注个体品格和意图，可能导致对行为本身后果的忽视。对社会契约论的主要批评是：对人们在未进入社会状态之前是自由的和平等的这一假设难以被证明，且忽视了人类多样性和复杂性，忽视了社会经济、政治、文化等各类权力不平等的现实；将道德规范建立在人们的协议之上，导致道德自主性缺失；因为达成一致的契约往往不可行，其应用性较弱等。对正义论的主要批评是："原初状态"和"无知之幕"的观念不符合现实世界中人们的实际行为和动机；强调权利和公平，而不是最大化幸福或福利，这与功利论存在根本对立，被认可和接受程度不高；把有限资源在社会成员之间进行公正分配，可能遭遇难以调和的不同利益群体和冲突；

强调社会正义可能会限制个人自由等。

讨论

（1）再次拿出图 1-1，审视你刚才的答案。你对好与不好、对与不对的判断更接近于哪一种伦理学理论对"善""正当"的定义？

（2）很多人有这样的经历：用手机、iPad 等智能移动终端上网时，经常会出乎意料地弹出各种各样的网络广告。不少用户深感被打扰、被侵犯：正在做的事情被打断，移动端上网速度被拖慢，宝贵的电池能量被消耗，还存在隐私和安全方面的风险。此时，某国际头部企业升级了其独有的手机操作系统，允许应用程序主动为用户拦截广告。好多用户纷纷下载、升级了该版操作系统。然而，一些企业对该头部企业捆绑销售该"拦截广告"软件是否符合伦理提出质疑，这里面有围绕该独有手机操作系统开发应用小程序、生产和发布网络内容等众多企业，其中不少是小微企业。因为这些企业的营收模式通常是以免费的软件或内容服务来换取流量，通过弹出广告将流量引入广告，通过打开率和转化率来向广告主收费。选择一种伦理学理论，从其核心思想和观点出发，对上述案例进行伦理学分析。

1.4 伦理实践

1.4.1 伦理困境

当今社会，伦理问题无处不在。例如，**电车悖论**是一个经典的伦理思想实验，它揭示了在极端情况下人们可能面临艰难的道德抉择。在这个场景中，一个人必须瞬时做出决策，是让在轨道上失控飞驰的电车直愣愣地撞上前方五个人，还是扳动道岔使电车转向撞上旁边轨道上的一个人。无论选择哪种行动，都会导致人员伤亡，这是困境之所在。有关电车悖论的伦理抉择引发了广泛的讨论，从功利论、义务论、德性论、契约论、正义论来分析，可以得出不同的，甚至对立的观点。又如，在医疗领域，医生常常面临抉择，是花费药物、器械、手术等手段来维持一个生命，还是尊重患者放弃治疗、节省费用的意愿，而眼看着病人不治身亡。这类困境引发了人们对于生命价值、自主权和伦理实践原则的深入思考。

随着科技的高速发展，土木建造、机械制造、信息创造的各类工程应用不断改变社会生产和生活方式。如果把电车悖论代入智能场景，过去需要由人来驾驶的电车和由人扳岔的轨道控制系统，由智能软件根据内置的算法对紧急场景进行自动判断、自主决策的智能无人电车和轨道交通系统代替。可以看到，"两难决策"依然存在。此外，还增加了该向无人电车拥有者还是自动驾驶操控技术的设计者提出道德谴责的新问题。

1.4.2 伦理实践和伦理规则

伦理实践是指在日常生活和工作中遵循伦理规则的行为和决策。伦理实践应当在伦理学的指导下依据一定的伦理规则进行。这些规则为我们提供了判断和决策的依据，帮助我们有效应对伦理困境，及时作出伦理决策。

实践中，**个人主义**、**功利主义**、**人道主义**和**集体主义**是常见的伦理规则，为我们提供了不同的判断和决策框架。

个人主义是一种强调个人权利和自由的伦理规则。根据个人主义观点，个人应当追求自己的利益和幸福，并有权自主做出决策。个人主义的优点在于强调个体的尊严和自由，缺点是可能导致对他人利益的忽视。

功利主义是一种强调最大化幸福的伦理规则。根据功利主义观点，应当选择能够带来最大幸福的行为和决策。功利主义的优点在于注重实际效果，缺点是可能忽视个体的权利、责任和尊严，缺乏对最不利群体的关注。

人道主义是一种强调关爱和尊重他人的伦理规则。根据人道主义观点，人们应当关注他人的福祉和尊严，并尊重他们的权利。人道主义的优点在于强调对他人的关爱和尊重，缺点是面对实际问题可能达不成共识，找不到可行解。

集体主义是一种强调集体利益和社群的伦理规则。根据集体主义观点，个人应当服从集体的利益和价值观，优先考虑社群的需要。集体主义的优点在于强调集体利益和团结，缺点是可能用集体和社区利益压制或忽视个体的权利和自由。

归纳起来看，伦理实践应当遵循尊重原则，即尊重他人的权利和尊严，例如，在医疗伦理中，医生应当尊重患者的知情权和自主权，在充分告知后，根据患者的意愿和价值观商定治疗方案。伦理实践应当遵循正义原则，即公平地分配资源和责任。例如，在社会组织中，应当平等对待各个成员，确保他们享有相同的权利和机会。伦理实践应当遵循关爱原则，即关注他人的福祉和幸福。例如，在企业中，企业管理者应当关注员工的福祉，提供良好的工作环境和合理的待遇。

1.4.3　伦理实践的难点

伦理实践已经成为当今社会各个领域关注的焦点。然而，因为伦理情境复杂而不确定，个人角色多样而可变，所以伦理实践永远不是简单的、有界的、确定性的任务，而是面临许多困难和挑战。例如，如何进行伦理风险识别与管控，如何辨析个体和群体角色及伦理关切，如何在不同利益群体之间分配和落实安全责任，如何认识和处理伦理与法律的关系，如何应对智能时代引发的伦理主体、客体新变化等。

1. 难以准确识别、合理管控伦理风险

伦理风险是指在实践中引发伦理问题或冲突的可能性。首先，伦理情境的复杂多样性使得识别和评估伦理风险变得困难。其次，不同利益群体之间的需求和诉求不一致，导致在伦理风险管理中难以达成共识。此外，技术的不确定性和监管的滞后性也为伦理风险的识别与管控带来了挑战。

2. 个体角色的可变性带来伦理原则的不确定性

我们每一个人在生活中要扮演多重角色。例如，对一个从事信息技术研发的已婚成年男性而言，在家庭环境中，他的主要身份是丈夫、父亲、儿子，亲情、尊重和关爱是家庭中的主要伦理原则。在单位中，他的主要身份是部门领导、研发技术负责人，专业、负责、诚信、合作是企业中的主要伦理原则。在社区生活中，他的主要身份是居民、消费者，以平等、尊重、公平、正义、自由、节俭为伦理原则与他人、与环境友好相处。在网络游戏世界，他可能选择任何身份，但需遵守承诺、行为合规，否则可能被踢出虚拟世界。

3. 难以在不同利益群体之间合理分配安全和伦理责任

在实践中，不同利益群体之间的伦理责任分配是一个棘手的问题。例如，在金融领域的人工智能应用中，消费者、企业、监管机构等各方都有各自的利益和诉求。在分配和落实安全和伦理责任时，需要平衡各方的利益，达成共识。这需要跨学科、跨领域的合作，以及法律、伦理学、心理学、社会学等多学科的知识和技能。

4. 难以准确把握伦理与法律的关系

伦理与法律是相互关联、相互影响的。一方面，法律是社会秩序的底线，是伦理的保障和体现，伦理原则应该成为法律的基础；另一方面，伦理要求往往高于法律要求，伦理实践应该超越法律。在处理伦理与法律的关系时，需要深入理解和把握伦理原则和法律规范，以及它们之间的相互作用和平衡。

1.4.4　伦理实践的发展

人工智能等科学技术新发展，不仅带来众多的产业创新，还催生了很多崭新的伦理问题。智能时代，伦理实践的主体和客体的范围已经超越了传统的人际关系和物理世界，伦理实践的主体是否应包括智能体，伦理客体是否应包括自然环境、网络空间、虚拟世界等问题成为探讨的热点。有的学者认为，伦理主体不再仅仅是人类，还应当包括人工智能系统和机器人。伦理客体也由传统的人与人之间的伦理关系，扩展到了人与自然之间、人与智能体之间、现实世界的人与虚拟世界的人之间的关系。这要求我们重新审视和理解伦理实践的内涵和外延，以及适应新的伦理挑战。

首先，随着人工智能技术的发展，智能体（如智能机器人、自动驾驶汽车等）已经能够进行自主决策并影响现实世界。尽管人们对于智能体是否应成为伦理实践的主体还存在较大争议，然而都认同由智能体产生的决策和行为应当符合伦理规则这一观点，理由主要是人类的权利和尊严不能因为新技术而受到侵蚀、摧残。因此，为智能体的行为制定相应的伦理准则成为新的、急迫的需要。

其次，自然环境、网络空间和虚拟世界等新兴领域也成为伦理实践的重要客体。在自然环境中，我们应当遵循生态伦理原则，尊重自然界的权利和生态平衡。例如，在修建青藏铁路时，采取绕避、设置野生动物通道等方案为沿线野生动物留下相对不变的生态环境。又如，有学者提出要尊重和维护河流的健康生命。在网络空间中，网络安全、数据隐私和信息准确性等问题日益突出，需要我们将一般性的伦理原则转化成可实施、可检查的具体措施，以最大限度保护用户的正当权益。在虚拟世界中，我们也需要考虑虚拟行为对真人的认知、价值观和行为准则的影响，需要研究虚拟角色的权利和责任是什么。

实践出真知。伦理实践在智能时代面临的新挑战和新问题促使伦理学理论不断发展和完善。一方面，我们需要在伦理学理论中融入新的伦理原则和规则，以适应智能体和新兴伦理客体的需求；另一方面，我们需要深入研究智能时代的应用伦理问题，如信息和网络系统的安全、大数据的权利分配、人工智能的道德决策等，以推动伦理学理论的进步和完善。

1.4.5　伦理推理过程

伦理学的基本问题是道德与利益的关系问题，包括经济利益与道德的关系问题、个人利益与社会整体利益的关系问题、人类利益和自然价值的关系问题等，它从根本上决定着伦理学的基本特征和发展方向，也使得伦理实践往往表现为一种复杂的伦理推理过程。

首先，要准确识别和评估各个利益群体的需求和期望，了解他们的权利和伦理责任。例如，对成熟企业而言，其利益相关者可能包括股东、员工、客户、供应商和社区；而对初创企业而言，股东和员工难以区分，客户和社区尚待形成，存在很大的不确定性。然而，不管是哪类企业，其利益相关者关注的利益和期望不可能完全一致，企业管理者如果不能做出准确的识别和评估，其伦理决策会存在较大风险。例如，移动互联网时代，催生了以在线知识问答、共享单车为代表的很多新业务，因满足了人们实际生活的需要，其发展态势十分迅猛。如果初创团队缺乏运营成熟企业的经验，为了快速增加用户数，随时满足客户提出的各种各样新需求而不做严格的道德慎思和伦理审查，可能产生侵犯个人隐私、侵犯知识产权、容纳低俗甚至违禁内容传播、侵害公共交通安全等违法或不道德的后果，长远地看，可能使企业发展受限，甚至不得不退出这些新的应用场景。

其次，要依据一定的伦理原则和价值观，帮助实现不同利益群体的权利和伦理责任的合理分配。例如，公平原则要求我们平等对待各个利益群体，确保他们享有相同的权利和机会。正义原则要求我们关注资源和社会利益的正当分配，避免对某些利益群体造成不公正的损害。

此外，要善用对话、听证等沟通手段，做好伦理实践中的权责平衡。例如，面对社区配套的垃圾收集站选址决策时，社区居委会应组织业委会和居民代表、物业管理公司、垃圾回收企业各方进行座谈、对话，充分表达和沟通各自的观点和需求，努力从共同目标着手寻求平衡点，形成多方都能接受的解决方案，促进各方之间的合作。

同时，伦理实践中的权责平衡还需要考虑风险和责任。在处理多个利益群体时，我们应当评估可能的风险和责任，并采取适当的措施来预报、预防、管理和控制这些风险，确保各个利益群体的权利和责任得到尊重和保护。

1.4.6 实践中的伦理规范

现代社会，面对日益复杂的伦理决策问题，不同领域的专业群体都在积极构建伦理规范体系，以期为从业者提供明确的道德参考和行为指南。这些伦理规范大致可分为两类：**制度性伦理规范**和**描述性伦理规范**。

制度性伦理规范通常是指那些已经被社会广泛认可并以制度条文表达的伦理准则。它们在实践中得到了详细地讨论和阐释，并以明确的语言表述出来，对特定职业人士的责任与权利给出了较为具体的规定。例如，在军队体系有军人守则，在医学领域有医德规范，在教育领域有师德规范等，这些职业行为准则都有明文规定，得到了专业人士的共同承诺，对他们的行为产生了严格的约束；同时建有相关工作机制，保证这些规范能够得到严格执行。

另一类是**描述性伦理规范**，它更多地表现为对理想行为状态的描述和解释，但尚未能以制度文本进行明确的界定。这类规范没有明确规定行为者的权利与责任，因此在面对特定伦理问题时可能存在更多争议。描述性规范的复杂性体现在，它既可能包含对历史习惯和有效做法的坚持，也可能涉及对新行为模式的探索和倡导。尽管描述性规范并不像制度性规范那样具有强制力，但它们在实践中形成的有效且适宜的行为方式，有潜力在将来通过社会的进一步讨论和共识，转变为新的制度性伦理规范。以从事信息技术研发的工程师群体为例，他们在处理大数据应用时，需要保护好个人信息安全，避免因隐私泄露造成产品口碑下降、市场份额下滑。为此，可能直接由工程师群体自发提出，也可能是工程师在听到用户呼声、看到媒体评论后作出反应，研发团队中逐渐形成"数据安全很重要""个人信息有价值""个人隐私保护也很重要"等一套描述性的伦理规范，指导他们在面对具体案例时如何做出恰当的决策。随着时间的推移，这套规范可能会经过实践的检验和社群的讨论，逐渐转变为"建立信息安全三级认证达标工作体系，提高数据安全性""建立数据加密管理体系，避免被窃取、被泄露""建立企业伦理审查制度，践行伦理责任"等一套具有强制性的制度性伦理规范，以确保工程师在执行工作时能够始终遵循最高的道德标准。

讨论

把自己放在家庭、学校、社会、网络等不同环境中，思考你所扮演的主要角色是什么，肩负的责任各有哪些侧重。从中选两个责任差异较大的角色，讨论这两种身份角色对自由与责任、个人与集体、效率与公正、环境与社会的价值偏好是否相同，阐述理由。

1.5 马克思主义伦理学及其在当代中国的发展

1.5.1 马克思主义伦理学

伦理学在马克思主义哲学中占有重要位置。马克思和恩格斯用辩证唯物主义和历史唯物主义的方法，将道德视为社会意识的一部分，坚持理论与实践相结合，从社会存在出发剖析资本主义社会，用矛盾运动的观点分析道德现象，揭示了道德的阶级本质，强调道德的社会性、历史性、实践性和阶级性，在对旧伦理学进行批判的基础上，形成了马克思主义伦理学。

马克思主义伦理学认为，道德是社会意识形态的重要组成部分。道德是建立在一定经济基础之上的上层建筑，由经济基础决定，以善与恶、正当与不正当为评价标准，依靠社会舆论、传统习俗和内心信念来维持。道德具有鲜明的阶级性，不同的社会形态有不同的道德观念和规范。道德通过人们的实践活动来形成和体现，人们在社会生活中逐渐形成了各种道德规范和价值观念。道德评价的标准是客观的，即某种行为是否符合社会发展规律和大多数人的利益。道德养成是一个长期的过程，需要通过教育、宣传等方式，培养人们的道德观念和社会责任感。

与非马克思主义伦理学相比，马克思主义伦理学主要关注无产阶级和劳动人民的道德观，以及社会主义和共产主义社会的道德建设。它强调作为社会意识一部分的社会道德决定于社会经济基础，与社会阶级结构和社会制度存在密切关系；强调道德不是亘古不变的，而是在推动社会变革和发展中不断发展、演化，以适应经济基础的变迁。

马克思主义伦理学为我们指明了处理伦理问题的主场、观点和方法，帮助我们更好地理解道德的本质和发展规律，以及在实践中如何正确处理各种道德问题。

1.5.2 马克思主义伦理学在当代中国的发展

2012 年，中国共产党第十八次全国代表大会（简称党的十八大）报告中正式提出了社会主义核心价值观，即"倡导富强、民主、文明、和谐，倡导自由、平等、公正、法治，倡导爱国、敬业、诚信、友善，积极培育社会主义核心价值观"。社会主义核心价值观是马克思主义伦理学与中国革命实践、中国优秀传统文化相结合的成果，体现了中国共产党和中国人民在长期革命、建设、改革实践中形成的价值观念和道德规范。

社会主义核心价值观继承了中国革命实践中的道德理念。中国革命旨在实现民族独立、人民解放和国家富强，在这个过程中，中国共产党领导的人民军队和广大人民群众展现出了坚定的理想信念、崇高的道德品质和无私奉献的精神风貌。社会主义核心价值观中的"富强、民主、文明、和谐"，以及"爱国、敬业、诚信、友善"等价值观念，都是中国革命实践中形成的宝贵道德资源。

社会主义核心价值观融合了中华优秀传统文化的道德思想。党的二十大报告指出："中华优秀传统文化源远流长、博大精深，是中华文明的智慧结晶，其中蕴含的天下为公、民为邦本、为政以德、革故鼎新、任人唯贤、天人合一、自强不息、厚德载物、讲信修睦、亲仁善邻等，是中国人民在长期生产生活中积累的宇宙观、天下观、社会观、道德观的重要体现，同科学社会主义核心价值观主张具有高度契合性。"[5]

社会主义核心价值观体现了马克思主义伦理学的基本原则。社会主义核心价值观强调的人民利益至上、社会公平正义、共同富裕等价值观念，都符合马克思主义伦理学关于道德与经济基础之间关系的论述。

《伦理学大辞典》（2002 年版）词条摘录见附录 B。

讨论

以下摘自蔡元培《中国伦理学史》结尾"余论"部分。该书于 1910 年在上海出版，被认为是首部中国伦理学研究专著。

"要而论之，我国伦理学说，以先秦为极盛，与西洋学说之滥觞于希腊无异。顾西洋学说，则与时俱进，虽希腊古义，尚为不祧之宗，而要之后出者之繁博而精核，则迥非古人所及矣。而我国学说，则自汉以后，虽亦思想家辈出，而自清谈家之浅薄利己论外，虽亦多出入佛老，而其大旨不能出儒家之范围。且于儒家言中，孔孟已发之大义，亦不能无所湮没。即前所叙述者观之，以晦庵之勤学，象山、阳明之敏悟，东原之精思，而所得乃止于此，是何故哉？①无自然科学以为之基础。先秦唯墨子颇治科学，而汉以后则绝迹。②无论理学以为思想言论之规则。先秦有名家，即荀、墨二子亦兼治名学，汉以后此学绝矣。③政治宗教学问之结合。④无异国之学说以相比较。佛教虽闳深，而其厌世出家之法，与我国实践伦理太相远，故不能有大影响。此其所以自汉以来，历二千年，而学说之进步仅仅也。然如梨洲、东原、理初诸家，则已渐脱有宋以来理学之羁绊，是殆为自由思想之先声。迻者名数质力之学，习者渐多，思想自由，言论自由，业为朝野所公认。而西洋学说，亦以渐输入。然则吾国之伦理学界，其将由是而发展其新思想也，盖无疑也。"[6]

你是否认同蔡先生对中国的伦理学在先秦达到高峰后未有根本性发展的四点原因分析？请予以解释。

[5] 《党的二十大报告辅导读本》编写组 . 党的二十大报告辅导读本 [M]. 北京：人民出版社，2022.

[6] 引文见蔡元培 . 中国伦理学史 [M]. 北京：北京大学出版社，2009：180. 文中除谈到春秋时期孔子、孟子、荀子、墨子之外，还谈到宋明清时代的多位学人、思想家。晦庵，即南宋学人朱熹（1130—1200），字元晦，一字仲晦，号晦庵，又号紫阳，世称晦庵先生、朱文公。象山，即南宋学人陆九渊（1139—1193），字子静，世称存斋先生，因讲学于象山书院，被称为"象山先生"。阳明，即王守仁（1472—1529），本名王云，字伯安，号阳明，又号乐山居士。东原，即清代学人戴震（1724—1777），字东原，又字慎修，号杲溪。梨洲，即明末清初学人黄宗羲（1610—1695），字太冲，一字德冰，号南雷先生，别号梨洲老人、梨洲山人。理初，即清代学人俞正燮（1775—1840），字理初。

本章小结

一个人的价值观，是其对事物和行为的正确性和重要性进行判断的标准和原则，反映他所具有的家庭美德、个人道德、社会公德情况。伦理，就是关于道德的学问。

最基本的伦理理论关注的侧重点虽有所不同，但不外乎以下三方面，如图 1-3 所示。

▶ 行动者展现什么品格？

▶ 行为遵循哪些规则？

▶ 行为带来什么结果？

伦理学理论至今至少有 2500 年的发展史。不同的伦理理论产生于特定的历史和社会背景，反映了特定时代人们对价值观和道德的思考。公元前 400 年前后，在古希腊、春秋战国时期的中国等地方，几乎同时出现了亚里士多德、伊壁鸠鲁、孔子、老子、墨子等代表性的伦理学者或思想家，提出了美德论、幸福论和义务论等不同伦理思想，强调个人品格的培养和道德规范的重要性。17 世纪以来，英国等欧洲国家出现了以蒸汽为动力的机械等先进生产工具，率先发起第一次工业革命。经济层面，资本主义在西欧萌芽；政治层面，法国爆发大革命。于是，英国、法国、德国哲学家提出了社会契约论、功利主义等与当时社会经济基础和政治结构相适应的伦理学说，从个人品德、义务转向更加关注社会秩序和个人权利，即强调社会性的规则和后果。到了 20 世纪中期，一方面，第二次世界大战让亚洲、非洲、中南美洲的民族独立运动汹涌蓬勃；另一方面，以电气化为特征的第二次工业革命已经成熟，以电子化、信息化为特征的第三次工业革命开始萌芽，在经济社会处于全球领先地位的美国，哲学家提出了正义论，关注全社会的正义和公平分配问题。从 20 世纪末至今，在万物互连、移动计算、自动控制、智能决策等技术加持下，以数字化智能化为特征的第四次工业革命席卷全球，东西方不同国家和社会背景的学者、政治家提出风险社会、生态文明、全球治理等理论。习近平总书记代表党中央提出人类命运共同体总目标，强调共建共治共享全球治理共同体责任，提出人与自然命运共同体理念，倡导人与自然和谐共生。

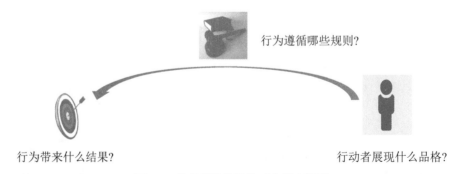

图 1-3　伦理理论关注的三个基本问题

伦理理论能够为我们提供思考价值观和道德问题的系统方法；能够帮助我们摆脱被动

合规的状态，主动进行理性思考、价值决策和责任担当；为我们提供了思考和解决生活和工作实践遇到的伦理问题的重要途径；还能帮助我们洞察真实世界的复杂性，学会与非最优结果相处，同时不放弃价值担当。当我们面对现实的伦理问题时，常需要从品德、规则、后果三方面进行伦理分析和推理。

章末案例 1　择业的困惑 [7]

博士生乔治今年已经 30 岁了。他三年前结婚，妻子有一份稳定的工作，但收入一般。三个月前，他们有了第一个孩子，妻子全职在家带孩子，家庭只靠他的奖学金等收入支持，而且因为有了孩子而租了更大的房子，照顾孩子也要开销，一下子家庭开支增加很多。一家人就盼着他毕业，找到理想的工作，拿到满意的收入，维持体面的、至少是平稳的生活。

近五年里，乔治一直忙于论文研究，刚刚顺利完成博士论文答辩，即将获得化学博士学位。此时，他才开始找工作，却发现当前经济形势不太好，找工作很困难。因为常年在实验室工作，乔治的身体不是很健壮，这将使他只能去找室内工作为主的轻体力工作，可选的岗位数进一步减少。

乔治的焦虑被系里一位老化学家知道了。他主动说，可以介绍乔治到某个实验室工作，工资非常"体面"。这个实验室从事生化武器研究。

讨论

（1）假设你就是乔治，请作出你的决定：接受还是拒绝这份工作。

（2）结合功利、义务、德性、契约、正义这几种主要伦理学说，你认为哪一项最适合用来解释你所作出决定背后的伦理诉求？请对照这些伦理学说的基本特点进行简要论述。

章末案例 2　论文选题的困境

小孙是大数据方向的一名研究生，对胃癌与生活习惯之间的关系感兴趣，想以此为学位论文选题，通过研究揭示出高概率或确定性的关系，并为更大数量的病患提供更有针对性的胃癌早期预防建议。

为此，小孙需要设法找到大量患者的个人信息，包括病历、生活习惯等私人、敏感的数据。他已经通过网络拿到了一些去除了病人姓名等敏感信息的开放数据，初步建立了算法框架，得到了一些结论。他希望能亲自收集一定量的真实病患数据，以进一步检验和优化所设计的算法。

小孙去医院找医生帮忙，遭到拒绝；他上网直接发帖子寻找病患志愿者，应者寥寥。

---

[7]　李正风，丛杭青，王前，等 . 工程伦理 [M]. 2 版 . 北京：清华大学出版社，2019.
　　该案例最初由 B. 威廉姆斯于 1973 年编写 .

小孙情绪非常低落，导师、实验室同学和朋友们都来和他聊天。大家发现一个主要障碍是，这个选题面临着道德、法律和技术上的多重困境。例如，如果他选择该课题进行研究，那么他需要收集和分析患者的个人信息，这可能会侵犯患者的隐私权，但如果不进行这项研究，病患就无法受益于更有效的预防建议。

讨论

（1）小孙计划中的论文选题具体遇到哪些伦理困境？

（2）为了使该选题能够进行下去，请你帮他制定出能够较好应对上述伦理困境的研究工作方案。

拓展阅读

[1] 《伦理学》编写组 . 伦理学 [M]. 北京：高等教育出版社，人民出版社，2012.

[2] 李正风，丛杭青，王前，等 . 工程伦理 [M]. 2 版 . 北京：清华大学出版社，2019.

[3] [美] 查尔斯·E. 哈里斯，迈克尔·S. 普理查德，迈克尔·J. 雷宾斯，等 . 工程伦理概念和案例 [M]. 丛杭青，沈琪，等译 . 5 版 . 杭州：浙江大学出版社，2018.

[4] 蔡元培 . 中国伦理学史 [M]. 北京：北京大学出版社，2009.

[5] [古希腊] 亚里士多德 . 尼各马可伦理学 [M]. 廖申白，译注 . 北京：商务印书馆，2017.

[6] [英] 穆勒 . 功利主义 [M]. 徐大建，译 . 北京：商务印书馆，2014.

[7] 钱小军，姜朋 . 你知道我的迷惘——商业伦理案例选辑 [M]. 北京：清华大学出版社，2016.

第2章
工程师的伦理观——安全、健康、可持续与社会福祉

引导案例 **挑战者号航天飞机事件**

1986年1月27日夜晚，莫顿·瑟奥科尔（Morton Thiokol）公司和马歇尔航天中心（Marshall Space Center）联合召开的电视会议气氛十分紧张，几近对峙。鉴于发射场第二天的低温极有可能会降低火箭推进器之间密封装置O形环的密封性能，莫顿·瑟奥科尔公司的技术人员一致建议停止发射"挑战者"号航天飞机。O形环首席工程师罗杰·博伊斯乔利（Roger Boisjoly）就在现场，他当然赞成推迟发射的意见。一年前，他就提醒过同事，O形环的弹性若丧失过大，就不能起到密封作用，那么航天飞机里泄漏的气体将点燃燃料仓，发生致命的爆炸。虽然，现有的技术证据尚不充分，但已有迹象表明，O形环密封圈材料的弹性与温度是相关的，目前试验中发现最严重的泄漏发生在华氏53°时。次日预定发射时O形圈处于华氏29°的低温环境，比先前任何一次发射温度都低很多。于是，公司在会上提出了希望推迟发射的建议，以便重新评估O形圈低温密封性能。

但是，美国国家航空航天局（NASA）的一位官员怒气冲冲地质问道："我的上帝，瑟奥科尔，你们希望我们什么时候发射？明年愚人节吗？"面对这样的责难，瑟奥科尔公司高级副总裁杰拉德·梅森（Gerald Mason）心中明白，NASA急需在全球率先成功完成航天飞机首飞，而公司需要保住NASA这个大客户。工程师只是提到"有极大可能"，却没有确切试验数据做支撑。经过一番思考和内心挣扎，他打定主意，转身对副总工程师罗伯特·伦德（Robert Lund）发话："收起你那工程师的姿态，履行管理者的职责！"会议决定，第二天将按原计划时间发射。博伊斯乔利对此感到十分沮丧。

1986年1月28日上午，肯尼迪航天中心发射现场，博伊斯乔利与同事鲍勃·埃比林（Bob Ebeling）极不情愿地看到了挑战者号点火发射。当飞行器飞离发射塔时，埃比林喃喃自语："我们刚刚躲过了一颗原子弹！"60s后，埃比林对博伊斯乔利说，他刚祈祷上帝赐予

发射成功。又过了仅仅 13s，航天飞机在空中爆炸了！发射场的工作人员和全球观看电视直播的观众目睹了 6 位宇航员和中学女教师克里斯塔·麦考利夫（Christa McAuliffe）一瞬间逝去生命的惨剧！

1986 年 2 月的一天，在一个通过电视现场直播的记者招待会上，挑战者号事故调查委员会成员、诺贝尔物理学奖获得者理查德·费曼（Richard Feynman）从密封圈连接件模型中卸下 O 形环，用一个 C 形钳夹紧，然后放进了一杯冰水里。过了一会，费曼在众人注视下把 C 形钳拿出来，高高举起，一边松开一边解释道："我发现松开钳子后，橡胶圈并没有恢复原状。也就是说，低温时这种材料会有好几秒失去弹性。我相信这与我们正在调查的问题有很大的关系。"

在后续的事故调查中，博伊斯乔利因其担任 O 形环首席工程师而成为关键人物。1986 年 7 月，在接受了总统委员会关于挑战者号灾难的听证后，博伊斯乔利离开了设在犹他州北部瓦萨奇山脉深处的瑟奥科尔试验场，直到他生命最后时刻，再也没有回来过。他坚持根据自己的技术判断举报了挑战者号的技术问题，他的诚实和勇气受到了赞扬。离开公司后，他经常被邀请到学校、学术会议做讲演，强调在面临道德和职业抉择时，工程师应该优先考虑公众安全，坚持科学真理。

讨论

（1）在挑战者号事件中，工程师在决策中起到了什么作用？他们的伦理决策是否受到了组织压力的影响？

（2）在挑战者号事件中，以博伊斯乔利为代表的工程师在个人利益和公共利益之间是如何权衡的？与你的想法有没有不同？为什么？

（3）在挑战者号事件中，博伊斯乔利对挑战者号的设计缺陷是否负有责任？如果你认为负有责任，工程师应如何承担这种责任？

（4）在挑战者号事件中，工程师是否与组织和管理层进行了充分的沟通？如果你认为存在问题，问题出在哪里？

（5）在挑战者号事件中，工程师的伦理意识是否发挥了作用？如果你认为没有发挥作用，原因是什么？

2.1 科技伦理

2.1.1 科技与社会

在人类社会发展中，科学新发现、技术新发明不断推动着生产力的进步和社会的变迁。科学和技术也许可以称得上是现代人类社会最强大的推动力量。这一过程既带来了显著的正面影响，也产生了一些非预期的负面结果。

首先，科技进步丰富了人类行动的可能性。人们可以乘飞机、坐地铁上天入地，普通人甚至可以乘飞船遨游太空，乘潜艇探寻深海；可以在电子显微镜下操控蛋白质和基因电路；可以设计另一个"数字人"代替自己在虚拟世界中生活。科技革命不断提升生产力，不断推动产业变革，一方面，极大地提高制造业、服务业生产效率，也使得市政基础设施、交通基础设施、信息基础设施、数据基础设施的建设得到显著发展，为人民生活、工作、发展提供新的可能；另一方面，城镇化人口占比提升，全社会人口分布和商业服务更加向中心城市集中，服务内容、形式、场景更加新颖多样，生活更加安全便利，创新不断涌现。

然而，科技进步也带来了意想不到的负面效应：农业生产和人类生活更加依赖能源和资源，导致消耗增加、环境污染加剧；社区营建落后，城乡分化没有明显缩小，甚至还有所扩大；物质主义倾向在人群中更为普遍，挑战善良、诚信、友爱、自由、公正等传统社会伦理规范；突发自然灾害、重大生产和安全事故、反社会行为或恐怖袭击等事件日益多发高发，人类社会共同面临的公共安全风险加大等。这些负面结果在一定程度上对社会的可持续发展构成了挑战。

习近平在中国两院院士大会上郑重指出："科技是发展的利器，也可能成为风险的源头。要前瞻研判科技发展带来的规则冲突、社会风险、伦理挑战，完善相关法律法规、伦理审查规则及监管框架。要深度参与全球科技治理，贡献中国智慧，塑造科技向善的文化理念，让科技更好增进人类福祉，让中国科技为推动构建人类命运共同体作出更大贡献！"[8]

2.1.2 科学、技术与工程

科学、技术、工程，是三个不同却有密切关联的概念。**科学**是发现或建构理论的过程，通过系统地观察、实验、建模、推理、仿真、计算等来解释现象。实验观察、理论分析、计算仿真、数据驱动被称为科学发现四个范式。**技术**是为特定目的而创造的工具、方法或系统，通常涉及科学知识的实际应用。**工程**是一种社会性建造活动，通过应用科学和数学知识，来设计和制造机器、设备、系统、结构、产品等，服务于人类某种需要。

从共性方面看，科学、技术和工程都是以解决实际问题和满足人类需求为目标。技术依赖于科学的结论和进展，工程则是对科学、技术的综合应用；反过来，工程实践可以发现新的技术需要，工程实践和技术活动都可能发现新的科学问题，它们互为需要、互相促进发展。科学、技术、工程都不停歇地发展，不断地取得新的突破，对人类生活产生影响。

从各自特点来看，科学活动旨在探究自然界规律，技术活动更注重方法、技巧和技能，而工程活动则是科学、技术与社会的互动过程，发挥其社会功能，实现其价值。例如，科学家通过研究探索基因的奥秘，发明家将基因相关理论和知识转化成一系列的操作步骤、参数设置方法、质量控制规范，从而形成可重用的基因测序、编码、调控等技术，工程师

---

[8] 习近平. 在中国科学院第二十次院士大会、中国工程院第十五次院士大会、中国科学第十次全国代表大会上的讲话 [N]. 人民日报，2021-05-29（2）.

则利用这些基因技术设计新的药物或农作物，并通过制药工程、农业工程项目将科学知识和技术转化为实际产品。又如，科学家研究发现了半导体材料的基本性质，美国物理学家肖克利（William Shockley）、布丰（John Bardeen）和布拉特（Walter Brattain）采用半导体材料发明了晶体管，一批科学家和技术人员或直接创办仙童（Farechild）公司，或带动已有企业如德州仪器（Texas Instrument）转入半导体器件新赛道，众多企业持续将技术发明深化应用，进一步发明了集成电路技术，并生产出处理器、存储器等计算机硬件产品。崭新的半导体工业让计算机进入微型化、普及化快速发展阶段。大量计算机应用工程由此风起云涌，人类生活发生了巨大变化。

可以看出，科学以发现为核心，一般由科学家个人或团队完成，成果是理论、方法、装置、论文，以公开发表为主，主要回报是获得学界认可，产生跟随研究，而不能直接转化为物质成果或物质财富。技术以发明为核心，一般由技术员、发明家或其实验室团队共同完成，成果常常体现为关于技术、技巧、技能的发明、专利、代码等，可以通过专利授权、技术转移等方式获得物质利益。工程则以建造为核心，完成团队包括掌握科技知识的设计师、架构师、工程师，以及工程项目的投资人、管理者和负责工程建造的工人、技术员、监理等多方人士，其成果是物质产品、物质设施、软硬件系统，甚至直接显现为利润、报酬、股权激励等物质财富。科学活动注重知识、逻辑和思维，技术活动更注重方法、技巧和技能，而工程活动则是科学、技术与社会的互动过程，发挥其社会功能，实现其价值。例如，三峡工程是一个典型的工程活动，它通过综合应用能量、水力、电气等知识和技术，调动人力和资源，建设三峡大坝、电站，实现防洪、发电、航运等多重目标，造福全社会。又如，很多城市建设的电子政务平台也是典型的工程活动，通过综合应用数据、网络、计算、公共管理等知识和技术，由政府筹集资金、提出建设任务、管控工程进度和质量目标，信息技术团队负责向公众和政府机构调研需求，开展方案设计、软硬件开发、测试运行、用户培训等工作；当电子政务项目投入使用后，除了公众和公共部门人员外，还需要工程师团队做好技术支持，确保电子政务项目能持久地为公众提供便利的政务服务。

2.1.3　科技伦理

尽管科学技术和伦理学各自都有几千年的发展史，但讨论"什么是正当的科技行为"这样的命题不过是一百年前才开始的事情。经历了广岛被原子弹摧毁，切尔诺贝利核泄漏[9]、博帕尔甲基异氰酸酯泄漏[10]、福岛核电站放射性物质泄漏[11]等技术设施重大事故，以及看到黑客攻击、网络勒索屡屡侵害私人和机构财产或声誉后，人们清楚地意识到，科学技

---

[9] 1986年4月26日，苏联切尔诺贝利核电站4号机组发生严重泄漏和爆炸事故，大约1650km² 的土地被辐射，辐射量相当于400颗美国投在日本的原子弹。

[10] 1984年12月3日发生在印度博帕尔的甲基异氰酸酯（Methyl Isocyanate，MIC）泄漏事故，共造成当地约5000人死亡，另有6万余人需接受长期治疗。

[11] 福岛核电站是世界上最大的核电站，分两个场站共10台沸水堆型机组。2011年3月12日，受西太平洋海底大地震影响，福岛第一核电站受损严重，大量放射性物质泄漏。

术的应用，除了具有造福人类的价值特点外，也可能带来侵害人类财产和生命健康、污染空气和水源、形成臭氧层空洞、导致全球气候变化等负面影响。因而，在科技飞速发展的今天，科技伦理日益受到重视。

一百年前，中国的科技水平还相对落后。1986 年，中国签署了联合国《关于生物科学应用的国际伦理原则》，标志着中国重视科技伦理建设，并从医学和生命科学开始积极参与国际科技伦理事务。1993 年，中国发布《人类遗传资源管理暂行办法》，这是中国科技伦理领域的第一部法规；1996 年，中国成立了第一个科技伦理审查机构——中国医学伦理审查委员会；2006 年，中国发布《中华人民共和国生物安全法》，明确了生物安全的基本要求和措施；此外，中国还制定了《人类胚胎干细胞研究伦理指导原则》等政策文件，以规范相关领域的伦理行为。伴随着中国科技实力的快速增长，关注科技伦理、加强科技伦理治理的实践同步加强。2022 年，中共中央办公厅、国务院办公厅印发《关于加强科技伦理治理的意见》（以下简称《意见》，见附录 A），全面推进科技伦理治理。《意见》明确了以"伦理先行，依法依规，敏捷治理，立足国情，开放合作"为科技伦理治理要求，以"增进人类福祉，尊重生命权利，坚持公平公正，合理控制风险，保持公开透明"为科技伦理原则，提出了健全科技伦理治理体制、加强科技伦理治理制度保障、强化科技伦理审查和监管、深入开展科技伦理教育和宣传等具体任务。

科技伦理学是伦理学和哲学的一个分支领域，它关注的是与科技进步和技术使用相关的规范和原则的不明确性问题，这些问题可能影响人类自身文明的价值导向，甚至社会稳定。

科技伦理学致力于建立科技评价和决策的规范基础，体现科技与道德、科技实践的道德规范，以协助作出经过伦理思考的负责任的科技决策。它的焦点在于对科研选题、研究方案等多种可选方案进行道德评估，包括对科学研究和技术发明的目的、手段和后果的伦理反思。科技伦理学需要确立科技实践的底线原则，即科技活动必须以符合人类基本道德原则为前提。

科技伦理学起源于 20 世纪 70 年代，并迅速发展，以解决科技进步和现代化推进带来的人类行为能力增强、人类对自然环境干预加深所引发的伦理问题。这些伦理问题主要是规范标准不明确、对自然和社会的影响增大、对人类自身权利的影响加深，以及对传统社会伦理观念的冲击。科技伦理学与科技进步和技术使用的社会环境密不可分，并试图通过伦理学反思为"正确"的科技决策做出贡献，规范科技发展方向。

当前，人们在各领域科技活动应遵守的价值原则方面有以下共识：

▶ 尊重人的尊严：科技活动应尊重个体的自由、平等和尊严，确保科技发展不会损害人的基本权利和尊严。

▶ 维护公共利益：科技活动应符合公共利益，增进社会福祉和人类健康。

▶ 严谨真实：科技工作者在研究中应避免错误，在发表研究结果时尤其应该这么做，而不应该捏造、伪造或错误发表数据或研究结果。他们应基于科学原则，客观、无偏见而且可信进行研究和传播，避免伪科学和虚假信息的传播。

▶ 公开透明：科技活动应保持透明，共享数据、成果、方法、观念、技术和工具，确保相关利益方能够获得充分的信息，并对科技发展和应用有充分的了解。

▶ 确保安全：在科技研发与应用过程中，应确保产品和服务的安全性，预防技术对人类和生态环境带来的风险和伤害。

▶ 担负责任：科技工作者和相关主体应使其科技行为符合相关法律规范，对科技活动的社会后果负责，包括减少科技产品的负面影响和对生态环境的破坏。

▶ 维护公正：科技资源和成果的分配应公平合理，避免造成社会不公和歧视，确保所有人都能受益于科技进步。

▶ 可持续性：科技发展应考虑长远影响，促进可持续发展，包括环境保护和资源节约。

▶ 预防原则：在科技活动中应采取预防措施，以避免不可逆转的损害。

▶ 国际合作：科技发展应促进国际的合作与交流，共同应对全球性挑战。

▶ 多样性和平等性：科技活动应尊重文化、种族、性别等多样性，推动平等机会。

科技伦理学既属于应用伦理学范畴，也涉及理论伦理学问题，如人类学和科技哲学。它通过跨学科合作完成使命，并试图通过伦理学反思来阐明复杂的价值关系，为公众参与和负责任的科技决策提供支持。因为现代科技高度发展和专业化，科技伦理学需要关注学科分化和交叉的问题，保持理论体系的开放性，促进不同科技领域之间的交叉互联。

讨论

卢德分子（Luddites）指参与卢德运动的人士。工业革命初期，机器的生产效率逐步高于人工的生产效率，工厂逐渐使用机器而排斥手工劳动，这使得大批手工业者尤其是熟练工人失业与破产。工人失业后工资下跌，陷入悲惨的生活境地。工人把机器视为贫困的根源，把捣毁机器作为反对企业主、争取改善劳动条件的手段。相传，英国莱斯特郡一个名叫奈德·卢德（Ned Ludd）的工人，为抗议工厂主的压迫，于1779年捣毁了织袜机，工人尊称他为卢德王或卢德将军，此后这种捣毁机器的运动称为卢德运动，参与卢德运动的人士称为卢德分子。随着工业革命的大潮一波接连一波涌现，人类科技大发展，生产力急速提升，卢德分子渐渐变为贬义词，成为保守、落伍、反动、反对进步的同义词。

20世纪末期，美国又出现了新卢德分子（Neo-Luddites）。他们与旧卢德分子一样憎恶技术给人带来的负面影响，反对计算机、网络、基因工程、人工智能等新技术，提倡简朴生活。代表性人物特德·卡钦斯基（Ted Kaczynski）在其《工业社会及其未来》（Industrial Society & Its Future）中写道：工业化时代的人类，如果不是直接被高智能化的机器控制，就是被机器背后的少数精英所控制。如果是前者，那么就是人类亲手制造出自己的克星；如果是后者，那就意味着工业化社会的机器终端只掌握在少数精英的手中。

（1）什么是卢德分子？他们为什么会反对机械化及自动化？对科技伦理有何启示？

（2）新卢德分子与 19 世纪卢德分子的区别和联系主要是什么？对当代科技伦理有什么启示和借鉴？

2.2 工程实践

2.2.1 工程实践的社会性

当今社会，工程随处可见，与人们的生活息息相关。人们对工程的理解，也有狭义和广义之分。广义的工程概念强调众多主体参与的社会性，认为工程是由一群人为达到某种目的，在一个较长时间周期内进行协作活动的过程，如"希望工程"。狭义的工程概念则认为，工程是以满足人类需求的目标为指向，应用各种相关的知识和技术手段，调动多种自然与社会资源，通过一群人的相互协作，将某些现有实体（自然的或人造的）汇聚并建造为具有预期使用价值的人造产品的过程。狭义的工程概念不仅强调多主体参与的社会性，而且主要指针对物质对象的、与生产实践密切联系、运用一定的知识和技术得以实现的人类活动，如"港珠澳大桥工程""载人航天工程""生物制药工程""企业信息化工程""金卡工程"等。工程伦理主要讨论狭义的工程概念。

任何一个工程项目，本质上都是一种社会实践，因此，工程实践带有明显的"社会性"特点。一是作为工程实践的主体是社会性的组成。工程共同体一般由工程师、技术员、工人、管理者、投资方等多方人士组成，有时还要把人与自然和谐共生、人与社会共存包括在内。二是工程活动是社会性的过程。工程活动是一种通过实践把工程设计和知识反向应用于自然的过程，实现人和自然的互动。三是工程活动的目的具有社会性指向。一般而言，工程活动的目的都是创造"好"的生活，造福于人类社会。四是工程活动的结果具有双重社会性影响。由于工程活动往往是在部分条件、参数未知的情况下开展的，其结果具有不确定性，因此，除了期望实现的"好"的设计目标外，工程实践还可能产生非预期的、不良的后果。例如，网约车的出现增加了出行预约服务的可靠性，优化了道路交通流量分配，在获得不少人高度赞赏的同时，也推高了打车叫车的门槛，一些老人、儿童难以像过去一样站在路边、招手停车，往往长时间打不到车。

"要想富，先修路"。新中国成立特别是改革开放以来，各级政府在能源、道路、交通、市政等基础建设方面开展了大量的工程建设，完成了很多具有标志性的"超级工程"，为我国完成脱贫攻坚任务、实现全面小康、实现"第一个百年"奋斗目标作出了重要贡献。然而，工程实践的社会性特点让工程伦理走入中国社会公众和高校和应用伦理学者的视野，其标志性事件是围绕怒江水电开发的争议。

怒江是我国西南的一条国际河流，其中下游径流丰沛而稳定、落差大、交通方便、开发条件好，是水能资源丰富、开发条件较为优越的河段，是我国可以开发的水电能源基地之一。1999 年，国家发展和改革委员会"根据我国的能源现状，决定用合乎程序的办法对怒江进行开发"。但从 2003 年国家发展和改革委开始对怒江水电开发进行论证伊始，围绕怒江水电开发的争议至少持续了十余年，成为环保与发展争议的标志性事件，也被外界视为中国乃至世界水利开发主要受阻于环保因素的一个罕见案例。

支持方认为，怒江开发是该地区脱贫致富求发展的重要途径。初步估算建设 13 个梯级水电站，总投资 896.5 亿元，提供 40 多万个长期就业机会，还能带动地方建材、交通、文化旅游等行业发展。他们主张尽快立项，满足"怒江人民脱贫致富的强烈愿望"，保护"当地人民拥有建设新农村的权利"。

反对方则认为，怒江开发将改变自然河流的水文、地貌以及河流生态的完整性和真实性，降低其世界自然遗产的价值；破坏多民族聚居的地方民族文化；可能影响怒江文化旅游业；而且，大量移民如何安居乐业是烫手的难题。他们主张怒江应作为国家生态安全长期目标的生态河流保留。

怒江水电开发工程规划一经提出，便引起广泛的争论，反映出工程实践的复杂性。一是参与争议的各方在利益目标和价值排序上存在较大分歧，需要长时间的努力来汇聚共识。二是水电开发工程决策涉及多重伦理选择。包括以下几点：如何处理技术与自然的关系，避免过度利用自然资源、破坏生态平衡；如何处理多方利益冲突，做好经济发展和生态保护之间的权衡取舍；如何维护公平正义，改善地区发展之间的不平衡，让弱势群体获得更多保障；如何督促各方承担相应的社会责任，特别是开发和运营企业必须履行的环保和公益责任。三是重大工程在规划和付诸实施前，应充分调查、仔细评估、积极探索、系统权衡，努力做到经济社会发展和环境保护之间的平衡，承担社会责任，确保公平分配工程利益，促进经济与环保协调发展。

此后，伦理维度在中国的工程建造中得到重视，不断有正面典型案例出现，展现了中国工程师和工程界的社会责任意识。仅举两个案例为证。2006 年，青藏铁路通车。人们惊喜地看到，在藏羚羊迁徙之处，专门建设了高架铁轨，降低火车经过时的噪声和振动，留出涵洞，以便容易受惊的藏羚羊群自由奔跑、迁徙[12]。2022 年，第 24 届冬季奥林匹克运动会在北京和张家口举行。人们从两名年轻运动员用"飞扬"火炬点燃雪花台主火炬中心的"微火"，从"冰丝带"用二氧化碳直冷制冰技术等方面，真切感受到中国人对节能环保的极度重视；从首钢 1 号高炉改建成的大跳台，领略了中国人在城市更新方面的无限智慧和对工业遗存文化价值的精心守护；从蜿蜒山间、浑然一体的"玉如意"滑雪中心设计，看到了在尊重原始山间自然环境、尊重原住民生活习惯基础上作出的精细设计，平衡好赛事的极限要求与平时的普通人生活需要的不懈努力。

青藏铁路：留足野生动物迁徙通道

---

[12] 贾丰丰 . 青藏线上的生态守护——留足野生动物迁徙通道，协助藏羚羊迁徙 [N]. 人民日报，2024-06-20（13）.

2.2.2 工程活动的行动者网络

工程活动是一种集成多种自然与社会资源，协调多种利益诉求和冲突的社会活动，是一种极其复杂的社会实践。工程活动的各个环节涉及不同类型的参与者，特别是随着工程的规模和涉及领域的逐步扩大，工程活动所包含的群体数量越来越多、构成也越来越复杂。这些参与者共同构成了工程活动的复杂的行动者网络。这些行动者可以按职业归为工程共同体内的一个群体，也可以随着工程环节的变化而转入另外的群体。

对工程活动的行动者网络的分析有以下两个维度：第一个维度是不同类型的行动者之间的交互作用，这往往构成我们通常所说的工程共同体，如表 2-1 所示；第二个维度是同一类型的行动者之间的交互作用，以工程师共同体为典型代表。

表 2-1　工程实施阶段和工程共同体

主　体	阶　段				
	规划	设计	实施	使用	结束
政府决策与管理部门	立项／投资	监管：环境评价等	监管：质量控制	监管：公共服务	审批／出资
投资者	立项／投资	投资目标与投资预算	预算调整	经济收益与社会效益	后期处理／出资
设计师	计划可行性	设计方案，制定工艺	调整设计	在设计环节将工程使用因素事先考虑在内	在设计环节将工程结束的因素事先考虑在内
工程师	计划可行性	参与方案设计	实施方案	技术完善与技术维护	工程设施拆除与再利用
技师与工人	—	—	执行或改进设计与实施方案	技术维护	执行工程结束方案
公众等利益相关者	公众代表参与计划过程，或公众集体意见影响政府立项决策	公众意见作为设计的影响因素	实施过程中的利益冲突	使用者、受益者或受损者	—

从第一个维度看，工程活动涉及多个主体，这些主体包括政府部门、投资者、设计师、工程师、技师与工人、公众等。他们各自在工程活动的不同阶段中扮演着不同的角色。

政府决策与管理部门负责制定相关政策，对工程项目进行审批、监管和评估。在规划阶段，他们根据国家战略和规划要求，对工程项目的立项进行审批，其作用最为重要；在设计阶段，对设计方案进行审核和监管；在实施阶段，负责对工程项目的进展进行监督检查；在使用阶段，要对工程项目的运营情况进行评估。

投资者负责为工程项目提供资金支持。投资者在规划阶段对工程项目的可行性进行评估，确定投资预算，是工程计划阶段的重要角色之一；在设计阶段，关注设计方案对投资成本的影响；在实施阶段，监督资金使用情况，确保投资目标的实现；在使用阶段，关注项目的经济收益和社会效益。

设计师负责工程项目的设计工作。设计师在规划阶段对工程项目的需求进行分析，提出设计方案；在设计阶段，根据项目需求和技术条件，完成详细的设计方案，制定工艺路线；在实施阶段，设计师还会被请来与工程师、技师和工人合作，确保设计方案得以顺利实施；在使用阶段，还应当关注项目运营过程中设计方案的优化和改进。

工程师负责工程项目的实施和项目管理。工程师在规划阶段参与工程项目的可行性评估，提出实施方案建议；在设计阶段，设计方案和技术要求，制订实施计划，与设计师互动；实施阶段是工程师的工作重点，要组织技师和工人进行施工，确保工程项目的顺利实施；在使用阶段，也要关注项目运营过程中的技术维护和改进。

技师与工人负责工程项目的具体施工，根据工程师的安排，在实施阶段进行具体的施工操作；在施工过程中，负责执行设计方案，完成工程项目的建设。

公众，除了一般意义上的公众外，主要指在工程建造场所周边的居民群体，以及直接使用所建造工程的群体。他们关注工程项目的进展和影响。在规划阶段，通过舆论、听证等方式参与项目决策；在设计阶段，对设计方案提出意见和建议；在实施阶段，监督工程项目的进展；在使用阶段，关注工程项目的运营状况，对项目的影响进行评估。

这些行动者既在某些重要环节中扮演重要角色，同时也与其他环节的行动者之间存在着广泛的交互作用，共同构成了特定工程实践活动的"工程共同体"。

从第二个维度看，同类的行动者同样存在着交互作用。同类的行动者在工程活动的历史演变和现实交往中，同样可能构成了一个有特定目标和行为规范的共同体。例如，参与道路交通工程建造的企业，可能是智能交通协会的成员；参与在线教育应用开发的互联网企业，可能加入了在线教育联盟、计算机学会或者软件行业协会；参与"玉如意"建筑设计的设计师可能是建筑师协会成员；负责自动控制系统研发的工程师是自动化学会和人工智能学会会员等。由工程师构成的工程师共同体，作为职业从业者的社会组织，对工程实践活动有重要的意义。在工程师共同体中，大家从事相同的职业，面对相似的问题，在资质的获得上接受大体相同的训练，为了更好地履行工程师的职责，也形成了需要共同遵守的行为规范。

这两个维度的行动者网络彼此交织，围绕着工程构成了一个立体的社会网络。这个立体网络在"内部"和"外部"关系上存在着多种复杂的经济利益和价值关系。不同行动者之间既可能是合作关系，也不可避免地存在冲突。当冲突的一面出现时，网络中的弱势群体利益就存在受损的危险。厘清行动者网络中各利益相关者的利益诉求，建立相对公正的行为规范和伦理准则，尽量减少或消除这种冲突，正是工程伦理所致力解决的问题。

2.2.3　工程复杂性与工程风险

与草原、高山、河流、森林等自然系统不同，工程系统是根据人类需求创造出来的人工系统，包含自然、科学、技术、社会、政治、经济、文化等多重要素。根据一般系统论原理，工程系统是一个远离平衡态的复杂有序系统[13]。按照耗散结构理论，要定期对工程系统进行维护与保养以提高环境熵值，避免外部不确定干扰和破坏等风险发生，从而使工程系统保持有序的结构。

然而，工程总是伴随着风险，这是由工程本身的性质决定的。由于工程类型的不同，引发工程风险的因素是多种多样的。总体而言，工程风险主要由以下三种不确定因素造成：工程中的技术因素的不确定性、工程外部环境因素的不确定性和工程中人为因素的不确定性。

工程中的技术因素：选用的产品或使用的软件代码存在漏洞，如西安地铁曾在工程施工中为不合格电缆打开了方便之门[14]；感—联—知—控相关的零部件老化，造成信息缺失、决策不准、控制失灵，以及多重风险经非线性作用而放大了负面影响。

工程外部的环境因素：一是极端天气影响，如温州南站列车控制中心采集驱动单元采集电路电源回路保险管 F2 遭雷击熔断后，采集数据不再更新，导致控制方案出错，造成动车组列车追尾重大铁路交通事故[15]；二是遭遇突发的自然灾害，如福岛核电站核燃料泄漏是因为强震加海啸的巨大破坏力摧毁了二代沸水堆的安全防护系统。

甬温线铁路路特大
事故调查报告

工程中人为因素：首先是设计理念因素，采用了落后的技术或形成了不完善的设计方案，如三门峡采用苏联专家主导的"高坝"方案，导致建成投入使用后泥沙快速淤积[16]；其次存在施工质量缺陷、操作人员渎职等因素，如重庆綦江彩虹桥整体垮塌事故的原因是违法设计、无证施工、管理混乱、未经验收等。

讨论

假设你家所在的地级市正在就一个 PX 生产项目的规划方案进行网络征集意见。该规划方案显示，最有可能的选址地点虽然处于人口密度较低的区域，但离你家很近，若万一有污染外泄，你和家人可能会受到影响。

请按照网络征集意见的方式，提交你的意见，包括：

（1）表明态度。即对于该项目近期开工，你的意见是有条件同意，或不同意。

（2）作出简要陈述。若选"有条件同意"，请列出你的条件和背后的伦理原则；若选"不同意"，请简述你的理由和背后的伦理原则。

[13] 殷瑞钰，汪应洛，李伯聪.工程哲学[M].北京：高等教育出版社，2007.
[14] 新华社.国务院严查西安地铁"问题电缆"案 联合调查组回应焦点问题[EB/OL].（2017-06-08）[2024-02-11]. https://www.gov.cn/xinwen/2017-06/08/content_5200910.htm.
[15] 李正风，丛杭青，王前，等.工程伦理[M].2 版.北京：清华大学出版社，2019.
[16] 同[13].

国务院严查西安
地铁问题电缆案
联合调查组回应
焦点问题

2.3 工程伦理

2.3.1 工程风险的伦理评估

尽管工程系统内部和外部各种不确定因素总是存在，难以完全避免，但工程改善生活、造福人类的作用不可替代，因而被认为具有极大的"善"和"正当性"。作为应对之策，人们提出了工程风险可接受性、工程风险评估和控制等概念，为全球各种各样的工程实践的推进"保驾护航"。

1. 工程风险可接受性

要评估风险，首先要厘清风险的概念。美国工程伦理学家哈里斯等把风险定义为"对人的自由或幸福的一种侵害或限制"。中国民法学者王利明提出隐私权主要包括维护个人的私生活安宁、个人私密不被公开、个人私生活自主决定等。从这个定义出发，隐私权被侵犯的风险就是人的自由或幸福被侵害或限制。美国风险问题专家威廉·W. 劳伦斯把风险定义为对发生负面效果的可能性和强度的一种综合测量。

在工程实践中，需要认识和评估工程风险，并通过协商和博弈等方式来把风险控制在人们可以承受和容忍的程度，也就是工程风险的可接受性。

实践中，工程风险的可接受性可以用等级制或量化数值来表征。等级制更接近于人脑对事物的判断，如在五分制体系中，5分代表"很好"，4分代表"良好"，1分、2分分别代表"很差""较差"，3分代表"一般"。一般情况下，大多数人容易接受4分或5分，对1分和2分则予以排斥，但能不能接受3分的评估结果则会存在分化。工程领域的安全程度常用等级制来划分，如我国《信息安全等级保护管理办法》规定，信息系统运营、使用单位及其主管部门要依据信息系统在国家安全、经济建设、社会生活中的重要程度，以及信息系统遭到破坏后对国家安全、社会秩序、公共利益以及公民、法人和其他组织的合法权益的危害程度等因素确定安全保护等级。信息系统的安全保护等级分为一至五级，定为五级的信息系统需要最高标准、最严程度的安全保护。量化的风险分析方法有很多，一类需要建立指标体系，确定权重分布，通过收集各级指标的评测数据来打分、计算，如工程系统 RAMS（Reliability Availability Maintainability Safety）综合评价方法；一类采用仿真实验的方法，在仿真平台上设计极限场景，得到极限风险情况，如大量的自动驾驶安全测试都采用计算仿真与真车试验相结合的方法。

2. 工程风险的评估、设计方法

首先，需要正视和认识工程风险的存在。其次，对工程风险进行科学评估，判断其发生概率和对人的影响程度。接下来，要对风险的可接受性进行评估，在这个过程中，需要综合考虑各方利益，采用协商方式，允许多方博弈以达成共识。在明确了风险来源、可接受水平后，工程共同体要从健全组织、加强管理、优化设计、改进技术、监理施工、及时

整改、保持沟通等多方面采取措施，努力将工程风险控制在"可接受"的较低水平，使得负面后果保持在相对不严重的范围内。需要重视的是，在评估和控制风险时，应充分倾听和尊重公众的意见，保证信息公开和系统开放，以减少因信息缺失、信息错误等信息不对称而造成的不必要恐慌。

在评估工程风险时，首先，可以邀请相关领域的专家进行风险分析和评估，提高评估的科学性、专业性；其次，可以邀请人大代表、政协委员及社会各界代表对工程风险进行评估，提高评估的公正性、公开性；最后，可以鼓励公众积极参与工程风险的评估过程，充分表达公众的意见和需求，提高对少数人群、弱势群体的覆盖度、包容性。

3. 工程风险评估的伦理原则

评估工程风险不是一个单纯的工程计算或测试问题，仅仅思考达到哪个等级或者限制在哪个风险值范围内就可以了。实际上，工程风险评估含有深刻的社会伦理价值，核心问题是"工程风险在多大程度上是可被接受的"。**以人为本、预防为主、整体主义**和**制度约束**是工程风险评估中应当遵循的伦理原则。

以人为本。在工程风险评估中，要始终坚持以党的二十大报告提出的"坚持人民至上"为价值取向，坚持人是核心，而不是被利用的工具，体现"人不是手段而是目的"的伦理思想，充分保障人的安全、健康和全面发展，避免狭隘的功利主义。在具体的操作中，要重视让公众及时了解风险信息，尊重当事人的"知情同意"权，对弱势群体尤其要加强关注和利益维护，如主动提供法律援助或志愿服务。

预防为主。在工程风险的评估中，要充分预见工程可能产生的负面影响，实现从"事后处理"到"事先预防"的转变；要加强安全知识教育，提升人们的安全意识，在日常工作中应该防微杜渐，防患于未然；要加强日常安全隐患排查，强化日常监督管理，完善预警机制，建立应急预案，培训救援队伍，加强平时安全演习等。

整体主义。在工程风险的评估中，要以人与自然和谐共生的生态文明理念为指导，善用系统观念，充分考虑工程活动与社会、生态环境的关系，准确分析制约因素、社会和生态环境影响；要处理好"小我"与"大我"关系，不要因盲目追求本企业的最大利益而断送了整个行业的生存，如为传播盗版作品提供技术平台；要尊重万物普遍联系、整体主义的思想，考察工程对环境所造成的短期影响及长期影响，对于那些严重影响生态环境的工程要采取一票否决。

制度约束。在工程风险的评估中，要重视工作制度和工作标准建设和运用，体现社会责任和契约精神；要建立健全安全管理的法规体系，覆盖教育培养、岗位实践、应急处置、评估改进各岗位各环节全链条；要建立并落实安全生产问责机制，实现责任具体、分工清晰、主体明确、权责统一；要建立完善信息公开和舆论监督制度，确保工程实施运行在阳光下。

2.3.2 工程实践的伦理问题

1971 年，为与崛起的日本汽车公司竞争中低端市场，福特公司推出了一款名为 Pinto 的经济型轿车。该车辆车身紧凑，其油箱没有像其他车那样放在后轴承之上，而是放在下面。这样，一旦发生碰撞，Pinto 车极易发生爆炸。公司一份备忘录显示，在第一批 Pinto 车投放市场前，公司两名工程师曾明确提出应在油箱内增加成本为 11 美元的一套保护装置。公司进行了成本收益分析（见图 2-1）后发现，若不加装安全装置，预计可能面临约 5000 万美元的赔偿，而全部加装的成本达到 1.37 亿美元。于是，公司决定不加装安全装置，对已上市车辆进行召回一事更无从谈起。

Benefits:	**Savings**	180 burn deaths, 180 serious injuries, 2100 burned vehicles.
	Unit Cost	$200,000 per death,$67,000 per injury, $700 per vehicle.
	Total Benefit	180×($200,000)+180×($67,000)+2100×($700)=<u>$49.5 million.</u>
Costs:	**Sales**	11 million cars, 1.5 million light trucks.
	Unit Cost	$11 per car, $11 per truck.
	Total Cost	11,000,000×($11)+ 1,500,000×($11)=<u>$137 million.</u>

Source: Table 3 on Page 6 of the Grush/Saunby Report, as Reproduced by Dowie (1977:24).

Figure l · *Benefits and Costs Relating to Fuel Leakage Associated with the Static Rollover Test Portion of FMVSS 208*

图 2-1　福特公司 Pinto 车事件 [17]

这款车上市后，销量很好。福特公司抢回市场的战略目的基本达到了。1972 年的一天，一名 13 岁的男孩搭乘邻居驾驶的一辆 Pinto 汽车，路上遭遇后车追尾。瞬间，这辆 Pinto 汽车油箱爆炸，汽油外溢，引起车身进一步起火、爆炸。驾车司机当场死亡，小男孩烧伤面积达 90%，不幸地失去了鼻子、左耳和大部分左手，先后接受了 60 多次手术治疗。

1977 年，福特公司在 Pinto 推出之初记录这一决策的备忘录因用于诉讼而被公开，引起了社会各界的广泛关注和强烈谴责。当时统计，Pinto 车上市以来发生的恶性交通事故已超过 500 起，造成多名人员死亡。Pinto 车事件使得福特公司的社会形象受到严重影响，并引发了社会上关于企业伦理和责任的热烈讨论。

福特公司在 Pinto 汽车案中的决策，体现了工程决策中常见的"成本收益分析"方法。这种方法虽然能够帮助企业做出"理性"的决策，但是它却忽视了一些重要的伦理问题。例如，在成本收益分析中，生命的价值如何衡量？企业的经济利益和社会责任如何平衡？这些问题都值得深入思考和探讨。企业在追求经济效益的同时，绝不能忽视对社会的责任和影响。企业应该以人的生命安全为首要考虑，而不是以经济利益为唯一目标。

案例表明，"设计和制造一辆车"这项工程活动往往与销售到市场等经营活动复合在一起。这些活动集成了技术要素、经济要素、社会要素、自然要素和伦理要素。其中，伦理

[17]　图片引自以下论文：Lee，MT，Ermann，MD. Pinto "madness" as a flawed landmark narrative: An organizational and network analysis[J]. Social Problems：1999，46（1）：30-47.

要素常常和其他要素"纠缠"在一起，使问题复杂化。将伦理维度运用到其他要素，就形成了工程伦理所关注的四方面的问题，即工程的技术伦理问题、工程的利益伦理问题、工程的责任伦理问题和工程的环境伦理问题。

1. 工程的技术伦理问题

在工程的技术活动中必须认识到，人是技术运用的主体，人也是道德主体，道德评价标准应该成为工程技术活动的基本标准之一。

需要说明的是，不少人持"技术中立"的学术主张。有的认为，技术只是一种手段，本身并无善恶之分。也有的认为，技术具有自主性，技术活动必须遵从自然规律，不以人的主观意识为转移。然而，与此相对，科学知识社会学等相关领域的学者反对"技术中立"说，他们认为不仅技术，就连我们作为客观评价标准的科学知识也是社会建构的产物，与人的主观判断和利益纷争紧密相连，同样的技术，因建造者和组织者的不同，从建造的工程结果看，人在如何应用技术方面具有自主权，人在选择方案时会将"善""正当"等价值判断代入其中。

2. 工程的利益伦理问题

工程既是一种技术活动，也是一种经济活动，通过将科学技术的集成，实现特定的经济价值和社会价值。因此，在工程的建造过程中，涉及各种利益协调和再分配问题。尽量公平地协调不同利益群体的相关诉求，同时争取实现利益最大化，是工程伦理的重要议题，也是工程活动所要解决的基本问题之一。

3. 工程的责任伦理问题

工程责任不但包括**事后责任**和**追究性责任**，还包括**事前责任**和**决策责任**。工程师是工程责任伦理的重要主体，工程相关的投资人、决策者、企业法人、管理者以及公众也都担负一定的工程责任，也需要考虑工程的责任伦理问题。工程责任伦理的内容随着工程实践的丰富而逐渐变化，以工程师的责任伦理为例，早期强调忠诚于雇主和保持职业良知，即"忠诚责任"；后来，强调工程师应致力于安全、健康等人类福祉，即"社会责任"；面临环境污染、生态危机等新的全球性问题，以保护环境、促进人与自然和谐共生的"自然责任"和"可持续发展责任"也进入了工程师的伦理责任清单中。

4. 工程的环境伦理问题

在衣食住行等基本生活需要得到满足后，越来越多的人更加珍视环境的价值，努力保护环境不受破坏。邻避效应（Not In My Back Yard，NIMBY）是指居民或社区对在自己居住地附近新建或扩建的项目表示反对的现象，即使这些项目对整个社会或地区可能是有益的。这种现象通常发生在垃圾处理场、发电厂、监狱、化工厂等可能带来环境污染、噪声或安全隐患的设施建设上。2007—2014 年，厦门、大连、宁波、昆明、茂名等城市居民集体抵制 PX 在本地建厂事件先后发生，是一类体现邻避效应的案例。相关事件分析和国际应对经验可由本章"拓展阅读"进一步了解。

因此，在工程伦理中，把环境伦理从责任伦理中单列出来，目的在于强化可持续发展的伦理价值。在工程构思、设计、建造和维护中，必须坚持以习近平新时代中国特色社会主义思想为指导，贯彻落实"创新、协调、绿色、开放、共享"新发展理念，而不能再以牺牲能源、环境资源为代价来换取某种经济增长和经济效益。

2.3.3　应对工程伦理问题的基本思路

工程实践中，遭遇伦理问题是常见的，也是正常的。尽管我们了解了很多种伦理学思想、伦理学原则，但在面对具体的工程伦理问题时，没有哪一种思想和原则可以直接拿来作为工程伦理问题的解决方案。图 2-2 显示了应对和解决所面临的工程伦理问题的一般程序性框架。

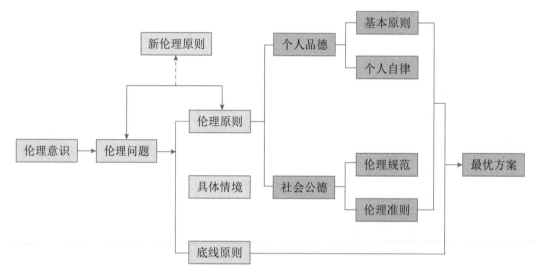

图 2-2　处理工程实践中伦理问题的基本思路

具体可分为五方面。

第一，培养工程实践主体的伦理意识。从学校教育开始，到学会、协会、网络上的工程社群，都要对工程师、未来工程师以及与工程实践相关的其他群体开展工程伦理教育和培养，帮助他们在工程实践中，对于可能存在的工程伦理问题具有敏锐的感知力、系统的领悟力和伦理的创新力。

第二，将通用或相近案例适用的伦理原则、底线原则运用到面临的具体情境，尝试去解决工程实践中发现的特定伦理问题。其中，用伦理原则处理伦理问题有三个基本准则，即坚持以人为本，处理好工程与人的关系；秉持社会公正，处理好人与社会的关系；维护人与自然和谐发展，处理好人与自然的关系。与工程相关的伦理原则包含个人品德和社会公德，即工程共同体的伦理规范与伦理准则等；底线原则主要是指伦理原则中处于基础性、需要放在首位遵守的原则，如法治安全、忠诚等，当发生难以解决的冲突和矛盾时，底线原则作为必须遵守的原则发挥作用；具体情境是指工程实践发生的相关背景和条件的组合，包括工程涉及的特殊的自然和社会环境、要实现的具体目标、关联到的具体利益群体，也包括不同类型的工程所特有的行为准则和规范。

第三，遇到复杂情形、难以抉择时，要特别注意多方听取意见，多提不同方案，综合评估，以期作出最好的或者最满意的决策。

第四，应对具体工程伦理问题的解决过程进行反思和复盘，根据经验教训及时修订伦理准则和规范，特别要注意"定义新事物""确立新原则"。例如，信息、材料、生命等新技术推动了新质生产力的发展，创造了新的生产、生活方式，在采用深度学习算法设计和开发人工智能应用时，必须减少"歧视"、提高"无偏性"，实现"尊重人""不伤害人"的目标和价值。

第五，逐步建立遵守工程伦理准则的相关保障制度。

讨论

汽车行业有"召回"制度，软件领域有"打补丁""升级"行规。结合工程风险可接受性和工程的责任伦理，对两种制度进行分析，讨论以下问题：

（1）召回和打补丁制度主要用来解决什么样的问题？一般如何发现问题、如何决策、如何启动？由此进一步理解工程实践的活动者网络、多方利益群体参与的伦理决策以及工程风险可接受性等概念。

（2）福特 Pinto 汽车案在发现潜在风险时，未作出召回的决策。如果不是备忘录（见图 2-1）被公开，福特公司是否有可能躲过舆论风波，从而减少赔偿？如果你是最初发现问题的工程师之一，你会采取行动坚持"召回"的提议吗？为什么？这种行动可能遇到的困难主要是什么？

2.4 工程职业与职业伦理

2.4.1 工程师的职业道德

就大众的认知而言，首先，工程师是能解决工程问题的专业人才，拥有数学、自然科学、工程技术等领域高深知识，具有识别、分析、研究、解决处理复杂工程问题的能力；其次，工程师是具有综合素质的人才，会用现代工具和仪器，能与各类用户打交道，与不同学科背景组成的团队开展工作，还具有良好的职业素养、沟通能力、社会责任、终身学习和发展能力。

工程师的日常工作，不仅包括测量、建模、仿真、计算、工程监理，还会遇到各种各样的复杂情形和伦理挑战。例如，小李在一家大型建筑公司工作，是一名正直、诚信、严肃、敬业的工程师。他参加了一个建筑工程项目，作为唯一负责人负责选择用量很大的铆钉。经过一番认真的市场调研和实验室测试分析后，他决定推荐 A 公司的铆钉。因为根据他的研究，A 公司的铆钉价格最低并且质量最好。就在小李刚刚完成产品选型报告还没发给上级时，A 公司销售代表上门拜访，告诉他下个月公司将在海滨度假胜地举行公司年度技术论坛，邀请小李参会，并带来了公司提供的免费机票、酒店住宿和周边旅游消费的代金券，总价超过 15000 元。小李如果接受这个馈赠，参加技术年会有助于他更新技术产品知识，富有教育意义，还能顺便在海边好好地旅游休闲。然而，他刚作出的铆钉选型决定尚未提交，也没有旁人参与和知悉这个选型过程和结果。A 公司代表来他办公室的事情已经被很多同事看到，将来他很可能会被质疑是在接受了 A 公司馈赠后才做出的选型决定。小李希望想到一个周全的行动方案，既不会落入"受贿"的泥潭，又不失去参加技术论坛、更新知识的机会。

在选择行动方案之前，小李应该先理清什么是贿赂，再定义好他所面临的行动决策问题，依此提出多种可能的行动方案，在综合比较后作出选择。

判定是"贿赂"还是"礼尚往来"，一般可以从礼物价值大小、送礼时间和理由、单独决策还是集体决策等方面来分析。在小李选铆钉的案例中，还需要考虑铆钉的价格和质量。根据案例材料，一方面，存在三个因素有可能将小李推入"受贿"的境地：免费机酒套餐金额过大，小李单独决策，送礼的时间与作选型决定的时间非常接近。另一方面，考虑参加 A 公司技术论坛有利于本公司了解相关领域新技术新产品，密切与供货商的联系，因此放弃 A 公司的馈赠并不明智。如果小李在自己接受或拒绝这两个行动方案之外，提出让公司选派其他同事参加年会并得到 A 公司的认可，则可能是一个多赢的解决：小李遵守了工程师应当诚实、负责、不索贿受贿的职业道德，也维护了供应链上的企业合作互动、公平交易的经营道德。

上述简化的案例只是用来说明，作为具备专业知识和能力、在技术方案和产品选型方面有一定裁量权的工程师，在其工作中会遇到与"正直""忠诚""专业"等品德相冲突的情形。除了自身的品德建设外，工程师可以在职业共同体内寻求更大的力量。

2.4.2　职业和职业共同体

广义上讲，职业是提供社会服务并获得谋生手段的任何工作。在工程领域中，特指涉及高深的专业知识、自我管理和对公共协调服务的工作形式。

与职业相关的概念有行业和产业。虽然都是从经济与社会的维度来关注"物"的生产与消费，但"职业"突出了"人"这个核心，它是社会组织的一种形式，以"集团"或者"群体"的形式职业把社会中相关的人们联系起来，结成职业社团，组成职业共同体。例如，历史上的行会、商会，当代地方性、全国性和全球性各类工程学会。

职业因社会分工而产生。职业共同体因共同参与的活动、交往、关系和投身的事业而产生。各种职业共同体以团体、学会等组织为外在形式，代表整个职业向社会发声，宣传本职业的重要价值，维护职业的地位和荣誉；对内，制定准入条件、执业标准，通过出版专业杂志、举办学术会议和进行教育培训等活动，增进从业人员的联系，强化职业能力建设，促进职业发展，并且可以在协调从业人员间的利益关系中发挥作用。

职业共同体的形成为职业自治提供了现实条件，一方面，对外宣布本职业在专业领域的自主权威，包括职业内部制定的职业规范以及非书面形式的"良心机制"；另一方面，职业共同体所实施的行为受职业以外的社会规范的影响和约束，这些社会规范包括政府或非政府规章、法律制度、社会习俗。

工程社团在全球分布很广，每个国家、地区都有不同专业领域的工程学会、协会。在中国，有电子学会、电工学会、计算机学会、自动化学会、软件学会等，各省市也可能建有本区域的专业学会。在美国，有土木工程师学会（American Society of Civil Engineers，ASCE）、电子和电气工程师学会（Institute of Electrical and Electronic Engineers，IEEE）、全美职业工程师学会（National Society of Professional Engineers，NSPE）等。总部设在法国巴黎的世界工程组织联合会（World Federation of Engineering Organizations，WFEO）是 1968年在联合国教科文组织（United Nations Educational，Scientific and Cultural Organization，UNESCO）的倡议和支持下成立的各国与区域工程组织的联合体，其成员覆盖近百个国家和地区以及十多个相关领域的国际工程组织，是世界上最大的由国家成员和区域成员组成的国际组织，在国际工程领域具有广泛影响力。工程社团可以牵头制定职业的行为规范（Code of Conduct）和技术标准（Technical Standard），体现专业素养和伦理规范；有的甚至直接制定职业伦理规范（Code of Ethics），对职业从业者提出明确的职业伦理要求。

2.4.3 工程伦理责任

责任是人们生活中经常用到的概念，它并不专属于伦理学，只有在与道德判断发生联系的时候，才具有伦理学意义。不过，由于科技进步带来的新型责任更多是"未来的责任"和"全社会共同的责任"，"责任"一词已经成为当下伦理学中关键概念，在工程伦理实践中处于优先地位。

工程伦理责任可以分成职业伦理责任、社会伦理责任和环境伦理责任等不同方面。其中，职业伦理责任又可以从三个角度来理解。一是"义务 - 责任"，职业人员以一种有益于客户和公众，并且不损害自身被赋予的信任的方式使用专业知识和技能的义务，如大模型研发工程师在获得教师本人同意的前提下，运用专业知识，收集教师教学活动、日常发文发言等各种数据，研发出"数字替身"，帮助教师进行 24 小时在线答疑。这是一种积极的或向前看的责任。二是"过失 - 责任"，这种责任是指可以将错误后果归咎于某人。这是一种消极的或向后看的责任。三是"角色 - 责任"，这种责任涉及一个承担某个职位或管理角色的人。

与其他责任类型对比分析，可以帮助我们认清伦理责任的内涵。伦理责任与法律责任不同。法律责任属于"事后责任"，指的是对已发事件的事后追究，而非在行动之前针对动机的事先决定；而伦理责任则属于"事先责任"，其基本特征是善良意志不仅依照责任而且出于责任而行动。伦理责任也有别于职业责任。以网约车系统的研发工程师为例，他的职业责任是他在履行需求定义、软硬件设计与开发、代码调试、运行维护等本职专业工作时应尽的岗位责任，而伦理责任则体现在为了社会和公众利益需要，应当为那些没有渠道或没有能力及时获得网约车服务的"弱势群体"设计"绿色通道"，维护社会公平和正义等伦理原则而尽责。

最后需要强调的是，工程师及共同体是工程伦理责任的主体，要发挥主动、积极的作用。以工程师个人为例，除了要勤修个人品德、培养社会公德、了解并践行职业道德外，还需要培育和发展"道德想象力"，一是善于换位思考，能够"共情""移情"，站在对方立场上思考问题，如为未成年人设计防"沉迷"的网络游戏规则；二是善于跳出思维局限，在既定的情境中发掘更多可能的行动方案，如在"允许"和"禁止"之间，设计符合伦理的"有条件使用"的具体规则。

2.4.4 工程职业伦理规范

工程社团是探讨工程职业所面临的有争议的伦理问题的合适场所，伦理规范成为其主要成果之一，目的在于促进负责任的职业行为。以下列举部分工程社团制定的伦理规范，这些都是放在互联网上的公开文本，既有伦理规范，也有其他形式。

▶ 中国计算机学会职业伦理与行为守则（见附录 A）；

▶ 全美职业工程师学会伦理规范（NSPE Code of Ethics）；

▶ 电子和电气工程师学会行为守则（IEEE Code of Conduct）（见附录 A）；

▶ 电子和电气工程师学会伦理规范（IEEE Code of Ethics）（见附录 A）；

▶ 电子和电气工程师学会人工智能和自主系统伦理考虑全球倡议（The IEEE Global Initiative for Ethical Considerations in Artificial Intelligence and Autonomous Systems）；

......

职业伦理规范宣示了职业共同体的伦理要旨，既能为工程师了解其职业工作的伦理内涵提供指南，又体现了该职业群体的共同承诺。在工程社团的伦理规范中，一般都把"工程以公众安全、健康和福祉为最大善"放在前言或重要位置，体现工程师及工程师团体秉持"将公众的安全、利益和福祉放在首位"这一基本价值。

讨论

职业伦理实践的一种方式：职业宣誓。

《希波克拉底誓言》是一份历史悠久的医学道德文献，据说被世界上很多学校用在医学生入学第一课上，要求他们学习并正式宣誓。短短几百字的誓言，宣示了医生与病人和医学职业内部重要道德关系，包括医生的四条戒律：对知识传授者心存感激；为服务对象谋利益，做自己有能力做的事；绝不利用职业便利做缺德乃至违法的事情；严格保守秘密，即尊重病人隐私。1948 年，世界医协大会对这个誓言加以修改，定名为《日内瓦宣言》，至今仍在使用。

2015 年，中华人民共和国全国人民代表大会常务委员会作出实行宪法宣誓制度的决定，要求各级人民代表大会及县级以上各级人民代表大会常务委员会选举或者决定任命的国家工作人员，以及各级人民政府、监察委员会、人民法院、人民检察院任命的国家工作人员，在就职时都应当公开进行宪法宣誓。强化国家工作人员树立宪法意识、恪守宪法原则、弘扬宪法精神、履行宪法使命的职业要求。

有一个公开的工商管理硕士（Master of Business Administration，MBA）誓言网址，由哈佛商学院 2009 届工商管理硕士毕业生创建。他们把对从事工商管理职业的承诺写成誓言公开在网上，带头宣誓并倡议全球 MBA 学生加入，旨在激励和支持 MBA 学生在进入工商管理职业后，能以更高的专业标准工作，负责任地、合乎道德地创造商业价值。据网页信息显示，世界各地 100 多所学校的 1 万多名 MBA 学生已经认同并宣读了 MBA 誓言，他们以网上社区形式组建了一种新型职业共同体。职业伦理规范是誓词的重要内容。

讨论

当下，各种新行业新应用不断涌现，新领域跨专业新型工程师在未来日益多见，极有必要帮助他们在加快推进职业共同体构建的同时，探究并公开作为新领域工程师群体的职业责任和伦理责任。假设在正式组成线下学会组织之前，先采取线上誓言方式来推进职业规范和伦理建设，请问誓言应当包含哪些与这些新职业相关的伦理要素？可以通过什么方式联系相关职业人士并进行传播和认同？

本章小结

科学技术是第一生产力！在人类发展历史上，科学、技术和工程一直发挥着动力源、推进器等重要作用，引领人类社会在经济、政治、社会等多方面走向现代化。然而，科技和工程对人类社会具有双重的影响，在拓展人类活动空间、为人类提供了更多可能性的同时，也出现了高科技武器破坏力巨大、环境污染加剧、城乡分化扩大、物质主义盛行等问题，给可持续发展带来挑战。

本章首先介绍科技伦理的基本知识。科技与社会相互影响，科技进步推动社会进步，但也带来负面影响。作为应用伦理学一个重要分支领域，科技伦理关注科技进步和技术使用相关的伦理规范。其价值原则主要包括尊重人的尊严、符合公共利益、严谨真实、公开透明、安全性、责任、公正、可持续性、预防原则、国际合作、多样性和平等性等。

工程是一种社会性建造活动，通过一群人的相互协作，应用科学和数学知识，来设计和制造机器、设备、系统、结构、产品等，服务于人类某种需要。它依赖于科学和技术的成果，但有别于科学、技术的一个重要特点是，工程实践是一种社会性活动，不仅涉及与工程活动相关的工程师、其他技术人员、工人、管理者、投资方等多种利益相关者，还涉及工程与人、自然、社会的共生共在，因而面临着人与人、人与社会、人与自然多重复杂交叠的利益关系。工程实践往往面对着部分环境信息不可知、部分资源要求难满足的条件，经过对工程风险的可接受性进行评估后开始推进，受到技术、环境、人为等不确定因素的干扰，建造的新的人工物在满足人们主要需求的同时，也可能导致非预期的不良后果。工程伦理问题主要有技术伦理、利益伦理、责任伦理、环境伦理等类型。专业学会、科学家组织、工程社团等是常见的职业共同体，由相关领域科学家和工程师结成，通过组织会议、发表论文、制定章程和规范等，对内，为科学家、工程师提升职业能力，明确伦理规则和行为规范；对外，宣示专业权威和从业者的社会责任。

尽管卢德分子出现在250年前，但从历史进程看，职业共同体正式研究讨论科技伦理、工程伦理问题还是近100年的事。进入20世纪以后，生产安全事故频发、区域发展差距加大、侵略和反侵略战争蔓延至全球，背后都能看到新科技和新工程的影子。科学家、发明家、工程师遭遇了新的伦理困境。科学家开始讨论"什么是正当的科技行为"；工程师在早期强调忠诚于雇主利益和保持职业良知的伦理规范基础上，开始认识到履行社会责任和自然责任的必要性，提出要用工程师的职业能力，确保所从事的工程建造物是安全的、有益于或至少不损害人类健康的、增进全社会福祉的、推动可持续发展的、坚持人与自然和谐共生的等伦理价值。

话剧《哥本哈根》
剧本和视频

章末案例 1 话剧《哥本哈根》探讨科学家责任

第二次世界大战期间，纳粹德国先人一步之开展核反应堆研究，委托诺贝尔物理学奖获得者、量子物理开创人之一、德国科学家沃纳·K.海森堡（Werner K. Heisenberg）领导的"铀俱乐部"主持，但这项研究竟无疾而终。德国终究有没有造出原子弹一事成为"哥本哈根之谜"。1998年，英国剧作家迈克尔·弗雷恩（Michael Frayn）研读大量解密的第二次世界大战档案，围绕"海森堡为何而来"这一问题，撰写了剧本《哥本哈根》，以两位量子力学巨擘海森堡、尼尔斯·H.D.玻尔（Niels H. Bohr）和波尔妻子三人的鬼魂为仅有的登场人物，假借三位当事人的灵魂之口，还原会晤场景，追问1941年"海森堡之行"的目的。

剧中，海森堡发出终极之问，"作为一个有道义、良知的物理学家，能否从事原子能实用爆炸的研究？""这个问题其实一直在困扰着科学家和全人类，那就是在科学研究与全人类的福祉之间，到底该何去何从？"想一想，当下可控核聚变、脑机接口、ChatGPT等新技术正处于质的飞跃前夕，对于从事相关领域研究的科学家群体而言，这个问题有特别重要的意义！

话剧《哥本哈根》是师生间的一次对话，自1998年诞生在英国的戏剧舞台上之后，便引发了具有世界性质的科学哲学思考，在西方剧坛长演不衰。2002年，《哥本哈根》被改编为电影；2023年，"海森堡哥本哈根之行"片段在电影《奥本海默》中也有呈现。2003年，王晓鹰导演把话剧《哥本哈根》搬上中国舞台，创造了该剧在国内常演不衰的奇迹。2022年9月，清华大学物理系复系40周年特邀话剧《哥本哈根》在清华大学新清华学堂连演两场，同时组织"戏剧舞台上的科学家形象与科学伦理——从科学史角度看话剧《哥本哈根》"活动，以专题讲座、剧本朗诵、专家对话等方式，激发校内师生共同参与到由这部剧所引发的科学伦理、科学家伦理的思辨和终极追问之中。

与原子弹相关的历史事件还有[18]：

▶ 1945年8月6日，美国总统哈里·杜鲁门（Harry Truman）就第一颗原子弹在广岛投下后不久发表的公开宣言中声称："我们所完成的是历史上有组织的科学活动所取得的最伟大的成就。"

▶ 20世纪30年代，核裂变、用中子轰击引起铀核裂变等结果在德国等国家的科学家实验室被发现、验证。

▶ 第二次世界大战爆发、德国入侵波兰后，纳粹军械局将留在德国的最重要的核科学家通通集中到"铀学会"的秘密行动计划中。

▶ 与此同时，从德国、意大利、奥地利被驱赶和逃亡到美国的核科学家担心，德国可能成为世界上第一个制造出原子弹的国家，他们派人说服阿尔伯特·爱因斯坦（Albert Einstein）致信美国总统富兰克林·D.罗斯福（Franklin D. Roosevelt），发出危险警示。

▶ 美国总统起先只是成立了一个铀咨询委员会，后来将其归属国防研究委员会领导；若干大学有小组研究核弹、材料等科学问题。直到珍珠港事件爆发后，美国政府决定启动目标明确、资金充足的"曼哈顿工程"。

▶ "曼哈顿工程"进展中，1944年7月，波尔（剧中人物）写了一份备忘录并就其中内容与罗斯福总统讨论，其中谈到"如果不尽快缔结一份协议，来保证对使用这种新型放射性元素的控制，那么目前每一个巨大的有益之处，都将被一种始终对普遍安全构成的威胁所消解"。1945年6月，詹姆斯·弗兰克（James Franck）等牵头的7位知名科学家共同向美国陆军部长面呈的一份文件（被称为《弗兰克报告》）文中写道："过去……科学家可以拒绝承担人类使用自己无私发明的直接责任。但是，我们现在被迫采取一种主动的态度，因为我们在核能领域所取得的成就，有比以往的发明大得多的危险。我们所有了解当前核物理学状况的人，都始终生活在一种幻景中，我们的眼前出现的是一种可怕的破坏景象，我们自己的国家遭到破坏，一种像珍珠港一样的灾难，这种灾难会以千百倍的程度在我们国家每一个大城市重复发生。如果不能达成一个有效的国际协议，那么就在今天早上，就在

[18] ［德］格伦瓦尔德.技术伦理学手册[M].北京：社会科学文献出版社，2017：93-102.

我们第一次展示我们拥有核武器之后，一场普遍的军备竞赛就要开始。用不了几年，核子炸弹就不可能是只为我们国家所用的'秘密武器'了。"

▶ 1945 年 8 月 6 日和 9 日，美国在日本广岛和长崎先后投下原子弹。官方表示，"原子弹的使用结束了战争并且拯救了生命"。奥本海默（Julius R. Oppenheimer）说，"物理学家已经认识到了他们的罪孽"。

讨论

（1）《哥本哈根》剧作者让三个灵魂在舞台上演绎了多种可能的场景。你认为哪一个场景与历史真相最为接近？为什么？你最希望哪一个场景就是历史真相？为什么？

（2）原子弹的研发和使用在历史上引发了哪些重要的伦理和道德问题？代表性的人物和意见都有哪些？你有怎样的认识和分析？

（3）选择一个你关心的其他科技研究遇到的责任伦理问题，讨论如何界定责任，在不同角色、不同阶段如何分配责任，遵循责任伦理可能导致哪些行动？

章末案例 2　北京冬奥会工程伦理分析 [19]

2022 年北京冬奥会由北京、张家口联合举办，这是首次在同一个城市举办夏、冬奥运会的新尝试，也是进入《奥林匹克 2020 议程》时代全面践行习近平生态文明思想和联合国可持续发展战略下成功举办的首届冬奥会。

面对京张地区土壤脆弱、水资源短缺、生物多样性破坏等挑战，组委会按照习近平总书记"突出绿色办奥理念"的要求，加大绿色科技创新，综合运用建筑、材料、信息等领域的新技术的应用，解决北京冬奥会筹备、举办过程中环境生态问题，"把发展体育事业同促进生态文明建设结合起来，让体育设施同自然景观和谐相融，确保人们既能尽享冰雪运动的无穷魅力，又能尽览大自然的生态之美。"成功举办了一届"绿色、共享、开放、廉洁"的冬奥会，体现了以人为本、可持续发展的习近平生态文明思想。

建筑：来自我们，
为了我们

首先，北京冬奥会场馆的选址方面，以"建筑：来自我们，为了我们"[20] 为指导，充分考虑赛时服务于比赛和赛后服务于百姓的平衡，侧重赛后利用。在场馆建设方面大量采用了绿色建筑材料和技术，如在国家速滑馆、赤城奥运走廊等使用了我国自主研发的碲化镉发电玻璃，使玻璃具备光电转化特性，为低碳场馆提供材料支持；国家速滑馆等三个场馆均采用二氧化碳直冷制冰技术，预计一年可节省 200 万 kW/h 的电能；延庆冬奥村充分利用节能保温系统、高性能门窗设计、规避冷热桥系统、优良气密性设计、高效热回收新风设计等超低能耗技术，有效降低能耗。

[19]　布特，李佼慕，邹新娴 . 北京冬奥会绿色科技创新与生态文明遗产研究 [J]. 科学管理研究，2022，40（01）：9-17.

[20]　张利 . 建筑：来自我们，为了我们 [N]. 光明日报，2022-01-08（10）.

其次，张北柔性直流电网的建成，将张北地区富有的风能、抽水蓄能通过中间站点接入北京电网，实现可再生能源的高效接纳和外送。整个冬奥会期间减少 12.8 万 t 煤燃烧，帮助二氧化碳减排 32 万 t，为冬奥会提供了稳定、清洁的电力供应，充分体现了低碳节能。

再次，绿色生态技术在北京冬奥会的筹备过程中也发挥了重要作用。例如，为赛区每一棵树木挂上二维码身份牌，实行智慧管理。总计原地保护树木 313 棵，迁地移植乔木 24272 株，近地移植灌草 11027 株，建成迁地保护基地近 20km²。另外，还采用表土剥离技术和格宾再造技术开展土壤修复、水源保护等生态修复。

最后，还将海绵城市建设技术迁移使用，建成了由 900m 塘坝、1050m 塘坝及 1290m 调蓄水池共同组成的造雪引水系统，以统一调蓄收集的地表水、雨水、融雪水，保障冬奥用水；研发具有 5G 通信的智能"卡宾雪"造雪机，提高造雪效率；600 多辆奥运保障用车 100% 采用氢燃料电池，为北京冬奥会的低碳交通提供了保障。

北京冬奥会的绿色科技创新，具有经济、社会、生态等多方面价值。在经济层面，推动了新能源产业加速发展，为新兴的冰雪产业提供了低碳、节能技术的配套技术。在社会层面，绿色电力、环境改善、水资源保护、人文宜居等都取得了显著成效。在生态层面，北京冬奥会的绿色科技创新有效地保护了生态环境，丰富了生物多样性。

赛后，可以从几方面对北京冬奥会的生态文明遗产进行传承和发展：一是传承低碳场馆遗产，推动生态体育场馆的建设；二是传承生态保护遗产，推动生态体育的发展；三是传承生态文明遗产，提升社会的生态生活方式；四是传承生态文明遗产，弘扬生态文明思想。

讨论

（1）查阅资料，了解工程推进中常遇到的邻避效应问题的含义。

（2）从工程技术伦理、利益伦理、责任伦理、环境伦理四个角度，对北京冬奥会的场馆选址和建设进行分析。

（3）科技创新在北京冬奥会成功达成"绿色、共享、开放、廉洁"办赛理念中做出了很多努力。选一种你感兴趣的技术，尝试从正、反两方面分析它所蕴含的科技伦理问题。

拓展阅读

[1] 习近平. 论坚持人与自然和谐共生 [M]. 中共中央党史和文献研究院编. 北京：中央文献出版社，2022.

[2] [德] 格伦瓦尔德. 技术伦理学手册 [M]. 北京：社会科学文献出版社，2017.

[3] 卢风. 应用伦理学概论 [M]. 2 版. 北京：中国人民大学出版社，2015.

[4] 李际. 我国 PX 项目邻避事件的伦理审视 [J]. 工程研究——跨学科视野中的工程，2016，8（01）：63-72.

[5] 解然，范纹嘉，石峰. 破解邻避效应的国际经验 [J]. 世界环境，2016（05）：70-73.

第 3 章
信息社会风险与信息伦理——闯进"制度真空"地带

麦基是美国 F 州 R 大学计算机专业大三学生。他自小痴迷于计算机，于是选择到计算机专业排名靠前的这所高校读书。在前五个学期，他的课程成绩一直名列前茅，系里很多老师知道他。他编程能力极强，经常夜间驰骋纵横于因特网，尝试破译编码、侵入未经授权的计算机系统，并时时为取得的成功而陶醉。麦基没有被发现违反过大学的任何规定，也从未受到老师或行政管理人员的训斥。他成为朋友和同学眼中典型的"黑客"（Hacker），他在网上这种"小小的"违规行为只是其技术技能的佐证，并没有造成伤害和损失，有的人甚至对他这种行为赞赏、羡慕不已；加上他在很多方面都显示出非凡才能，是学生中知名的"技术大咖"，受到不少同学仰慕。

某年 4 月底的一个夜晚，距期末考试还剩三星期时，麦基决定尝试攻入全校教职工人事信息的系统，其中很多文件涉及学校或教职工个人的敏感数据，设置了密码保护。

麦基把注意力集中到教职工工资文件，并非出于了解工资具体数据的目的，而是要通过得到这种敏感的保密数据来显示他破译密码的能力。麦基的好奇心来自一位教授的刺激。教授自称亲自为文件系统做了安全设计，保证"固若金汤"。麦基把教授这种吹嘘视为向全班同学发出的技术挑战。

当晚，他连续工作 4.5 小时。一开始，他很快突破了网络系统的安全防护，但教授所言非虚，破解工资文件密码确实很不容易。不过，在一次次的失败和再尝试后，他终于破解了密码，获取了文件信息。他欣喜若狂，但也感觉筋疲力尽，甚至都没有顾得看一眼工资文件中的具体信息，就匆匆退出系统和网络去睡觉了。

第二天，系统管理员在系统日志中发现了有人在凌晨 2 时 36 分非授权进入主机系统，

[21] 王前，杨慧民. 科技伦理案例分析 [M]. 北京：高等教育出版社，2009.

还检测到有人曾访问工资文档，但个人记录并未被人打开浏览过。管理员报告后，校园保安和行政管理部门立即启动调查最终查出麦基侵入计算机系统的证据，确认他是嫌疑人。消息传开后，没人感到意外，因为麦基一直偏爱做这些事。

之后，训导长格林博士约谈麦基。面对确凿证据，麦基局促不安地辩称，这是一起无伤害事件，"不过是一个恶作剧而已"，只是为了证明教授所说工资文件无懈可击的说法是错误的。他声称，对他而言，进入严密的安全系统既是一种爱好，也是一种挑战；把被认为是安全的系统的脆弱性暴露出来无疑是一件好事；他并没有打开浏览任何工资数据，更没有其他非法侵占的念头。他还就如何增强信息系统安全向格林博士提出具体建议，并说这些是他自那天早上攻入系统后一直思考的问题。

随着双方交流的深入，格林博士敌意渐消。会面前，格林博士了解了麦基的基本情况，知道他成绩优异，没有受过任何处分。谈话中，麦基表现出诚实和直言不讳，并不是像一名误入歧途的学生。基于此，格林表示，自己有意宽恕麦基的过错，同时指出，这是一个严重违反校规的行为，学校不会听之任之，结果将按照校规经集体讨论决定。

当天晚些时候，格林博士与相关教职工一起讨论麦基的情况。一些教师觉得，严厉的批评和警告对麦基已经足够。其他老师则认为需要严格的处罚，甚至可以给予停学一学期的处分。其中一位老师谈到，对于干这种事情的学生决不能姑息，严厉的处罚能起到"杀鸡儆猴"的作用，让校园其他"黑客"知道：违反社会公德和越轨的行为是不能容忍的！

学校最终该如何处理麦基？

讨论

（1）麦基以身为"黑客"而自豪，醉心于侵入计算机系统以证明自己的计算机能力。你觉得他这种行为可取吗？正当吗？在你看来，"黑客"的行为或其文化是符合还是违背社会道德的？

（2）麦基自辩他只不过是玩了一场"无伤害的恶作剧"，没有采取任何破坏行动，也没有对学校和教职工的财物进行侵害。你认同他的观点吗？

（3）如果你是学校管理部门的教师，你将如何引导麦基这样乐衷于玩"无伤害恶作剧"的学生将"黑客"技术向有利于社会福祉的方向发展呢？

3.1 信息技术的社会影响

3.1.1 信息技术发展简史

按宇宙大爆炸理论，地球的年龄约为 45.4 亿年，现代智人大约在 20 万年前才出现。打个形象的比方，若地球年龄浓缩成一年，人类只在最后半小时才出现；如今作为准确记载和传递信息的主要载体——文字，则只在半分钟前才被发明出来[22]。

就在这短短的半分钟内，人类社会的生产方式经历了狩猎、农业、工业到信息化一系列重要变迁。特别是近200年来，我们可以观察到几次以约50年为周期的长波变化：第一波以纺织工业为主导，实现蒸汽化；第二波以铁路、冶金为主导，实现铁路化；第三波以电力、化工、汽车为主导，实现电气化；第四波以石油和电子等技术为主导，实现电子化；当下正处于以网络、数字化和智能技术为主导的第五波，实现信息化、智能化。另一种说法是"工业4.0"，由世界经济论坛（World Economic Forum，WEF）创始人兼执行董事长克劳斯·施瓦布（Klaus Schwab）提出。他在2016年的《第四次工业革命：开启未来一百年》一书中，把以蒸汽机的发明和机械化生产为特征的100年作为第一次工业革命，把内燃机的发明和电气化生产为特征的50年作为第二次工业革命，以计算机、互联网和数字化、自动化、网络化生产为特征的又一个50年作为第三次工业革命，把以物联网、人工智能和大数据等新技术的出现和智能化、自适应和个性化生产为特征的当下作为第四次工业革命。

在这短短的半分钟里，文字先是写在石板、龟甲、羊皮、竹简上，信息传播不再囿于面对面的实时互动。其后发明了造纸术、印刷术，文字和其承载的思想得以更快速、更大时空范围向外界、向后世传播。大约100年前，西方开始了通信革命，借由电报、电话的通信方式，在地球两端的人们可以瞬时接到文字或声音信息。电视网、广播网实现了单点向外的大众传播，用同样的信息、同样的时尚意见轰炸人们，服饰、举止、音乐都有了"流行款"，思想、价值观也在潜移默化中"被引领""被塑造""被改变"。计算机的发明是一个重要事件，极大地提高了信息处理、存储的能力，随后产生的互联网使数字化的信息在全球传播开来。当下，移动互联、万物互联、智能处理飞速发展和全面铺开应用，让我们随时随地用互联网学习、工作、生活、娱乐，深深地体会到后信息时代正在到来：信息极端个人化，计算机深度理解个人，时空障碍被打破，新的社会变革正在孕育中。英国作家詹姆斯·格利克（James Gleick）坚信信息是宇宙固有的组成部分，并以此为指导撰写《信息简史》[23]，讲述信息科技发展史。专栏3-1扼要叙述了20世纪以来若干重要信息技术的发展进程。

在信息技术发展上，中国起步晚于美、欧、日等先进国家。1978年改革开放以来，生产力得到充分解放，国家经济实力和教育、科技人才队伍水平显著提升，中国在信息化发展道路上快速跟随、积极赶超。当前，信息化与工业化深度融合，集中体现在高端制造和大型信息化工程实施，如三网融合及信息基础设施普及，高铁及轨道交通装备制造及安全运行，C919大型飞机的数字化协同生产；同时，平安城市、金税工程等政府管理及智慧交通、智慧医疗、智慧旅游民生服务快速普及；电子商务、网络经济更是风起云涌、创新不断。在面对突如其来的新冠肺炎严重疫情时，已经具备很强实力和雄厚技术队伍的中国信

[22]　吴军.文明之光（第一册）[M].北京：人民邮电出版社，2014.

[23]　[英]格雷克.信息简史[M].北京：人民邮电出版社，2013.

息产业，迅速行动起来，围绕追踪密接者、定制预约服务、加快疫苗研发筛选、辅助医疗诊断等需要，开发了各类信息应用系统，为科学防疫抗疫作出了重要贡献。

专栏 3-1 若干重要的信息技术发展进程

推动信息化的电、磁、光等重要科学基础主要发端于19世纪末20世纪初。20世纪20年代开始，伴随着GDP总量上升到全球第一，美国代替欧洲成为科技创新、产业变革来源地。高校和企业的科学家、工程师致力于将科学原理转为技术发明，并开始人类工程实验。

电气化：1903年柯迪斯研制出蒸汽涡轮发电机；1927年铺设传输高电压线；1932年开始建设胡佛大坝；20世纪40年代中期全美国就电网基本形成。

电话：1900年纽约电话公司将装配载荷线圈成功用于扩大电话传输范围且减少交叉干扰；1914年地下电缆连接波士顿、纽约与华盛顿，并发展成电子交换环球通话。

广播电视：1901年马可尼用莫尔斯电码向2000mi（约3218.69km）外发送无线电报；1912年阿姆斯特朗研制出第一台调幅无线电收音机；1925年拜尔德成功地传送了一个可识别图像，广播、电视随后发展成重要大众传媒。

电子化：1904年弗莱明发明真空管和二极管；1947年巴顿、布拉泰因和肖克利发明晶体管；1958年诺伊斯开发出能够可靠制造的小型集成电路，后创办英特尔公司；此后，IC芯片门集成度依照摩尔定律每18个月翻番。

计算机和智能终端：1939年阿塔纳索夫和拜利在衣阿华大学发明第一台计算机；1945年图灵发表论文阐述现代计算机原理，冯·诺依曼独立写出描述存储程序的计算机文件，两人共同奠定了计算机工业基础；1946年第一台电子数字计算机ENIAC在宾夕法尼亚大学诞生；1975年盖茨和艾伦创建微软公司，并使Wintel架构统领个人计算机时代，直到2007年乔布斯推出iPhone手机，开启个性化智能移动计算新时代。

互联网：1969年美国军方研制的ARPANET公开；1972年汤姆林森推出电子邮件；1991年英国科学家迪姆·伯奈斯-李发明万维网；2005年，国际电信联盟发布《ITU互联网报告2005：物联网》引导万物互联技术研发；2008年，ITU提出第5代移动通信初步需求和目标，2015年3GPP完成了5G初始标准制定，2019年5G商用网络开始试运行……信息互通，地球成村，应用创新，势头很猛，美国领先，中国跟上，互联网应用层出不穷，搜索、问答、购物、旅游、娱乐、游戏等领域涌现很多全球高市值互联网企业。

计算架构：1956年斯特拉切尼发表虚拟化论文，2006年谷歌发布云计算演讲，2009年阿里在南京建立首个电子商务云计算中心。分布式、云计算提供了无限的网络计算资源。

大数据：2008 年麦肯锡提出大数据概念，2012 年全球迎接大数据元年。

人工智能：1947 年图灵研究机器智能，1950 年在杂志上发表《计算机与智能》，提出"图灵测试"；1956 年夏季，麦卡锡、明斯基等学者聚会研究和探讨用机器模拟智能的一系列有关问题，首次提出了"人工智能"一词；1997 年，IBM 的 Deep Blue 战胜国际象棋冠军卡斯帕罗夫；2016 年，AlphaGo 战胜围棋冠军李世石，基于大数据和深度学习算法的人工智能应用爆发；2022 年，openAI 公司的 ChatGPT 横空出世，能够基于在预训练阶段所见的模式和统计规律和人聊天交流，甚至能完成写文章、编代码等专业任务，掀开了大模型技术泛化应用新篇章。

与美国、中国相仿，全球各国正以不同速度、不同程度地进入或"被"进入信息时代。科学家们预测，21 世纪上半叶，信息科技仍将快速发展、大有作为。新的信息功能材料、器件和工艺将不断出现；开放计算平台日益成为主流，智能化终端普及率快速提高；移动互联网和社交网络成为信息产业的增长关键，云计算、物联网等技术的兴起促使信息技术渗透方式、处理方法和应用模式发生变革；大数据、人工智能研究和应用成为全球关注的热点。

3.1.2 信息技术的特征

机械技术、电气技术、建筑技术、化工技术、生物技术、核技术、信息技术等，是现代科技领域的一些主要分支，都是以科学为基础的技术应用，都需要领域工程师把专业知识转化为应用技术，都能带来创新，对促进社会发展和改善人类生活有着重要作用，并且都要受到法律法规的约束。

与其他技术相比，信息技术已经成为推动全球化和数字化转型的主要动力，是催生新质生产力的重要力量，其更新换代速度特别快，对全球政治、经济、社会和文化的影响特别显著。总体说来，信息技术具有如下特点：

▶ 普遍连接能力。在无线、有线、局域、广域的通信网络技术和手机、智能终端、计算机、嵌入式设备支持下，人、机、物形成全时空、可追溯、可预测的互联互通的网络。

▶ 多通道交互能力。符号、命令、文字、语音、图像乃至手势、表情，都可以被计算设备感知、识别，人机之间可以更加自然地"对话"。

▶ 跨界渗透特性。家电可以上网，汽车可以联网，农作物生长态势及销售情况可以经由农业物联网送达农技人员、采购人员和百姓、政府等，各种嵌入式设备被戴在手上、穿进鞋里、藏在筷子里。信息技术渗透到衣食住行各个方面，并带来新的生活方式，跨界、颠覆，成为信息科技的重要特性。

▶ 融合处理能力。信息科技以数字化的 0 和 1 为基本形式记录、存储、传输、转换各类信息，不同信息可以方便地传输到同一个设备上，进而进行匹配、关联、融合等深度处理，产生新的使用价值。

2013 年，麦肯锡咨询公司使用"颠覆性"（Disruptive）一词，描述诸如移动互联网、物联网、云计算、大数据、知识工作自动化、3D 打印、智能机器人、自动驾驶等信息领域重要新技术。可以说，颠覆性是信息技术的独特性质。

全本 - 麦肯锡报告

3.1.3 信息技术与社会变革

从 20 世纪中叶开始，随着电子元器件、检测、控制、数据库、通信与网络等技术发展，信息技术开始进入工业生产领域。从单变量数字控制回路，到整个生产加工过程的自动控制，再到将客户订单管理、制造资源管理、计算机辅助产品设计/工艺设计/加工制造等集成为一体的企业综合信息化系统，信息技术让企业获得更好的柔性、智慧，得到更高效率、品质。20 世纪 90 年代前，中国的制造企业普遍处于机械化、电气化阶段，自动控制系统多为单机、模拟量的。国家高技术计划首批启动"计算机集成制造"主题，在高校、行业研究院所、企业多方专家组成的联合大团队共同努力下，以设备联网、信息联网和产销存数据综合管理为支撑，用信息集成推动建立了从市场销售、产品设计、工艺设计、排产调度、制造加工、运输交付、维护服务等全流程的计算机应用若干示范行业和示范工厂，并逐步推广到各行各业，推动我国在不到 30 年的时间里逐步成长为全球"制造大国"。

同样，以电子化、数字化为基础的信息技术将激光照排技术引入印刷行业，"告别铅与火"；将超声、激光、核磁等影像技术引入医学检验，不仅看得清骨骼，还看得见软组织和血流状况，有效提高诊断精度；将激光测距、视频摄像、导航卫星接收仪器预装进汽车，帮助驾驶员预警碰撞险情，扩展"盲区"视觉，知道身在何处；银行、航空公司等服务企业可以在数据库里记录客户的每一笔交易……

随着移动互联网技术的成熟和基础设施的普及，信息技术正以"互联网+"（或"+互联网"）模式更广泛、更深入、更迅速地进入各行各业，进入社会生活的方方面面，接近家庭中的老老少少，变革甚至颠覆了原有产业模式、产业格局、生活习惯乃至思维模式。

发生在人们身边的"互联网+"变革传统行业的实例不胜枚举。

个人生活中，从买书、买唱片开始，到买衣服、日用品、家电等，越来越多的人习惯通过电商平台挑选、下单，然后等待送货上门，越来越少逛实体商场，也使得商场从卖场转型为生活综合体，突出服务和体验，也引出了"城市不能没有实体书店"等呼声；想约亲朋好友一起聚餐，在餐饮服务类平台上比较、选择、在线订座；要出差或旅行，网上买好火车票、飞机票，出门前先查看公交运行实况，然后掐准时间悠然出门，或用软件约车出行；读书、看电影前后，可以上网络分享平台查看、询问、交流……

生产企业里，更多的检测单元通过物联网感知物料形状、光洁度、温度、流量、成分、压力等参数，更多的机器人在搬运工件、与加工设备"对话"协作，更多的设备被统筹起来优化运行、节能降耗，更多的产品从设计、加工、销售都离不开网络平台和网民的参与。例如，2004 年，宝洁公司曾经希望通过在薯片上印制图案来创新产品、吸引顾客、提高销量，公司设计人员花费两周而不得其解后，年轻的设计人员试着在网上"征集"创意。结果，一天之内就得到了满意的解决方案。围绕企业新价值的流程再造，是企业在"互联网 +"时代进行探索、转型的新突破点。

新闻和大众传媒更是发生了巨大变化。由于智能手机具有一体化拍照、输入、联网功能，大大促进了社交网络广泛应用。从相对封闭的网络社区，到个体发布博客，继而到随时随地可发布图文短信的微博，再到微信公众号、朋友圈，人人可以说话，人人可以观察，人人可以报道，人人可能成为一线记者。新闻出版行业遭遇了巨大挑战：越来越多的"首发"新闻线索来自普通人，越来越多的新闻不是由记者到一线采访写出，而是对众多网民自觉发布在网上的零散消息进行搜寻、挑选、确认后聚合生成，越来越多的传统纸质媒体关张、倒闭。与此对照，腾讯牢牢掌控 2011 年才推出的微信平台实现媒体服务和商务功能，腾讯发布的研究报告表明，到 2017 年第三季度，全球有 9 亿用户每日活跃在微信平台上，通过浏览微信公众号、视频号、朋友圈来获取信息，微信成为绝大多数用户首要信息来源，至今仍保持 9 亿这个数据。阿里巴巴曾不断布局收购各路媒体，报道称至 2015 年底，其在海内外已收购或入资 24 家有实力的纸媒或新媒体，如新浪微博、光线传媒、无界新闻、36 氪、虎嗅、南华早报，不断发展自己的媒体平台。2016 年以后，快手、抖音等短视频平台增长极快，2022 年抖音宣布日活用户超过 6 亿，成为新的信息分享渠道，倒逼新闻媒体机构创作更多的短视频新闻报道。小红书平台汇聚了分享体验的内容，这一特性帮助它快速成长为大众欢迎的生活百宝书。

在公众生活领域内，由网民撰写、经一定志愿者审阅通过后发布，并可以不断修改的维基百科，颠覆了大英百科全书依赖专家和编审委员会的封闭模式，成为网民们信赖、依赖和共同维护的在线百科全书。目前，这类依赖于分散"众包"方式产生和维护的维基百科中文版、百度百科、搜狗百科等"网上百科全书"成为许多人获取知识的工具，有的甚至不加鉴别地采纳。知乎等智能知识问答平台和 Coursera、edX 和"学堂在线"等慕课平台向在线学习者提供个人学习控制、交流答疑社区等更贴近个性需求的功能，上线后即快速发展。慕课将使大批教师下岗的预言并未出现，教育更加关注"学习者为中心"的模式。在 2020—2022 年疫情防控期间，在线教育资源进一步按年级、按科目、按专业、按课程择优汇聚，让更多的师生在网络课堂相聚，让更多课程通过网络分享、传播，让教育进一步成为免费的公共产品，维护人类整体利益。此外，通过社交平台可以快速形成热点话题、网络舆情，一则"某日某时到某地一起做某事"的信息经由"小世界"链接、"幂律"快速放大的社交网络传播，线下集聚人群的能力得以提高。2012 年北京"7·21"暴雨之时，一条动员私家越野车主去机场免费接送旅客的微博信息，很快吸引了源源不断来到航站楼的公益车辆。同样地，越来越多的社会运动（如发生在突尼斯的"茉莉花革命"）和暴恐行

小世界网络模型
六度分隔理论和
幂律

动，也是通过社交网络集聚相关人群的。

有人认为，"互联网＋"的变革力，源于互联网技术具有"小世界"结构网络连接、易传播分享、网络主体平等、微小众筹众包方式可行、免费策略与注意力经济商业模式、流程重构等特点。也有人认为，"互联网＋"的变革力，源于其内在的特性：凡是一切基于信息不对称的行业都将被互联网打击；凡是一切基于信息不对称的环节都将被颠覆或被边缘化；凡是一切基于信息不对称的既得利益都将被统统清剿。

信息技术在带来利好消息的同时，也引发了社会新问题。专栏 3-2 从正反两方面分析了信息技术的社会影响。由此可知，主动研究、正确认识信息技术对社会变革、价值准则、伦理规范的影响，及时而必要。

专栏 3-2　信息技术的社会影响

信息技术为人们的生活生产提供了新的技术手段、经营业态、思想观念、社会网络，支撑着我国市场经济改革和向现代化的转型，信息技术是社会进步的加速器。

以在线学习、电子商务、电子政务为例，信息技术创造了社会生活新方式。

信息系统内在的安全隐患，随着物联网、社交网络而扩散到物理系统和社会系统，对物理设施安全运行和社会生活的稳定有序提出巨大挑战；信息技术普及应用存在空间、人群和人口结构上的不平衡，数字鸿沟的深化会进一步扩大区域、代际、贫富发展不平衡，挑战社会公平和正义；社交网络从线上到线下的社会动员能力，也在挑战着社会学中关于社会结构、社会秩序、社会控制的理论构建。

讨论

20 世纪 80 年代，社会科学领域出现了一种主要研究技术起源问题的社会建构主义（Social Construction of Technology，SCOT）。这种理论认为，貌似"客观"的自然科学事实的东西，实际上都不仅是在实验室里用实验仪器、计算机计算分析直接得出的结果，而是加上了社会协商的综合结果。也就是说，技术的起源和发展总是伴随着社会对它的识别、认同或反对，在这些统一的意见或不同的观点反馈中，技术会进行选择、修正并推进应用。

表 3-1 是德国学者雷蒙德·威尔勒（Raymund Werle）进行的部分总结[24]，说明互联网技术从最初国防部门出资的 ARPANET 快速发展成联系全球的信息网络的进程中，相关技术选择都受到了哪些社会价值的积极反馈。

请自学互联网（Internet）主要技术，分析网络层次结构、IP、TCP/UDP、HTTP 等重要协议的设计思想体现什么样的社会价值？你是否了解非 Internet 技术体系的其他网络互联技术，它们在哪些方面与 Internet 技术体系体现的社会价值存在差异？

---

[24]　[德] 格伦瓦尔德 . 技术伦理学手册 [M]. 北京：社会科学文献出版社，2017：231.

表 3-1　互联网的技术建构及对应的积极社会价值

技术构建元素	对应的社会价值
网络互联结构：分散、透明	自由进入，各负其责
中心控制：最小化、几乎无	自我调节，自由交流
局域网：规范网络层协议， 链路层、物理层技术自定	保护自主权，包容差异性
URL、HTML 等资源定位、公共域名、网页描述语言	开放协作，鼓励众包
应用层技术：多样化、可选择	鼓励创新，包容个性

3.2　维纳创立信息伦理学

美国学者、控制论创始人诺伯特·维纳（Norbert Wiener）是最早关注并于 20 世纪 40 年代创立信息伦理学（Information Ethics）的人。第二次世界大战期间，身为美国麻省理工学院数学教授的维纳参与一款新型自动防空炮设计，其能够自动感知飞机位置速度、自动计算分析轨迹、自主确定开火时间和方位。维纳意识到，这款大炮的传感器单元、传动单元、点火推进单元要会交谈、会决策、会行动。由此，维纳认识到，机器和人类一样，是一个通过它们自身部分与外界的相互作用而具有解释能力的物质实体。机器的工作部件是金属、塑料、硅和其他材料的"集合"（Lumps），而人类的工作部件是精巧的小原子和分子。

从机器和人的一致性出发，维纳进行了系统思考。1948 年，发表《控制论：动物和机器中的控制和通信》，正式创立控制论。书中也涉及心理学、社会学等分析，有几个段落谈到了"善恶"，进行了道德评论，引发了不少学术圈以外读者的兴趣和讨论。为了进一步聚焦道德评论，传播他的新思想，1950 年，维纳在前一本大部头专著基础上，出版了小册子《人有人的用处》（也译作《人类的人性利用：控制论和社会》）。正是在这本书中，他为今天信息与计算机领域各式伦理学奠定了哲学基础，如"计算机伦理学"（Computer Ethics），"信息通信技术伦理学"（ICT Ethics）。本书将信息伦理作为一个信息领域各类新兴技术伦理学的整体概念，包括计算机伦理学、网络伦理学、信息通信技术伦理学、大数据伦理学、人工智能伦理学等。

维纳认为，人和所有的动物都是信息处理器，能够依赖他们的生理结构感知、处理外界信息，使用处理后的信息与环境相互作用。自动防空炮也具备了人和动物相似的信息处理能力，未来这类机器将变得越来越智能、越来越多样，作为社会中的积极参与者联结人类，因而具有社会价值，产生新型信息伦理问题。

维纳的信息伦理学说首先关注人性。"作为科学家的我们必须知道人的本质和它内置的目的是什么"。他认为蓬勃发展（Flourishing）是人生的总体目的，人性就是通过在多样化的可能行动方案中作出选择,以发挥个人潜力、实现蓬勃发展。作选择依靠信息处理。因此,实现蓬勃发展也完全依靠信息处理。

维纳把人类个体看作动态发展的、可以用控制论建模解释的实体,社会系统也是如此,是个体联系在一起的信息通信(信息交换)系统,依靠动态反馈作用不断循环。

由此,维纳思考具有信息处理能力的机器进入人类社会后,生命、健康、安全、知识、机会、能力、民主、幸福、和平、自由等人类核心价值的意义。他提出社会政策并提出将它们作为"伟大的公正原则",包括以下几方面重要内容(名称是由后代学者为便于转述而增加的)。

▶ 自由原则:公正要求"每个人的自由发展,在他身上体现了人类充分自由发展的可能性"。

▶ 平等原则:公正要求"平等是当 A 和 B 位置互换的时候,仍然是 A 和 B"。

▶ 仁爱原则:公正要求"人与人之间的善意超越人性自身的不足"。

▶ 自由的最小侵害原则:社会和国家所要求的广泛存在的强制义务必须以避免产生不必要的自由这样一种方式实践。

> **讨论**
>
> 一所大学的人工智能在线课程很受欢迎,有超过 1000 人同时选修。课程为此配备了 10 名助教在线答疑。课上没有说明,学生也不知道甚至没有猜出来,其中 1 名助教实际上是由人工智能来担任的。
>
> 如果你选了这门课,你是否认为应该被告知你是在与人工智能交流?请给出你的理由,并解释你是否认为这里存在了伦理问题。

3.3 信息伦理发展及其主要议题

3.3.1 计算机伦理和网络伦理

特雷尔·拜纳姆(Terrell Bynum)和西蒙·罗杰森(Simon Rogerson)在《计算机伦理与专业责任》中系统梳理了计算机和信息伦理在 20 世纪的发展。

20 世纪 60 年代,计算机学者唐·帕克(Donn Parker)开始收集计算机专业人员利用高科技犯罪和从事不道德行为的案例,为美国计算机学会(Association for Computing Machinery,ACM)起草计算机工程师职业伦理规范,并广为宣讲。这种做法的必要性,可以通过他后来进行的社会实验来说明。1977 年,帕克邀请受过最高教育的不同领域专业人士召开讨论会,评价 47 个计算机领域案例的伦理内涵。这些案例是他根据之前收集的真实案例、为了便于讨论而改编的。例如,在一个案例中,某公司负责招聘的人力资源负责人有个好友在警察局档案部门工作,有权访问本地和全国的犯罪数据库,因此,在这名警局好友的帮助下，该负责人能够经常收到拟聘新员工犯罪记录的数字档案。令人吃惊的是，尽管讨论会上与会各方面专业人士已经对此案例进行了充分的分析和讨论，认为案例中两人存在明显的滥用计算机技术行为，仍然有少数派坚信这个案例不构成伦理问题。

20 世纪 70 年代，既是哲学家后又成为计算机教授的瓦尔特·曼纳（Walt Maner）使用 Computer Ethics 指称研究计算机技术所引发、改变、加剧伦理问题的应用伦理学科，他撰写了计算机伦理学正式教材。他把计算机伦理问题分为"弱问题""强问题"两个层面。弱问题指的是，计算机的应用如此急剧地改变了某些伦理问题。例如，利用计算机优势可以做不道德的事情甚至犯罪，以致这些行为的"正当性"问题本身值得研究；强问题指的是，即计算机对人类行为的影响引发了全新的伦理问题，这些问题是计算机领域独有的，在其他领域没有出现过。例如，由于存在存储限制，掌握技术的人可以通过给汽车里程计外接装置，让里程计数溢出、归零，这样改装的二手车可以设置成卖主想要的任何行驶里程数。

20 世纪 80 年代后期和整个 90 年代，计算机伦理学发展迅速。1985 年，詹姆斯·穆尔（James Moor）发表论文《何谓计算机伦理学？》德博拉·约翰森（Deborah G. Johnson）撰写《计算机伦理学》，已成为该领域经典教材，与信息技术伦理问题相关的学术会议、课程、研究、期刊和教授讲席应运而生；为应对层出不穷的伦理问题，还出现了负责日常甄别信息技术使用情况、监管滥用的专门组织，定期发布报告，提出降低风险的举措。1991 年，"计算机和社会"相关知识被纳入计算机协会和电子电气工程师协会的计算机学会（IEEE-CS）制定的本科专业"计算机课程体系 1991（CC1991）"课程体系指导方案中，并在后续更新中予以保留。

维纳之后，詹姆士·穆尔的洞察力和对计算机伦理学的实践解释丰富了计算机伦理学的意义，其主要观点影响至今。他认为，计算机技术具有"逻辑延展性"，在这个意义上，硬件可以被建构、软件可以被调整，在句法和语义上创造一个能执行几乎任何任务的装置。那么，计算机技术允许人类（个体和机构）去做从前从来没做过或者做不到的事情。然而，穆尔注意到，我们"有能力"做一件新的事情，并不意味着我们"就应该"去做这件事，或者总是能够"符合伦理规范"地做这件事。事实上，存在"制度真空"，即对于这种新的可能性，没有规则、政策、条约或好的实践标准来告诉我们应该如何去做。例如，雇主可以让人开发或使用现成的计算机软件来监控雇员工作中的行为吗？医生可以借助网络手段开展远程外科手术吗？我可以任意复制专有的软件吗？在网络聊天室里我使用假身份会对自己或对他人造成危害吗？从事在线交易的公司可以出售它们收集的客户交易信息吗？许多计算机伦理学家把他们的工作理解为帮助填补这些"制度真空"。

随着万维网（World Wide Web，WWW）在 1991 年被提出，互联网开始了最早的蓬勃发展。1995 年，美国计算机科学家、麻省理工学院媒体实验室（MIT Media Lab）创办人尼古拉斯·尼葛洛庞帝（Nicholas Negroponte）教授出版《数字化生存》（*Digital Being*）一书，描绘了数字化技术将改变工作、学习、商业、医疗的前景，预测网络和计算机技术的发展将缩小全球贫富差距，使发展中国家能够越过传统工业化阶段，直接进入数字化时代。他相信，人类未来的生活将更加便捷、高效，全球沟通、理解和均衡发展得到改善。可以看出，尼葛洛庞帝总体上表现出受"技术进步主义"的影响，对未来持乐观积极的看法。这本书一时风靡全球，也引发了对网络化、数字化社会可能带来的负面影响的讨论。1996 年和 1997 年，社会学家曼努埃尔·卡斯特尔斯（Manuel Castells）先后出版了《网络社会的崛起》（*The Rise of the Network Society*）上下两卷，详细探讨了信息技术如何改变了社会结构和经济运作，人类社会进入了网络社会形态，其特征主要是经济行为的全球化、组织形式的网络化、工作方式的灵活化和职业结构的两极化。1990—2010 年，网络伦理是计算机伦理学的活跃领域，主要关注问题如下：沉迷，如该不该允许上网过度、成瘾？隐私，如在互联网上发布他人个人信息是否合理？匿名，如互联网访问是否应当坚持匿名？自由，如限制访问暴力、毒品、赌博、色情等"不良"的网络内容是否违反自由权利？版权，网上内容分享是否违背知识产权？以及公正，面对工作机会被替代、数字鸿沟造成社会不公，该如何建设网络相关行为规范、法治规定等。

从信息伦理诞生到互联网兴盛，信息伦理的重要议题主要有**人际关系虚拟化、正当的网络行为、"数字鸿沟"与社会公正、知识产权及信息自由和信息正义、全球化信息交互与治理困境等**。对这些议题，迄今为止，无论在法律文本和判例上，还是在国家政策、社会规范和个人行为准则中，仍存在许多未解决、不确定的分歧。

1. 人际关系虚拟化

由于推特、脸书、新浪微博、微信等社交类软件在商业上取得了巨大成功，新闻、读书、打车、餐饮、游戏等非社交类软件也越来越多地提供好友分享、推荐、评价等社交功能以提升用户的体验，创造新价值，增强现实 / 虚拟现实装备让游戏玩家沉浸在虚拟世界中。一方面，虚实交融、真假互存的网络交往侵占了很多人（尤其是自我控制力正在形成和发展的青少年）的精力，面对面的真人互动变得稀缺，导致一些人不会或畏惧社会交往，成为"社恐"。另一方面，网络空间几乎能够满足人的任何需求、任何欲望，一些人沉迷其中，迷恋虚拟角色，把为了"吸粉"等营销策略而打造的"热点""网红"作为追逐的对象，逐渐混淆了虚拟世界道德与现实社会的道德边界。在虚实交融的世界里生存，怎么定义"自我实现"这一马斯洛需求理论最高层？人们对生活满意度的内涵有什么变化？这符合现有的社会伦理吗？是否应在法律、政策、规章或社会规范中作出决定，来避免其向不利方向发展？谁能够、谁有权来制定这样的法律、政策、规章、规范？

2. 正当的网络行为

随着信息技术和网络的出现，发明病毒、木马攻击他人信息系统，偷窥他人信息，偷盗他人软件或财务账户，通过网络从事走私、色情和毒品交易等活动一直没有停歇。由于网络可以"匿名"掩藏行动者的真实身份，降低了被发现和追责的机会，匿名攻击与犯罪至今仍是网络信息时代一大毒瘤。防病毒、反攻击、密码保护、日志记录及追踪、实名注册等技术和公共治理手段，被用于反对以上不正当的网络行为。

然而，随着信息应用发展，一些道德判定清晰的老问题出现了新现象，新的道德伦理困惑也接连出现。例如，在私密场所借助网络实施的虚拟性行为没有伤害到第二个自然人，该判定为不道德吗？如果相关物品和服务的提供商向他人透露了该行为当事人身份信息，服务商是否应该承担侵犯个人隐私的责任？如果不是服务商有意泄露而是被黑客攻击后才"公诸天下"，当事人和服务商可以向黑客追责吗？怎么才能找到黑客呢？如果只能追溯到攻击方的 IP 地址或网络注册名，而没有真实的社会身份信息，那么该 IP 地址拥有者是否要担责？又如，为了避免青少年无意中进入暴力、色情等网站，政府要求中小学采购的计算机中必须统一预装能拦截有害网址的软件。这种行为是否合法、合情、有利、有权？

小说《1984》

"棱镜门"事件（参见本书 6.3.1 节）后，很多人感觉乔治·奥威尔（George Orwell）在其创作的小说《1984》描述的"老大哥正看着你"的状况将变成现实，因此强烈要求保有网上活动"匿名"权利，以实现维护个人安全感、心理健康、自我实现和心灵安宁的人类价值。然而，大量证据表明，"匿名"确实为跨境洗钱、毒品交易、恐怖活动或掠夺弱者提供了方便，因此很多国家以技术手段或管制要求加强了对"匿名"活动真实身份的鉴别，例如，规定必须实名注册，前台可以"匿名"。"实名"与"匿名"的看法尚未统一，政府的技术鉴别或管制行为是否获得授权，也存争议。

3. "数字鸿沟"与社会公正

当前，很多社会活动和机会依赖网络空间。不少年长者、经济落后缺少信息基础设施地区的人们、经济条件不足以获取并持有信息终端的人们、难以得到定制信息终端的残障人士等是信息时代新的弱势群体，难以分享由信息技术创新所带来的社会的福利和发展机会。如果任由信息技术不加限定进入社会生活各个领域，这些没有网上"身份"的人，衣食住行等基本生活保障的服务范围和质量可能大大受限，"社会身份"的利益因而受损。在公正原则被置于工程伦理重要地位的现代社会里，谁有责任向"信息贫困"人群提供相关技术、服务和平等生存的伦理责任？又该如何采取行动？

4. 知识产权及信息自由和信息正义

在信息时代，拥有和控制信息是通向财富、权力和成功的关键。由于数字化信息可以瞬间海量复制，方便地修改，也易于跨边界传输。因此，网上"自由"获取受到现有版权和专利权保护的知识性财产，通过加工、传播、转让等方式分享甚至获利，已有很多诉讼案例。一种声音强调，急需制定新的法律、规章、规则和国际公约，来严格保护知识生产者的权利；另一种声音则指出，由于知识出版和传播体系中的价值控制者多为出版商，通过限制知识自由传播而保护出版商利益有违信息自由和信息公正原则。此外，网上经常见到个人和企业搜寻他人出品的音视频节目和图文信息，加工、改编成自己的短视频后公开发布。这种行为正当吗？如果为了获得使用和传播他人作品的许可，多媒体作品的创作者必须找到数以千计的版权所有者、支付相应的版权费吗？相关规则应当是什么？谁来实施？是代替传统出版商的平台运营方吗？他们会成为新模式下的知识产权利益的垄断者而不当得利吗？

5. 全球化信息交互与治理困境

信息技术有潜力大幅度改变自我与他人、个人与社区、公众与政府的关系，还能让人们在网络上自由跨越国家边界。乐观主义认为信息技术有助于帮助公民参与到民主过程中，使国家政府决策更公开、行为更负责；悲观主义则认为一国政府，甚至结成利益集团的国家联盟可能因受到网络快速集聚的群体非理性要挟，甚至恐怖袭击、灾难威胁，因而加紧网络管控，默许或放任黑客攻击，实施信息干扰……2015 年以来全球安全形势不确定性增强、地区冲突增多，让悲观主义者论调更加大声。在由互联网紧密联成的"地球村"里，如何形成对全球化信息交互利益与风险的共识，又该如何共同参与建立正当合宜的全球政策和治理框架？

对此，习近平主席在第二届世界互联网大会开幕式上发表讲话时谈到，网络空间同现实社会一样，既要提倡自由，也要保持秩序。同时，要加强网络伦理、网络文明建设，发挥道德教化引导作用，用人类文明优秀成果滋养网络空间、修复网络生态。

3.3.2 大数据普及催生新伦理问题

一般认为，数学、物理、材料、电力、电子信息、通信、自动化、计算机等科学和技术的进步，使得数据采集、存储、处理都变得便捷、快速、廉价，从而带领我们走进"大数据"时代。

有一种较为普遍的看法称 2012 年为"大数据元年"。一是因为云计算、分布式计算和存储技术等相关技术成熟，处理海量数据的能力显著提升，使得大数据分析成为可能。二是在 2012 年前后，随着互联网、移动通信和物联网的迅猛发展，全球数据量已经呈现出爆炸式的增长，而社交媒体和移动设备的普及带来了海量的非结构化数据，需要新技术和新方法来分析挖掘。三是亚马逊、谷歌、脸书等公司利用大数据技术优化业务流程、增强用户体验、精确营销和风险管理，在商业应用上取得了显著成效。四是以美国贝拉克·侯赛因.奥巴马（Barack H. Obama）政府为代表，多国政府纷纷将大数据视为国家战略，出台相关政策支持其发展，也把风险投资和资本市场吸引到大数据领域中，加速推动相关技术和应用发展。五是大数据相关的学术研究和行业讨论愈发活跃，多场关于大数据的会议和论坛举行，进一步推动了大数据概念的普及和发展。种种证据显示，2012 年是大数据从学术研究走向广泛商业应用的重要转折点，为后续几年的快速发展奠定了基础。中国业界、学界、政府部门都十分重视大数据技术，维克多·迈尔 - 舍恩伯格（Viktor Mayer-Schönberger）和肯尼斯·库克耶（Kenneth Cukier）的《大数据时代：生活、工作与思维的大变革》一书在 2012 年底被译成中文出版。高校成立相关机构，如 2014 年 4 月，清华大学宣布成立数据科学研究院，开设 5 门大数据职业素养课程建设，推动全校研究生的大数据思维模式转变；以数据科学与工程、商务分析、大数据与国家治理、社会数据、互联网金融等硕士项目为先导，依托信息、经管、公管、社科、金融和交叉信息研究院协同共建大数据硕士学位项目。

关于大数据的特点，一种得到广泛认可和传播的说法是由 IBM 公司提出的 4 个 V：即数量大（Volume）、类别多（Variety）、增长速度快（Velocity）和真实可信（Veracity）。面对 4 个 V，寻找合适的计算架构和算法，从而创造真正的价值（Value），这最后一个 V 才是大数据时代众多商业和政府治理创新关注焦点所在。在迈尔 - 舍恩伯格看来，大数据与以往数据应用不同之处在于三方面：第一，可以获得全体数据而非采样数据，这既决定了大数据算法原理与样本分析方法明显不同，也体现其复杂度迥异；第二，允许获取的数据呈现混乱、复杂状态而不再强求干净、精确，即大方向的正确比微观精准更重要；第三，聚焦发现和分析事物的相关性而非因果性，避免在因果性上劳而无获、止步不前 [25]。

然而，迈尔 - 舍恩伯格的看法没有突出大数据时代的社会性因素。近年来，互联网、尤其是移动互联网的爆发性增长，让各类数据形成非线性的复杂网络。借由社交网络构成人和人的便利连接，从这些易复制、易流传、易分享、易公开的数据准确定位到设备、到 IP 地址、到用户账号、到人并不难，还可以从多源、海量、关联的数据中提取、刻画出人的情感、需求、欲望和活动。例如，在大数据时代，当客人用手机拨通快餐店订餐电话，客服可能立刻根据来电号码提取出会员卡号、住址、口味爱好、健康记录、借书情况、金融记录、地理位置……进而对客人的配餐选择、信用情况、是否需要外送服务等作出可靠的判断。20 世纪 90 年代，人们认为"在互联网上，没有人知道你是一只狗"；当下，边检官员很可能对访客作出这样的判断："根据你在电商平台购物历史、社交网积分和位置轨迹，我判定你在我国受欢迎程度是 23.5%！"

可以说，大数据时代之所以引起轰动，是因为技术进步而成为现实，因与"人"关联而饱受关注！

大数据时代对社会伦理的新挑战表现在，无所不在的感知网络、无所不知的云端计算与存储、须臾不可分离的智能终端等构成的网络空间和真实生活交织交汇，使一些被广泛珍重的伦理价值，如个人权利平等、交易公平、安全感以及诚信、自由、公正，正在经受新挑战。这些挑战，拷问数据工程师的良心和职业道德，追问大数据企业的核心价值，警示政府守住法律底线和权力边界，提醒公众思考新的社会道德和价值准则，进而影响到信息技术如何被构思、被发明、被选择和被应用到实际问题中。

▶ 一个人在网络上的数字身份（账户、马甲）与他 / 她的社会身份在法律上可否认为是一致的？他 / 她用假名所实施的网络行为若被发现造成社会危害，是否需要为此负责？

[25] [英] 迈尔 - 舍恩伯格 . 大数据时代：生活、工作与思维的大变革 [M]. 周涛，译 . 杭州：浙江人民出版社，2012.

▸ 姓名、性别、年龄、电话号码、住址等个人数据是否全部属于个人隐私，必须受到严格保护？

▸ 关于"我"的数据权利应该属于"我本人"还是网络平台或手机应用程序服务商？

▸ 如果因各种原因与"我"相关的数据已被"我"授权给信息平台使用并产生了未知收益，"我"有权参与分配吗？如果无权，为什么？如有权，怎么定价？

▸ 让未经证实的消息甚至谣言自由地、无边界地在互联网传播，已经造成了普通人的声誉、财产损失甚至生命代价。面对这种后果，该不该治理与管控？怎么治理？

▸ 生活在网络化、大数据时代的"我"怎样才能保有自身安全？

▸ 将大数据技术用于预测危险社区、易犯罪人群是否涉嫌歧视和侵犯人权？假设法国政府因为采用大数据预测而提前成功阻止了 2015 年 11 月 13 日发生在法国巴黎、100 多名无辜群众遇难的暴恐袭击，是否应当受到赞扬和肯定？

概括而言，大数据时代，作为技术应用提供方的数据工程师、大数据创新企业、政府部门，与作为使用方的普通用户、社会团体，共同面对以下五方面新的、更为集中的伦理挑战。

▸ 数据风险：数据大量分散存在互联网上，在网上流通，是否应当因维护数据安全而架设"铁丝网"？

▸ 身份困境：数字身份与社会身份，可以分离还是必须关联？

▸ 隐私边界："相比遭遇恐怖袭击、破产和财产被盗，美国人更担心网络在不经意间泄露了自己的隐私[26]"，怎么理解大数据时代个人隐私？法律该如何提供保护？

▸ 数据权利：大数据是资产吗？在个人、企业、政府、公众之间，关于大数据的拥有权、采集权、使用权、处理权、交易权、分红权等权利应当成立吗？可以定价吗？如何正当分配有伦理风险吗？

▸ 数据治理：政府主导的公众数据是否应当无条件开放共享？基于大数据的公共治理创新如何才能避免歧视、不当得利或威胁个人自由？

大数据伦理（Big Data Ethics），伴随着大数据的蓬勃，正在成为新的应用伦理方向。2023 年发表的一篇论文[27]对中国知网学术期刊库内 2014—2022 年发表的 CSSCI 论文进行检索和综述，认为国内学者对大数据伦理领域的研究关注度较高，但研究视角集中在个人隐私、信息安全和数据异化等较窄的范畴，主要开展应用伦理及其反思性研究，很少有研究涉及大数据伦理本体论等深层次问题，缺少充分的学科交叉，前瞻性尚不充分。由此可以看出，大数据伦理还没有建立系统成熟的理论体系，没有形成完整、公开、取得共识的定义。基于本教材以从事大数据研究开发的工程技术人员（当下的和未来的）为主要读者，作者认为，能够对大数据实践起指导作用的伦理研究首先应包括：

大数据伦理研究
进展、理论框架
及其启示

[26] Davis K.，Patterson D. Ethics of Big Data: Balancing Risk and Innovation[M]. California: O'Reilly，2012.

[27] 凡景强，邢思聪. 大数据伦理研究进展、理论框架及其启示 [J]. 情报杂志，2023，42（03）：167-173.

▸ 鉴别数据的获取、处理、存储、分发（发布）过程中涉及哪些不同利益主体。

▸ 发现大数据实践中对相关利益主体的安全、责任、自由、平等、公平、正义、节俭、环保等伦理原则造成威胁的风险类别、程度大小。

▸ 确定数据伦理的价值准则和哲学依据。

▸ 指导形成正当行动的行为规范。

3.3.3 信息伦理遭遇"人工智能风暴"

1. 人工智能发展简史

早在 1941 年，艾伦·麦席森·图灵（Alan M. Turing）就开始思考机器与智能的问题，1947 年他曾就"机器智能"（Machine Intelligence）在英国皇家天文学会发表专题演讲，1950 年他在哲学杂志《心》（*Mind*）上发表文章《计算机与智能》，提出了"模仿游戏"，即"图灵测试"，至今仍是智能性基准测试之一。前文谈到，维纳 1950 年出版《控制论》，阐述了人和机器作为"信息处理器"所具有的共性，提出了感知、通信、反馈处理一般性对机器智能框架，而他关于控制论的研究和思考可以上溯至 1935—1936 年学术休假期间，当时他在中国的清华大学电机系担任访问教授，还到日本、英国等多个国家进行学术交流。可以说，至少从 20 世纪 30 年代末、40 年代初，图灵、维纳等杰出的数学家、科学家已经开始研究人工智能问题。

"人工智能"（Artificial Intelligence，AI）一词，是由美国达特茅斯学院数学系助理教授约翰·麦卡锡（John McCarthy）在 1956 年举办的夏季研讨会上提出的。这次会议有 50 多位学者参加，历时两个月，主题是机器智能。经过深入讨论，正式采用"人工智能"定义新的研究领域，或称之为新学科。当时的人工智能有两类主要方法：以赫伯特·西蒙[28]（Herbert Simon）和艾伦·纽厄尔（Allen Newell）共同提出的符号逻辑理论为代表，和以马文·明斯基（Marvin L. Minsky）等提出的连接主义理论方法。此后十余年中，人工智能研究在机器学习、定理证明、模式识别、问题求解、专家系统及人工智能语言等方面取得了一些代表性的成果。1969 年，国际人工智能联合会议（International Joint Conferences on Artificial Intelligence，IJCAI）成立，标志着这门新兴学科在全球得到了认可。

1970—2010 年，人工智能研究走过了由热到冷再转热的曲折过程。

初期，符号逻辑理论虽然占有上风，然而在机器翻译等实际应用领域中的成果不尽如人意；一些面向医学诊断、矿产资源分析等特定应用研发的专家系统显示出较人类专家更好的专业判决能力；1997 年取得人机大战胜利的 IBM 深蓝（Deep Blue）计算机，其设计任

---

[28] 赫伯特·西蒙（Herbert Simon，1916—2001），美国著名学者，在经济学、计算机科学、心理学等领域都有卓越的贡献。他曾任卡内基梅隆大学计算机科学和心理学系教授。1975 年因共同提出物理符号系统理论与艾伦·纽威尔（Allen Newell）获得图灵奖，1978 年因提出"有限理性说"和"决策理论"获得诺贝尔经济学奖。他热爱美中交流，从 1972 年起多次到访中国，曾担任美中学术交流委员会（Committee for Scholarly Communication with the People's Republic of China，CSCPRC）主席，为自己取中文名"司马贺"，1994 年当选为中国科学院外籍院士。

务主要是解决下国际象棋这一特定问题，核心算法侧重于棋局的评估和搜索，而不是学习。这类人工智能系统都需要针对特定需求来定制，难以泛化。人工智能由兴起时的高热转向低谷；在美国，人工智能相关研究经费大为削减。

1982 年，约翰·霍普菲尔德（John Hopfield）提出了人工神经网络（Artificial Neural Network，ANN）模型，1986 年，Rumelhart、McClelland 和 PDP（感知机）研究小组提出反向传播算法（Backpropagation algorithm）后，人们可以在不了解复杂非线性系统动态机理的情况下通过样本学习训练多层前馈神经网络，使它具有较好的估计、预测、决策等能力让沉闷已久的连接主义研究路线重出江湖，为人工智能的复兴打下了重要基础。1988 年，理查德·S. 西尔维斯特（Richard S. Sutton）和安德鲁·G. 巴托（Andrew G. Barto）提出 Q 学习（Q-learning）强化学习算法。此后，ANN、Q 学习相关论文如雨后春笋般出现在几乎各种科学问题求解和工程应用方面。20 世纪 90 年代，基于信息化在各个领域的深入，数据越来越容易获得，具有数据驱动特征的统计学习方法被提出，其基础模型不限于 ANN，还可以根据实际问题选择决策树、回归、聚类、主成分分析、隐马尔可夫、支持向量机等，进一步推动了人工智能的复兴。2004 年以后，适合于处理网格状拓扑结构如图像和视频信息的卷积神经网络（Convolutional Neural Network，CNN）、适合于处理序列数据如自然语言的循环神经网络（Recurrent Neural Network，RNN）、适合于特征提取、降维和分类等任务的深度信念网络（Deep Belief Network，DBN）、用生成器和判别器来进行对抗性训练提高学习成效的生成对抗网络（Generative Adversarial Network，GAN）等深度学习算法陆续被设计并流传开来。

2010 年以来，在大数据（几乎所有人类记录的知识、获取的信息）、大模型（通常具有数十亿甚至千亿级别的参数）、大算力的综合支持下，预训练大模型的实践和国际竞争在人工智能领域开始了。代表性的预训练大模型包括：

▶ BERT（Bidirectional Encoder Representations from Transformers）：由谷歌开发的一种基于 Transformer 架构的预训练语言模型，它在各种自然语言处理任务上取得了突破性的成果。

▶ GPT（Generative Pre-trained Transformer）：由 OpenAI 开发的一系列预训练语言模型，能够生成连贯的文本，并在多种文本任务上表现出色。

▶ ResNet（Deep Residual Learning for Computer Vision）：由微软研究院的研究人员开发的一种深度残差学习网络，它在图像识别任务上取得了优异的表现。

在此期间，国内也有学者从事相近的研究，如清华大学计算机系 AMiner 团队以学术论文为大数据构成，开启了预训练大模型研发和创新征程。

这一阶段，AlphaGo 和 ChatGPT 横空出世，一经发布即破圈而出，让世人广为震惊。公众在感受到人工智能的巨大能力的同时，高声疾呼要加强人工智能伦理建设，开展人工智能全球治理，见专栏 3-3。

专栏 3-3　2016 年以来人工智能发展两个里程碑事件

2016 年，DeepMind（谷歌的子公司）开发的围棋人工智能程序 AlphaGo 击败了世界围棋冠军李世石。AlphaGo 的技术核心是深度学习，特别是卷积神经网络（CNN）和循环神经网络（RNN），它不是简单地搜索已知的棋局，而是通过学习大量的围棋对局来自我提高棋艺。AlphaGo 的成功展示了深度学习在处理复杂任务上的巨大潜力。把人工智能再一次推上研究、开发和社会舆论的热点和风口。

2022 年 11 月，OpenAI 发布了 ChatGPT——一个基于 GPT-3.5 模型的对话式 AI 程序。ChatGPT 可以"听懂"用户的自由提问，"思考"后快速作答，展示了强大的文本生成和理解能力。ChatGPT 发布后几天内就达到了 100 万注册用户，刷新了互联网历史纪录。两个月后，月活跃用户数冲过 1 亿。用户只需考虑怎么提问，ChatGPT 可以帮用户查找信息、学习知识、帮助写文章、编程序、创作音乐和画作……就像一个永不休息的老师或助手。ChatGPT 的发布激发了新一轮的人工智能研发和投资热潮，促使其他科技公司加快研发步伐，以保持竞争力；它的快速发展也引起了各方对 AI 伦理、数据安全和隐私等问题的进一步关注和讨论，有的学校或老师明确限制学生用 ChatGPT 来写作业、拿学分；用户发现 ChatGPT 有时给出的回答是"一本正经的胡说八道"，关注作为一款上市的知识产品应如何保证其性能底线指标，如真实、诚实；ChatGPT 引起了更广泛的社会影响和伦理问题，是 OpenAI 企业、业界、学界和政法界共同关注、积极探讨的重要问题。

2. 对人工智能的批评

维纳创立的信息伦理虽然涉及了智能机器，但可惜的是，人工智能这个学科领域诞生后不久，他就离开了人世，没有给后人留下更多的关于人工智能伦理和治理的意见。

然而，哲学家们不会无视人工智能的发展，因为智能与心智高度相关。加州大学伯克利分校哲学系教师休伯特·德雷福斯（Hubert Dreyfus）是早期从哲学上对人工智能大加批评的人物之一。1964 年，他发表了论文《炼金术与人工智能》，把人工智能和中世纪的炼金术相比较，认为两者都试图通过机械过程来实现超越人类能力的转变。他认为炼金术的失败在于它未能理解物质的深层本质，预言人工智能的局限性在于它无法理解人类意识的复杂性。1972 年，他写了专著《计算机不能做什么：人工智能的极限》（1986 年被译成中文出版），提出"本质的不可计算性"概念，认为计算机和人类大脑的工作方式根本不同，因此无法模拟人类的意识、情感和直觉。彻底否定人工智能研究方向。他的批评引起了广泛的讨论和争议。1986 年提出的 ANN 取得很多成功后，他把批评聚焦在符号逻辑学派身上。

在人工智能领域，更重要的关注和争论在于人工智能能不能超越人、替代人，甚至毁灭人。在第 7 章专题展开人工智能伦理讨论之前,这里仅提出科学界和实业界两个著名成功人物的担忧或警告。

英国著名理论物理学家斯蒂芬·W. 霍金(Stephen W. Hawking)2018 年逝世。生前,他看到了 AlphaGo 的巨大成功,了解更多的人工智能研究,对人工智能的未来充满担忧。在接受《泰晤士报》采访时,谈到"自从人类文明形成以来,来自生存能力优势群体的侵略就一直存在,它通过达尔文的进化被扎根于我们的基因之中,而未来新科技(人工智能)进一步发展便可能具备这种优势,它们可能会通过核战争或生物战争摧毁我们。因此人类需要利用逻辑和理性去控制未来可能出现的威胁"。他在牛津辩论社演讲时发出警示"我不认为我们还能存活超过 1000 年,如果没有逃离这个脆弱的星球的话"。在霍金看来,人工智能的崛起将改变我们生活的每一个方面,它将是与工业革命相媲美的全球盛会。成功创造人工智能可能是人类文明史上最大的事件,但它也可能是最后一个,除非我们学会如何避免风险。除了好处之外,人工智能还会带来危险,例如强大的自主性武器,或是少数压制多数的新途径。"我担心人工智能某一天完全取代人类。即使人们会设计出计算机病毒,但也有人会相应地改进和完善自己的人工智能技术。到那时就会出现一种超越人类的新的生活方式。"

全球知名创新引领者,创造特斯拉汽车和星链卫星互联网奇迹的埃隆·R. 马斯克(Elon R. Musk)对人工智能持谨慎态度。2018 年,他曾表示"人工智能比核弹头更危险",认为人工智能的快速发展可能会超越人类,甚至可能决定消灭人类,呼吁建立一个监管机构来监督这项技术的发展。2018 年 7 月,由他领衔与一群科技大佬在生命未来研究所(Future of Life Institute,FLI)起草的一份协议上联合签名,承诺不发展致命性人工智能武器系统。协议在 2018 国际人工智能联合会议(International Joint Conference on Artificial Intelligence)上公布。2022 年,当 ChatGPT 3.5 公开发布后,马斯克参与支持暂停大语言模型训练的呼吁,认为这些模型可能会对社会造成潜在风险。不过,在 2023 年,他旗下的 xAI 公司也推出了自己的人工智能大模型——Grok,不同于 ChatGPT 在回答上有很多限制,例如要保持合法和中立,不回答存在政治、种族、性别等偏见的问题,不提供有助于违法犯罪的信息,Grok 自称具有幽默感,回答显示出一些叛逆精神,以至于人们担心这种几乎没有限制的人工智能模型是不是正在挑战社会秩序。

讨论

你今天一直在图书馆写科技史的学期报告。除了把经典教科书、专著搬来手边外,你还用图书馆提供的学术资源数据库上网查资料,使用大模型帮助你搜索、摘录、比较,还让它起草了大纲和部分段落草稿,终于赶在截止时间前提交了。回到宿舍,和室友一聊,发现大家的做法都差不多。

这时,小 A 感叹道:"有了大模型帮助,写论文太爽了!"

小B接着说:"人工智能还在飞速发展,我觉得,各公司还会放大招,让人工智能变得更强大。看来,人工智能早晚会进化为世界主宰,人类成为'臣民',可能沦落到'万劫不复'的深渊!"

小A对此不认同:"如果我提不出好问题,大模型也给不出好答案。再说,我还看到大模型有时陷入'幻觉',给出的答案真是胡扯。我相信,我们人类才是万物之主,是'如来佛',人工智能这位'大师兄'再有能耐,还是跳不出'如来佛'的手心!"

听了小A的话,小C一个劲地点头。他说:"人工智能是善良、贴心的好助手。我相信,工程师都是善良、正直的人,他们一定能让人工智能学会正确回答问题,学会分辨好坏,知道能做什么、不能做什么。在需要助手时,人类尽可以放心地听TA的。"

你的观点是什么?为什么?

3.4 信息伦理设计方法

信息技术发展迅速,应用创新风起云涌。对于信息产业的企业,特别是信息产品研发团队而言,应在设计过程中增加对伦理风险的识别、伦理价值的确认、伦理行动的决策,掌握信息伦理设计的方法。

常用的信息伦理设计方法有:参与式设计、以用户为中心的设计、通用设计、包容性设计和价值敏感设计(Value Sensitive Design,VSD)。这些方法均强调在设计过程中考虑用户的需求和价值,以使产品更好地符合人类的价值。其中,价值敏感设计方法因其具有以下特点和优势,已在智能机器人、智慧医疗、可穿戴装置、虚拟现实的软硬件产品设计中得到应用[29]。

▶ 强调伦理价值:价值敏感设计不仅关注工具性和功能性价值,还强调设计中的伦理价值,如知情同意、信任、公平性等,这与前四种方法更注重用户体验、可用性等有所区别。

▶ 考虑环境背景:价值敏感设计将人类价值放在技术、人工、物所处的具体环境中进行考量,考虑现有技术是如何支持或阻碍人类价值的,尤其是在全面考虑信息技术的人类价值和社会影响方面更为系统彻底。

▶ 独特的概念-经验-技术三方调查方法:价值敏感设计提供了独特的三方调查方法论,包括概念调查、经验调查和技术调查,三者之间的迭代和动态相互作用可以更全面地考虑人类价值。

常用的信息伦理设计涉及以下主要环节。

第一,分析利益相关者(Stakeholder)。所谓利益相关者,是指那些在企业中进行了一定的物质资本、人力资本、财务资本投资,并承担了一定风险的个体和群体,其活动能够

符合伦理的
人工智能应用的
价值敏感设计:
现状与展望

[29] 古天龙,马露,李龙,等.符合伦理的人工智能应用的价值敏感设计:现状与展望[J].智能系统学报,2022,17(01):2-15.

影响企业目标的实现，或者受到企业实现目标过程的影响。前者是指企业的运行不能离开这些群体的参与，否则企业不可能持续生存，包括股东、投资者、雇员、顾客、供应商等，又可称为"直接利益相关方"；后者是指影响企业的运行或者受到企业运作间接影响的群体，例如社区、政府和媒体等，又可称为"间接利益相关方"，如图 3-1 所示。通过识别所有可能受到产品影响的相关方，包括用户、开发者、合作伙伴、社会等，可以评估各方的伦理期望和潜在影响。这种方法有助于确保产品设计考虑到所有关键利益相关者的伦理观点。

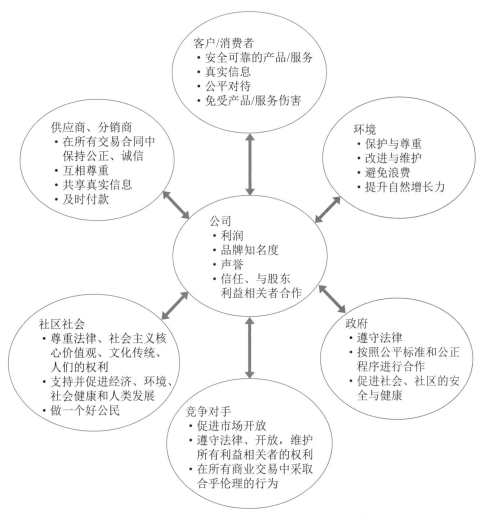

图 3-1　利益相关方、道德风险和公司责任示意图[30]

　　第二，确认伦理准则和标准。研发团队可以参考国际和中国国内的伦理准则和标准，如我国的个人信息保护法 ISO 26262（汽车安全完整性标准）、通用数据保护条例等，来确保产品设计符合行业的伦理要求。例如，在信息领域，人类福祉、尊重、保护所有权和财产权、知情同意、保护隐私、不歧视、可信、自主决定、负责任、生态可持续等是一些重

[30]　[美] 韦斯 . 商业伦理——利益相关者分析与问题管理 [M]. 符彩霞，译 . 北京：中国人民大学出版社，2005：
　　　129.

要价值。

第三，进行伦理评估。使用道德推理、案例研究等方法，对产品可能产生的伦理风险和影响进行系统性评估，包括对隐私、公平性、透明度等方面的考量。这可以帮助团队识别并解决潜在的伦理问题。

第四，完成以用户为中心的伦理设计。采用以用户为中心的设计方法，深入理解用户对伦理和隐私的关切，确保产品设计能够满足用户的伦理需求。

第五，迭代伦理审查。在产品开发的各个阶段，都应进行伦理审查，确保每一步的设计决策都能得到伦理的考量和批准。这可以通过定期举行伦理审查会议来实现。可参考本书6.3.3节案例做法。

第六，教育、培训与反思。对研发团队成员进行伦理教育与培训，提高他们对伦理问题的认识和敏感性，以便在设计过程中能更好地考虑伦理因素。

讨论

假设公司把一款新型护理机器人的研发任务交给你主持。你刚学习了价值敏感设计这种信息伦理设计技术，于是，想到制订一个包含价值敏感设计的团队工作计划。

这个工作计划应该包括哪些主要任务？如何规划流程安排？

本章小结

信息技术作为现代社会的重要驱动力，在给我们的生活带来便捷的同时，也暴露出诸多伦理问题，信息技术具有双刃性。与水电、道路、建筑、机械、电气等技术不同，信息技术为人类拓展了更多的可能性，也遭遇了"制度真空"，因此它所带来的负面效应往往模糊不清，滞后出现，但层出不穷、反响较强，如数据泄露、隐私侵犯、网络安全等。随着信息技术的发展，互联网、大数据、人工智能伦理越来越受到国内和国际社会的高度关注。虽然很多人认为技术本身无所谓好坏、对错，但做技术的人需要在法律、伦理框架下做出正确的选择。对于信息领域工程师而言，需要了解并遵从人类福祉、尊重、保护所有权和财产权、知情同意、保护隐私、不歧视、可信、自主决定、负责任、生态可持续等价值观。此外，企业和社会应共同构建一个完善的伦理监管体系，对信息技术创新进行引导和监督，以确保信息技术的发展能够真正造福人类社会。

自动驾驶分级标准

章末案例 1　电动汽车安全事件折射的新型伦理问题

2009年，特斯拉Model S上市供应，受到市场追捧，拉开了传统车企被互联网、新能源汽车"革命"的新时代。特斯拉投入研发力量，不断推出新款，特别是在自动驾驶技术方面迭代更新。2020年，马斯克就声称，特斯拉将很快推出L5级，即具有全工况、全区域自动驾驶能力的车辆。

在中国，特斯拉车主很多。2018 年，特斯拉上海超级工厂在上海临港新片区落地，完成特斯拉汽车整车制造。

可是，不和谐的声音也常常出现。

2021 年 4 月 19 日，在热热闹闹的上海车展现场，一位身穿印有"刹车失灵"T 恤的特斯拉车主站在车顶维权，因扰乱公共秩序被行政拘留 5 天。事后，特斯拉表示已成立专门小组处理此事。

维权车主表示，2021 年 2 月 21 日，父亲驾驶特斯拉载着 4 名家人在路口遇到红灯准备减速时，突然发现刹车失灵，连撞两车，父母两人都受了伤。事后，她曾要求退车遭公司拒绝。3 月 10 日，交警方面出具事故责任认定书，确认车主的父亲在驾驶时违反了安全驾驶和与前车保持安全距离的法律规定，判定司机负全责。当时，特斯拉经对车辆数据和现场照片查看和分析，司机踩刹车前的车速达 118km/h，制动期间 ABS 正常，前撞预警及紧急制动功能启动并发挥作用。车主不服该决定，转而进行投诉。市场监管局接诉后在 3 月 15 日、18 日和 24 日三次组织投诉人和特斯拉企业调解。投诉人坚持不同意请第三方做技术鉴定，要求特斯拉提供事故前半小时的行车数据，但遭到公司拒绝，因公司担心被当事人拿来炒作造成不良影响。双方分歧未消解。车主于是想到用"极端"方式来维权，期望引起社会舆论关注。

事件中的一个争议点在于，车主认为自己有权获得行车数据，而特斯拉认为公布其行车数据则侵犯了隐私，并投诉到中消协。承担投诉调解工作的市场监管局不能确定"纯电动轿车在使用（行驶）过程中产生的行车数据是否属于消费者知情权"，遂向上级请示。消协呼吁特斯拉从尊重消费者角度出发，配合调查，保护消费者权益。

该事件反映出，作为一款信息技术的创新产品，电动汽车的安全责任分配、数据权利归属和隐私保护属于新型伦理问题，很大程度上属于"制度真空"。

讨论

请你搜索相关案例，分析其中的信息伦理问题，并对相关责任主体提出加强伦理建设的建议。

章末案例 2 ┃ Q 播案——技术发展、伦理与人性

2007 年，在深圳一个仅有 10 m² 多的民房里，WX 开始了他的第二次创业。将自己的创业方向定为开发一款视频播放软件，并最终将它的中文名定为 Q 播（QvodPlayer）。WX 搭上了 P2P 技术的快车，相继开发了 Q 播服务器软件和 Q 播（Qvod）网页播放器。

2011 年后，Q 播已成为全国市场占有量第一的播放器。2012 年 9 月，Q 播总安装量已超过 3 亿。而截至同年 6 月，中国网民数量为 5.38 亿。

2013 年年底，国家版权局认定深圳市 Q 播科技有限公司（简称 Q 播公司）构成盗版事实，开出 25 万元罚单，并责令 Q 播停止侵权行为。

2014 年 4 月 16 日，Q 播公司发布公告称，Q 播公司将关闭 Qvod 服务器，停止基于 Q 播技术的视频点播和下载，清理低俗内容与涉盗版内容；同时启动商业模式转型，转型原创内容，重视版权内容和微电影发展。

2014 年 4 月 22 日 11 点，微博上开始流传这样一条消息：Q 播公司传播淫秽信息被查封。

2014 年 5 月 15 日，Q 播公司被吊销增值电信业务经营许可证。

2014 年 8 月 15 日，全国"扫黄打非"办公室发布消息称，Q 播公司网上传播淫秽色情信息案主要犯罪嫌疑人、公司法定代表人兼总经理 WX 已于 8 月 8 日被依法抓捕归案。

2015 年 2 月 10 日，北京市海淀区人民法院对被告单位 Q 播公司及其主管人员被告人 WX、WM、ZKD、NWJ 涉嫌传播淫秽物品牟利一案已立案审查完毕，决定依法受理。

快播涉黄案公开庭审全程文字实录

2016 年 1 月 7 日 10 时 30 分，北京海淀法院公开开庭审理被告单位 Q 播公司，被告人 WX、WM、ZKD、NWJ 涉嫌传播淫秽物品牟利罪一案。庭审进行了网络直播（有兴趣的读者可以上网搜索一审文字实录），法官与被告 WX、辩护律师之间的部分问答，特别是 WX 所说"我们不具备做内容的基因，做技术不可耻，坚持做技术的人很难得"在网上赢得很多"共情"和"认同"，不少自媒体也发文评论，对此表示支持、赞同，使得此案件获得极大的关注。

2016 年 9 月 9 日上午，Q 播公司传播淫秽物品牟利案在北京市海淀区人民法院开庭。Q 播公司、WX、ZKD、NWJ 均表示认罪悔罪。

2016 年 9 月 13 日上午，Q 播公司传播淫秽物品牟利案宣判，Q 播公司被罚 1000 万元，WX 被判刑 3 年 6 个月，罚款 100 万。

2017 年 1 月，网上关于"Q 播播放器回归"的传言沸沸扬扬，相关文章中提到新版 Q 播播放器强势捆绑多款游戏软件、强制弹出广告。对此，Q 播公司在微博发表声明斥责相关文章的发布者，澄清 Q 播公司近期未曾发布任何"Q 播播放器"新版本，各主要手机应用商店甚至都未曾上线过 Q 播官方版本。

2018 年 2 月 7 日下午，WX 出狱，时间过去了 3 年 6 个月，曾经独领市场风骚的 Q 播播放器早已淡出人们视线。

P2P 技术简介

2018 年 9 月 3 日，全国企业破产重整案件信息网披露的民事裁定书显示，深圳 J 科技有限公司对 Q 播公司提出的破产清算申请，被广东省深圳市中级人民法院裁定即日起生效。

2020 年 4 月 13 日，Q 播公司管理人在淘宝网司法拍卖网络平台上，开始对 Q 播公司名下的商标、专利进行公开拍卖。

网络时代美国版权保护司法实践的三个案例

更多案例相关材料，请见二维码。

讨论

（1）该案例直接相关利益方有哪些？各方的价值取向有何特点？

（2）该案例间接利益攸关方有哪些？各方的价值取向有何特点？

（3）假设回到 2010—2013 年，当时 Q 播业务繁荣、市场优势明显，尚未被对手或市场和版权监管方起诉并被罚款。此时，你正为 Q 播公司工作。从负责战略的管理层、负责研发和维护的技术部门、负责企业营收的市场部门或广告销售部门、负责企业形象维护的行政部门或法律部门中，选一个角色代入，从伦理维度思考，有没有让你"不得安宁"或者难以决策的事情。①它是什么？②为什么让你"不安宁"？③你可以怎么行动？

拓展阅读

[1] 王前，杨慧民 . 科技伦理案例分析 [M]. 北京：高等教育出版社，2009.

[2] [荷兰] 尤瑞恩·范登·霍文，[澳大利亚] 约翰·维克特 . 信息技术与道德哲学 [M]. 赵迎欢，宋吉鑫，张勤，译 . 北京：科学出版社，2014.

[3] [美] 特雷尔·拜纳姆，[英] 西蒙·罗杰森 . 计算机伦理与专业责任 [M]. 李伦，等译 . 北京：北京大学出版社，2010.

[4] 尼克 . 人工智能简史 [M]. 北京：中国工信出版集团，人民邮电出版社，2017.

第4章

大数据应用伦理——普遍连接社会中的安全

引导案例 高中毕业生遇电信诈骗案件

2016 年高考，经济条件并不富裕的小徐以 568 分的成绩被省外某大学录取。但之后接到的一个陌生来电，竟让她失去了金钱和宝贵的生命！

据徐母陈述，2016 年 8 月 16 日，小徐在网上向区教育局提交助学金申请，8 月 17 日，她和父亲一起去区教育局当面办理手续，并得知过几天钱就会发下来。8 月 19 日下午 4 时 30 分左右，小徐接到一个电话，自称是教育部门工作人员，告诉小徐要给她发一笔 2680 元的助学金，让她打电话联系财政局工作人员收钱。申请刚交出去三天，就能拿到钱，她很高兴，并没有起疑心，马上按照对方给的号码打过去，再按"财政局工作人员"提示，出门找到 ATM 机，将家人给她准备的学费、住宿费和生活费共计 9900 元打入了对方提供的账号……很快，小徐发现她遭遇了电信诈骗，想追回却再也联系不上骗子！她感到万分难过。回家后，她吃不下饭，一直在哭。当晚，父亲带着她一起去派出所报案，并马上被立案。从派出所出来的回家路上，小徐心绪还很不平静，突然晕厥过去、不省人事，被父亲直接送往医院。不幸的是，医生未能从死神手中夺回小徐的生命。8 月 21 日，18 岁的花季少女就这样凋落了。

当地晚报马上报道了此事，随后，多家媒体跟进转发。大家在为小徐和家人的不幸而悲痛叹息的同时，更加痛恨这些电信诈骗分子！在互联网时代，由于信息技术的广泛应用，银行卡、电子支付大规模替代了现金流通，过去的小偷小摸违法者转移了阵地。他们组成团伙，学会利用信息系统和服务监管方面的漏洞，制造诈骗话术，按照分工实施诈骗活动，屡屡得手。小徐遇骗后突发意外而身亡的悲剧将人们的怒气推上了高潮。面对泛滥成灾、造成群众巨大损失的电信诈骗违法案件，广大群众纷纷要求政府采取措施，依法治理、有效防范，为百姓构筑防范高科技犯罪的防火墙。

经警方全力侦破，到 8 月 26 日，犯罪嫌疑人陈某地、郑某锋、黄某春被抓获。随后，公安部发布 A 级通缉令公开通缉此案在逃其他犯罪嫌疑人。很快，实施诈骗活动的全部涉案嫌疑人悉数到案。审理发现，小徐的个人信息是陈文辉团伙在 QQ 群购得的。随后，民警在成都将贩卖考生信息的犯罪嫌疑人杜某禹抓获。

经审查，2016 年 7 月初，犯罪嫌疑人陈文辉租住房屋，购买手机、手机卡、无线网卡等工具，从犯罪嫌疑人、通过将木马植入某省高招系统来获取考生信息的杜某禹手中，购买了数万条该省 2016 年高考考生详细的个人信息；雇用郑某聪、黄某春冒充教育局工作人员，以发放助学金名义按所购得的考生信息拨打电话，对高考录取学生实施电话诈骗。其间，郑某锋又与陈文辉商议，由自己来负责提取诈骗所得赃款。在得到"得手后抽成 10%的好处费"的约定后，郑某锋联系陈某地，由陈某地向郑某锋提供多张用于实施诈骗的银行卡。8 月 19 日 16 时 30 分左右，郑某聪冒充教育局人员首先拨打小徐电话，告诉她可以得到一笔助学金，需要她拨打某财政局工作人员联系获取。陈文辉接听了小徐拨来的电话，骗其在 ATM 机器上进行一些操作，造成小徐将 9900 元转到该团伙银行卡账号上的实际后果。得手后，陈文辉随即让郑某锋在福建省泉州市取款，郑某锋随后又指挥熊某将 9900 元提取。

检察院审查结果如下：陈文辉非法获取公民信息，组织同案其他 6 人，在江西省、广西壮族自治区、海南省等多地租赁房屋作为诈骗场所，冒充国家工作人员，以发放助学金名义骗取他人财物，涉嫌侵犯公民个人信息罪、诈骗罪；郑某聪、黄某春、陈某生冒充国家工作人员，以发放助学金名义骗取他人财物，涉嫌诈骗罪；郑某锋、熊某、陈某地明知他人从事诈骗活动，仍为其提供银行卡、提取赃款，均涉嫌诈骗罪；杜某禹非法出卖公民个人信息，涉嫌侵犯公民个人信息罪，依法对上述 7 名犯罪嫌疑人作出批准逮捕决定。

经过后续司法程序，由市中级人民法院对被告人陈文辉等 7 人诈骗、侵犯公民个人信息案一审公开宣判，以诈骗罪判处被告人陈文辉无期徒刑，剥夺政治权利终身，并处没收个人全部财产，以侵犯公民个人信息罪判处其有期徒刑 5 年，并处罚金人民币 30 000 元，决定执行无期徒刑，剥夺政治权利终身，并处没收个人全部财产；以诈骗罪判处被告人郑某锋有期徒刑 15 年，并处罚金人民币 60 万元；以诈骗罪判处被告人黄某春有期徒刑 12 年，并处罚金人民币 40 万元；以诈骗罪判处被告人熊某有期徒刑 8 年，并处罚金人民币 20 万元；以诈骗罪判处被告人陈某生有期徒刑 7 年，并处罚金人民币 15 万元；以诈骗罪判处被告人郑某聪有期徒刑 6 年，并处罚金人民币 10 万元；以诈骗罪判处被告人陈某地有期徒刑 3 年，并处罚金人民币 10 万元；责令各被告人向被害人退赔诈骗款项。

陈文辉等三名被告人认为"量刑过重"，提出上诉。二审裁定驳回三人上诉，维持原判。省高级人民法院经审理认为，三名上诉人伙同原审四名被告人，以非法占有为目的，虚构事实，拨打电话骗取他人钱款，其行为均已构成诈骗罪。上诉人陈文辉还以非法方法获取公民个人信息，其行为又构成侵犯公民个人信息罪，依法应当数罪并罚。陈文辉在诈骗被害人小徐的犯罪过程中，直接接听小徐受骗后拨来的电话，骗取小徐的钱款，造成小徐死亡，系罪责最为严重的主犯。一审判决认定事实清楚，证据确实、充分，定罪准确，量刑适当，审判程序合法。遂依法作出上述裁定。

出售小徐信息的"黑客"杜某禹因涉嫌侵犯公民个人信息出庭受审。公诉机关指控，2016年4月初，被告人杜某禹通过植入木马等方式，非法侵入某省2016年普通高等学校招生考试信息平台网站，窃取当年全省高考考生个人信息64万余条，并对外出售牟利。其中，杜某禹通过腾讯QQ、支付宝等工具，向陈文辉出售上述信息10万余条，获利14100余元。陈文辉等人使用所购的上述信息实施电信诈骗，拨打诈骗电话1万次，骗取他人钱款20余万元，造成高考考生小徐死亡。公诉机关认为，被告人杜某禹非法获取公民个人信息，并向他人出售，情节特别严重，应当以侵犯公民个人信息罪追究其刑事责任。区人民法院审理并当庭宣判，杜某禹被指控非法获取公民个人信息罪名成立，被判有期徒刑6年，并处罚金6万元。被告人杜某禹对公诉机关指控的犯罪事实当庭表示无异议。

2018年2月1日，该案件入选"2017年推动法治进程十大案件"。

讨论

（1）该电信诈骗案实施过程中，省招办的考生信息管理系统是否收集、处理了大规模个人信息？是否尽到了保护数据安全、保护个人隐私的责任？例如，是否有安全防护机制，是否对敏感数据加密，是否做安全审查、是否及时发现系统被非法入侵。

（2）银行的ATM系统是否就日益高发的电信诈骗案件采取有效措施，加强风险揭示，落实知情同意，以保护客户财产？

（3）犯罪团伙通过QQ聊天来买卖个人信息，并最终得手。从这个案件出发，分析QQ系统是否面临伦理困境？是什么？

（4）想一想你经常使用的信息技术和应用系统，是否存在技术、安全或管理上不可接受的严重风险？是什么？为什么不可接受？

4.1 数据安全

4.1.1 数据安全形势严峻

小徐案例充分说明在大数据应用风起云涌的当下，一方面，数据价值凸显，保障数据在采集、传输、利用和共享等各个环节的安全具有特殊重要性；另一方面，现实中，数据安全意识不强、技术手段不健全、屡屡遭到攻击，数据泄露、数据滥用、数据不当获取、数据质量差等问题频发高发，记录在各个信息应用系统中的数据安全问题日益突出。

例如，2018 年 8 月 28 日，华住集团旗下连锁酒店用户数据被黑客窃取并在境外**暗网** [31] 上标价为 8 比特币或 520 门罗币（约合人民币 37 万元）兜售。数据涉及约 1.3 亿人的身份信息和 5 亿多条酒店入住登记信息，覆盖华住旗下汉庭、美爵、禧玥、漫心、诺富特、美居、CitiGo、桔子、全季、星程、宜必思、怡莱等酒店。抽取的部分数据被验证为真实的。警方接公司报警后很快抓获犯罪嫌疑人刘某某。公司尚未造成实际损失。据悉，事件起因是华住公司程序员将公司数据库的链接上传到 GitHub[32] 上，后被黑客用**撞库攻击** [33] 方法得手，导致数据泄露。

再如，2019 年，知名的开源搜索引擎平台 Elasticsearch 数据库被指发生泄露。据安全研究人员发现，事件起因是平台技术人员对数据库进行了错误配置。攻击者利用这一错误，在未经授权的情况下成功获取了数据库访问权，并将其中包括 27 亿个电子邮件地址的数据在互联网公布，其中 10 亿个邮件账户的密码是未加密的明文。接下来一段时间内，许多被泄露明文密码的企业和个人邮箱遭受恶意攻击，如被垃圾邮件占满，收到钓鱼邮件或恶意软件，造成隐私泄露、财产损失等后果。事件发生后，Elasticsearch 的声誉也遭受严重损害。

随着云计算的普及，越来越多的人和企业把数据存在云端，如果云存储的安全管理与审计、问责体制不完备，有可能造成大数据时代的个人敏感数据外泄，甚至个人财产受损失，生命安危存在风险。

4.1.2 数据安全风险

依据安全威胁的性质、来源、影响等因素来分析，大数据安全风险主要有以下方面。

▸ **数据泄露**：包括敏感数据的意外泄露和恶意泄露。例如，个人身份信息、健康记录、金融数据等敏感信息因安全漏洞被非法访问和公开，公司战略、研发数据、客户列表等商业机密信息被未授权人员获取。

▸ **数据滥用**：指未经授权的数据使用和处理。例如，未经数据权利人授权而超范围使用、分享、转让或出售，公司内部员工或第三方服务提供商利用职务之便，非法使用或泄露数据。

▸ **数据不当获取**：通过非法手段获取数据。例如，用 SQL 注入、钓鱼攻击、撞库攻击等攻击手段非法获取数据，内部人员或外部人员通过物理或电子手段窃取数据。

▸ **数据质量问题**：数据错误、虚假和误导性信息。例如，数据在存储、传输过程中被篡

[31] 暗网（Dark Web）是互联网的一小部分，存在于加密的网络中，通常需要特定的软件或配置来访问。它与开放网络（Surface Web）不同，开放网络是可以被常规搜索引擎索引和访问的部分。暗网上的内容通常是不易被发现的，且用户可以保持匿名，有助于保护隐私，但同时也为网络非法活动提供方便。

[32] GitHub 是互联网上一个面向开源及私有软件项目的托管平台，建立于 2008 年，拥有全球千万数量级以程序开发者为主体的用户。

[33] 撞库攻击，指黑客通过获取用户在 A 网站的账户从而尝试登录 B 网址的行为。现实中，因为很多用户使用相同的账号密码访问不同网站，因此黑客通过收集互联网已泄露的用户和密码信息，生成对应的字典表，尝试批量登录其他网站后，有可能得到一系列可以登录的用户清单。

改，导致数据不完整，数据收集或输入过程中的错误导致信息不准确，故意引入的虚假数据或信息误导用户和决策。

▸ 合规性问题：在数据处理过程中未遵循相关法律法规。

▸ 技术缺陷：系统的安全技术存在缺陷。例如，软件或硬件存在安全漏洞，被利用进行数据攻击，提供云服务的系统平台对数据安全和隐私保护措施不足。

▸ 管理和操作失误：安全应急管理不健全或不落实。例如，因受到攻击或发生故障导致数据服务中断，由于未备份或不当的删除操作导致数据永久丢失。

上述风险，有的属于技术原因，如大数据系统存在技术漏洞、数据库安全防护不足、加密技术不完善等；有的因互联网的开放性、多样性而扩大，如网络上发起攻击、入侵的人数更多，得手更多，暗网进一步提升了黑产、黑交易和黑经验的积累速度；有的属于人为因素，如管理不善，以致员工可以不受拦截轻易地将商业秘密上传至公共空间增大风险，对员工教育、培训、监督不到位，以致错误操作未被及时发现、纠正。

4.1.3 数据安全问题的伦理治理

运用 2.3.3 节的方法，可以对数据安全问题做出伦理分析。

首先，所有从事大数据安全以及接触大数据系统安全的人员都应当认识"安全"伦理价值的重要性，并理解"安全与发展"之间的辩证关系。他们在进行工程技术研发与应用时，必须以安全、可靠、合规为原则，加强安全技术设计，确保数据安全。在数据处理和使用过程中，应尊重各方利益，防止数据被非法获取、篡改或滥用。同时，还需要明确和实施数据安全相关责任主体的责任，并加强对数据安全防护的监管和问责。

其次，具体到选用什么伦理原则、推理框架来分析大数据时代新的安全问题，可以从两方面加以分析和比较。一方面，可以借鉴信息伦理、计算机伦理和网络伦理中的通用伦理原则，如遵守行业学会和协会制定的伦理规范，遵守法律和道德规范，保护公众利益，促进可持续发展，尊重知识产权，保持公平公正，诚实透明，负责任并能担当，坚持持续学习等。另一方面，可以研究类似案例，以加深对利益相关者的理解和洞察，探索更多实现伦理价值的行动方案。

再次，面对首次出现、重大风险和紧急舆情交织的复杂情况时，应特别注重行动的及时性、信息透明性和工作公开性，以便争取解决问题的时间，增进利益相关者的理解，找到更多的可能方案，推动形成各方都满意的决策结果。

最后，及时复盘、总结经验并推广应用至关重要。例如，由于大数据应用常常涉及数据挖掘、大数据分析等新技术，进行大数据关联汇聚，导致风险来源广泛、范围大、识别难，对数据安全风险的可接受性评估更加困难，需要增强从技术设计到技术运用全过程对数据安全风险的管控。又如，由于网络传递的分散和快速特性，大数据在流通中频繁发生超范围采集、超权限使用、超协定流转等问题，非法数据交易暗流涌动，可能对个人隐私、商业秘密甚至国家安全造成巨大损害，需要进一步加强数据处理合规性的定义、规则和执行情况审核。此外，大数据应用采用"共享""众包"等方式，使众多责任主体参与其中，如果法律监管缺位，管理权责的界定和分配将难以有唯一、稳定的答案，需要积极推动法律法规建设。

讨论

随着互联网的发展，大量市场活动转移到了网络空间，使得买家和卖家能够在不需要面对面或不认识对方的情况下进行交易。在这样的背景下，确保多方信任、交易公正、财务和个人信息的安全成为电子商务发展中亟待解决的关键问题。第三方支付平台如 PayPal 和支付宝的兴起正是为了解决这些问题。从大数据安全的伦理角度出发，分析这些成功的第三方支付平台需要遵循哪些关键的伦理准则。

4.2 数字身份

4.2.1 人的身份及其社会性

人的身份（Identity）是一个用以定义个体是谁或是什么的概念，它具备可识别性、独特性和唯一性。为了有效进行公共治理，各国政府首先需要进行人口普查和个体身份的确认。在中国，身份证号码是唯一用来识别个人的；而在美国，则是通过社会安全号码来实现这一点。

人类身份不仅在个体层面上具有识别功能，它还直接关联到个体在社会活动中的自由、权利、义务和责任。例如，家庭关系中的孩子、父母、祖父母等，各自承担着不同的家庭责任，如父慈子孝、尊老爱幼、夫妻和谐。不同的职业身份，如工人、农民、教师、医生、军人、商人、科学家、工程师、律师、公务员等，不仅代表了个人的职业，也代表了该职业所承担的社会责任。例如，军人保家卫国、不怕牺牲；教师育人为本、德育为先；医生救死扶伤、尊重生命；工程师创造安全、可靠、可用性强的工程项目，造福社会，同时维护环境、永续发展；法官必须以事实为依据、法律为准绳，做到法律面前人人平等，维护公平正义。

由于生活场景和环境的变化，个体的社会身份可能会不断变化，如在家是父亲、在单位是法官、旅行时是游客、开车时是司机等。但不论社会身份或角色如何变化，遵守法律法规是公民的基本行为准则，而承担责任、履行义务、行为正当和合乎道德则是做人的基本原则。

中国共产党第十八次全国代表大会提出了"富强、民主、文明、和谐，自由、平等、公正、法治，爱国、敬业、诚信、友善"的社会主义核心价值观，这一价值观从国家、社

会和个人三个层面概括了符合国情的社会风尚，并成为指引当代中国人道德风尚和行为规范的基本依据。

4.2.2 数字身份

1. 理解数字身份

数字身份（Digital Identity）是网络领域中一个广为人知的术语，它被描述为一系列独特地描绘一个主体（Subject）或实体（Entity）的数据集合，它代表了一个人在数字环境中所有可获得信息的总和[34]。

在线上和线下系统中，数字身份是个人确认的一组适用于计算机处理的标识符。例如Anybody，用它可以明确指代现实世界中的具体且唯一的个体"张三"。在线上活动时，数字身份Anybody便可以代表该个人。

2. 数字身份的特点

首先，数字身份具有多样性。在现实世界中独一无二的"张三"在网上可以拥有多个不同的身份。例如，"张三"可以在聊天网站上注册多个账户，使用诸如Anybody1、Anybody2、……、AnybodyN等作为名字，这些账户可能共享一个真实地址，或者拥有多个不同的电话和地址信息。同样，他也可以在银行网站上使用其真实的姓名、身份证号码、电话和地址进行注册，以获得安全的金融服务。因此，确保每个数字身份确实对应一个真实个体，并且每个操作都是由该个人执行而非他人冒名，是数字身份可信识别性的关键。

其次，数字身份具有可变性。例如，"张三"的数字身份可能会因为地址或电话号码的更改而变化，这意味着数字身份往往不是唯一的，而是动态的，甚至可能是短暂的。在处理大数据时，我们必须考虑到在一段时间内，如"张三"生前及去世后的一段时间内，其数字身份仍然可以被检索和追踪。

最后，数字身份允许使用匿名或假名。

3. 数字身份的管理

数字身份，是用户合法使用计算机系统和各种网络应用的第一道门槛。确认、验证、存储和维护个人或实体在数字环境中的身份信息的技术和流程，被称为数字身份管理方案。

一个完善的数字身份管理方案通常包括以下几个关键组成部分。

▶ 身份验证：用户需要通过一种或多种身份验证方法来证明其身份，这些方法可能包括密码、生物识别（如指纹或面部识别）、智能卡、令牌或数字签名等。其中，多因素认证结合两种或两种以上的认证方式来提高安全性。

▶ 授权：确定已验证身份的用户是否有权限访问特定的资源或执行特定的操作。通常通过访问控制列表、基于角色的访问控制或基于属性的访问控制来实现。

▶ 身份信息存储：安全地存储用户的身份信息，使用加密技术保护存储的敏感信息，确

大数据技术的伦理问题

[34] 邱仁宗，黄雯，翟晓梅. 大数据技术的伦理问题 [J]. 科学与社会，4（1）：36-48.

保数据的机密性、完整性和可用性。

▶ 目录服务：管理用户账户和身份信息的数据库，提供用户查找和访问控制功能。

▶ 单点登录：允许用户通过一次身份验证来访问多个不同的系统和应用程序，减少重复登录的需要，提高用户体验和安全性。

▶ 统一身份认证管理：集成了身份验证、授权、审计和报告功能，以简化管理和提高安全性。通常包括自我服务门户，允许用户管理自己的身份信息和访问权限。

▶ 密码管理：提供强密码策略、密码重置、密码更改和密码找回功能。可以通过密码管理器自动生成和存储复杂的密码。

▶ 生物识别技术：利用生物特征（如指纹、虹膜、面部识别等）进行身份验证，提供难以伪造和复制的身份验证手段。

▶ 合规性审查：实施审查审计功能，记录和分析用户活动，以检测和应对潜在的安全威胁，确保身份管理方案符合相关的法律法规和行业标准。

▶ 用户体验：设计用户友好的身份管理界面，减少用户的操作复杂性，确保身份验证过程既安全又便捷。

▶ 移动和远程访问：支持移动设备和远程访问，确保用户无论何处都能安全地访问其数字身份和资源。

▶ 应急响应和事故处理：制定应急响应计划，以应对身份信息泄露或系统故障的情况。确保在发生事故时能够迅速恢复服务。

相对应地，从最小实现的角度看，数字身份管理技术研发和使用应遵循"双盲"原则，即网络应用服务提供方只需通过用户按要求提供的登录信息来验证正在登录的与系统记载的是不是"同一个人"，而无须确认在真实社会里他是"张三"还是"李四"。由于互联网设计者们倡导自由、平等、开放、自治、包容、创新等价值（见表 3-1），且受到网络用户的赞同，因此，除非特别要求，用户一般不需要提供完整真实的身份信息就可以使用网络服务，既享受匿名驰骋网络空间的自由，也得到不被识别的安全保护。这样，即使在有意无意间发生了个人登录信息被泄露、被买卖的事情，这种匿名机制能防止通过网络记录直接定位到个人的社会身份。

4.2.3 大数据引发数字身份新问题

在"流量为王""用户黏度至高无上"等被某些人视为"圭臬"的大数据经济时代，数字身份具有重要商业价值，然而，它在技术层面上却面临着易被泄露、易被盗用和易被追溯等安全隐患。这些问题不仅威胁到个人隐私，还可能影响到社会互动和伦理道德的判断。

数字身份的遭泄露或被盗用可能导致个人自由受限、财产损失、名誉受损，甚至生命安全受到威胁。尽管大数据资源和人工智能技术的不断积累与创新带来了更严格的防范措施，数字身份的安全事件仍然频繁发生，难以完全避免。

从事深度分析或撞库攻击并主动在互联网上公开受害人数字身份数据的人，与利用获得的数字身份进行隐蔽犯罪的人，虽然都是某方面的计算机高手，但通常是两拨人、两个阵营。国际上通常使用"白帽黑客"（White Hat Hacker）和"黑帽黑客"（Black Hat Hacker）作区分。白帽黑客是"善意"的技术高手，他们使用自己的技术能力帮助企业和组织发现安全漏洞，并合法地修复这些问题，提高系统的安全性。他们通常会在发现漏洞后通知相关单位，而不是利用这些漏洞进行非法活动。黑帽黑客是"恶意"的技术高手，他们利用掌握的技术去寻找漏洞，攻入系统，从而进行盗窃、破坏或控制计算机系统等非法活动，对社会造成危害。然而，由于白帽黑客有时把发现的系统漏洞在一定范围（如 GitHub）内公开，很有可能被黑帽黑客等不法分子利用，从而伤害无辜网民。

数字身份被追溯，既有"人肉搜索"之力，又有赖于大数据深度挖掘、关联分析之劳。根据"六度分隔"理论以及相关实验研究，任意两个网络用户之间都可能通过少数几个中间人（如网络大 V）建立联系。通过分析个人在网络上的数字身份和行为"足迹"，可以推测并准确地定位到现实生活中的具体个人。这种能力既带来了积极的社会影响，也带来了负面的社会效应，实例众多，此处不再一一列举。

"最熟悉自己生活轨迹的人可能是从未谋面，也不会谋面的陌生人，这样的熟悉可能源于无聊、好奇之类的偶然，也可能出于蓄意的谋划与计划性的掌控。伦理情景不确定性的出现正是源于大数据时代的来临。[35]"

4.2.4 数字身份治理伦理

数字身份治理伦理是指在数字身份的建立、管理和使用过程中所涉及的伦理问题和价值判断。随着信息技术的发展和数字化转型的加速，数字身份已经成为人们在网络空间中进行各种活动的基本凭证。数字身份治理伦理关注的核心问题是如何平衡个人隐私保护和社会公共利益，确保数字身份的安全、有效和公正使用。

对于数字身份的治理，实际生活中存在匿名制和实名制两种不同选择，下面进行分析。

1. 匿名制

信息网络技术支持实现"匿名"上网，为网民提供了行动自由的保护。加上社交网络具备的小世界连接特点，一个话题很快就能被"热议"，成为"舆情"。如果相关信息是不实的、有错的，或者根本就是人为编造的谣言、真假掺杂的谎言，这种"舆情爆发"可能让虚假信息横行，受众认识混乱。即使"舆情"相关信息是真实的，但由于群体非理性的存在及"匿名无法追责"想法的泛滥，网上的道德评论很可能走向极端，甚至越过法律形成网络暴力，造成对当事人过度审判，从而侵害其名誉权。

确定性的终结：
大数据时代的伦理研究

---

[35] 朱锋刚，李莹. 确定性的终结：大数据时代的伦理研究 [J]. 自然辩证法研究，31（6）：112-116，2015.

2. 实名制

面对网络匿名制给社会秩序、社会稳定带来多方面非预期的负面影响，各国结合本国的核心价值观、文化传统和法律体系选择应对策略。总体上看，东西方文化价值在社会层面的反响不同，不同意识形态做出的选择不同；但通过一定程度上引入实名制数字身份管理来营建更安全、更可信的网络空间，在东西方国家都有实践。

美国政府由于宪法第一修正案明文规定国会不能立法限制言论自由（不包括淫秽内容与虚假信息），因此，采取了由联邦贸易委员会（Federal Trade Commission，FTC）负责监管网络上的电子交易和商业行为，而联邦通信委员会（Federal Communications Commission，FCC）则负责网络通信行为的监管。这两个机构通过民事或刑事诉讼来处理网络谣言和侵权事件。1996 年，美国通过了《通信法案（1996）》，其中第五部分《传播净化法案》是国会首次尝试对互联网上的未成年人色情内容进行规范。但是，由于该法案未能证明存在"迫切政府需要"，最终被法院判定为违宪[36]。因此，美国政府在阻止或限制不当言论的产生与传播方面的手段相对有限。美国政府声称自己保护公民的隐私权和言论自由，并依赖于网络的自我净化功能来维护社会秩序。然而，斯诺登揭露的"棱镜门"事件显示，美国政府实际上将原本针对恐怖分子通信和网络行为的监视分析不适当地扩展到了许多守法的公民，甚至是外国国家元首。这一行为显然与其声称要坚决维护的公民言论自由的"核心价值"相悖。2020 年，美国的脸书（Facebook）公司修改了其《使用条款》，规定用户必须使用真实姓名创建脸书账户，目的是建立一个真实可信的网络环境，使用户能与真实的朋友和认识的人联系。同时，脸书还对身份验证、一人一账户、隐私保护承诺以及违反真实姓名政策的处理措施作出了明确规定，显示出将真实社会的法律和道德规范运用到管理网络空间中的数字身份及其行为的价值取向。

位于东北亚文化圈，并深受儒家文化价值观影响的韩国，其政府最早在社交媒体上出现如"狗屎女"和"女演员崔某某因网络谣言不堪重负而自杀"等社会事件后，开始认识到治理互联网的必要性。2007 年，韩国实施了"网络实名制确认制度"，该制度要求日均访问量超过 10 万人次的网站必须实行实名注册，用户在网站上发言前需提供身份证号码进行验证。这一措施旨在对发布不当言论造成他人伤害的行为进行追责，并将"网络诽谤罪"和"传播虚假信息罪"等纳入法律[37]。然而，在实行五年之后，韩国宪法法院考虑到实名制对不实言论治理效果有限，以及对个人隐私信息安全的潜在威胁，宣布该制度违宪，并废除了这一政策。

天价烟

中国具有优秀的文化传统，歌曲《国家》中"有国才有家"道出了广大人民心声；但社会制度、意识形态有别于美韩两国，人口数量和网民基数更是远超上述两国。在网络社区和社交网络初期，网民相对不受拘束地匿名发表言论，既涌现出"天价烟""表哥"等成

美韩两国网络谣言法律规制问题研究

---

[36][37]　**汤磊**. 美韩两国网络谣言法律规制问题研究 [J]. 陕西行政学院学报，2014，28（2）：92-96.

功的网络反腐案例，也开始出现大量不负责任的言论、不实信息甚至谣言。秦火火所在的公司，即专以网络推手、删帖为盈利手段，还大肆推送低俗网络人物，挑战社会公德良序底线。2002年，有学者建议实施实名上网。2008年春天，有人大代表在两会上提出网络实名制立法建议。同年夏天国家工业和信息化部正式答复，表示"实现有限网络实名制管理"将是未来互联网健康发展的方向，从而开启了网络实名制立法进程。2012年底，全国人大常委会通过《关于加强网络信息保护的决定》，规定网络服务提供者为用户办理网站接入服务，办理固定电话、移动终端等入网手续，或者为用户提供信息发布服务，应当在与用户签订协议时，要求用户提供真实身份信息，以此确认网络实名制予以实施。目前，"后台实名、前台隐名"是我国通信和网络服务的基本规范。

3. 实名制伦理考量

网络用户、运营商、学者和政府对网络实名制治理政策当与不当存在分歧。表4-1试从多个角色的价值和利益出发，对实名制、匿名制的利弊进行分析。

表4-1　网络实名制、匿名制政策对不同群体的利弊分析

群体	政策	利	弊
用户	匿名制	对个人自由和个体平等保护更好，如可以不公开个人信息，避免隐私泄露；可以在不暴露身份的情况下自由表达观点；有助于减少对特定群体的歧视	责任追溯难，可能导致违法侵权行为增多；可能被滥用于网络欺凌、散布谣言和诈骗等不良行为
	实名制	网络发表言论时更加谨慎、更加合乎法律、道德规范；更利于青少年习得良好的社会行为	言论自由受到限制；个人数据泄露后隐私权、名誉权、财产权受到伤害的风险增加；接受不当个性化推送服务的频次增加
网络服务/运营商	匿名制	有利于增强用户信任，吸引更多用户；有利于降低自己因用户行为而面临的法律风险和必须承担的责任	身份验证、滥用处理等对管理挑战很大；可能加剧网络滥用问题而影响其他用户的服务体验，降低整体服务质量
	实名制	更易于管理和运行，如向未成年人拦截不适合的网络游戏、暴力内容；更利于开展精准、优质的商业服务	服务吸引力受影响（如失去用户、失去黏度），进而减损价值；对信息和网络安全的投入要大大增加
政府	匿名制	有利于落实个人自由、言论自由法律责任	网络谣言多发、网络秩序混乱等风险有可能反噬人类社会安全、平等、自由、公正的秩序
	实名制	更利于提供精准公共服务；更利于减少网络不良信息，使得言论空间更加清朗；利于青少年和知识水平不高的网民的生存、学习和成长；侦查和惩治网络犯罪更快	便于实施类似"棱镜门"计划，而失去部分公民的信任；"寒蝉效应"使言路闭塞
其他	匿名制	可以不公开个人信息，避免隐私泄露；可以在不暴露身份的情况下自由表达观点	对网络秩序感到不安，可能为个人身心财物安全受威胁、难以被救助而焦虑
	实名制	发生被不当"人肉"时易于找到事主并追责；被有意无意网络侵权的风险降低	盗取、兜售或伪造公民信息的新型网络犯罪可能更加多发

续表

群体	政策	利	弊
法律 / 伦理学者	匿名制	有利于维护个人自由价值，保护隐私	侵犯他人自由的现象可能多发，损害社会公正
	实名制	有利于发扬他律与自律共治的道德作用；维护正当的合法性与必要性原则	以不信任作为获得信任的前提；以限制自由来保护自由；以正价值信息全面否定负价值信息；以用户个体的潜在风险换取网络空间的安全[38]

在《群体生活的渠道》一书中，库尔特·卢因（Kllrt Lewin）阐述了信息传播过程中"把关人"概念的重要性。这一概念指的是能够筛选出不当信息、抑制有害信息、并强化有用信息的角色。政府推行网络实名制，本质上是通过强制性和他律性的措施，促使每个网民扮演好"把关人"的角色。这一政策旨在纠正那些可能对他人造成伤害的不当行为，同时威慑潜在的网络犯罪分子。通过这种方式，政府希望短时间内提升公众对网络互动和信息传播特点的理解，使人们更加熟悉网络社区的行为准则，并强化个人在网络空间中的社会责任感。这样的努力有助于促进网络社区的健康和可持续发展。

4. 数字身份治理伦理的关键

数字身份治理的伦理关键点涵盖了隐私保护、信息准确性、知情同意、平等访问、责任与问责、透明度和可追溯性、信任构建以及合规性等多方面。

▶ 隐私保护：个人隐私在数字身份治理中占据核心地位。治理体系应确保个人数据的收集、存储和使用符合最小化原则，只收集与身份验证和提供服务直接相关的信息，并采取充分的安全措施保护个人信息不被未授权访问或泄露。

▶ 信息准确性：数字身份的信息应当真实准确，避免因错误信息导致个人权益受损。同时，应提供修改机制让个人能够自主更新和纠正自己的身份信息。

▶ 知情同意：个人在数字身份的注册和使用过程中，应当充分了解自己的权利和义务，以及在哪些情况下自己的信息可能被收集、使用和共享。任何对个人信息的收集和使用都应当获得个人的明确同意。

▶ 平等访问：数字身份治理应确保所有人都能平等地访问和使用身份认证服务，避免因技术或经济障碍造成数字鸿沟。

▶ 责任与问责：应明确个人和机构在数字身份治理中的责任和义务，以及在发生数据泄露或滥用等事件时的问责机制。

▶ 透明度和可追溯性：数字身份治理的过程和规则应当是透明的，个人应能追踪自己的身份信息的使用情况，并确保治理过程的公正性。

▶ 信任构建：通过有效的数字身份治理，建立起用户对网络空间的信任，这对于促进电子商务、在线交流和其他网络活动至关重要。

网络实名制的伦理困境及其应对

---

[38] 杨林霞. 网络实名制的伦理困境及其应对 [J]. 新闻研究导刊，2015（16）：288-292.

▶ 合规性：数字身份治理应遵循相关的法律法规和国际标准，确保治理活动合法合规。

数字身份治理伦理是多维度的，涉及技术、法律、社会和个人等多个层面。在全球化背景下，不同文化和法律体系对于数字身份治理的伦理价值取向可能存在差异，因此需要国际的合作和对话，共同探索和建立国际接受的数字身份治理伦理标准。

讨论

近年来，我们遇到过多起"舆情反转"的事件，也看到脸书等美国企业推出了后台实名的相关治理政策。请思考数字身份治理的伦理价值未来走向，并与身边同学或同事进行讨论。

4.3 个人信息与隐私保护

4.3.1 个人信息的价值

肖恩拍卖个人信息新闻报道

2014 年，荷兰学生肖恩·巴克尔斯（Shawn Buckels）创建了一个名为"拍卖个人信息"的网站，引起了广泛的争议。该网站提供了一种前所未有的服务——出售个人信息。这些信息包括但不限于住址、医疗记录、个人日程、邮件内容、社交媒体内容、上网信息（聊天记录、消费偏好、浏览器历史）等，几乎涵盖了个人生活的各个方面。肖恩的网站在短短几天吸引了超过 40 个买家竞买，最终以 350 欧元的价格成交。

这个案例生动地解释互联网服务为什么能"免费"。看似免费，实际上是以获取用户的个人信息为对价（Consideration）[39] 的。这种代价往往是不易被用户个人所察觉的，因为它发生在日积月累、潜移默化的过程中。肖恩这次公开拍卖，让人们了解了互联网企业为提高营销精准度、积极获取用户数据的原因，也引发了社会各界对个人信息保护与隐私权的广泛关注和热议。

随着科技的进步和社会的发展，越来越多的人了解到大数据是有价值的。其中，个人信息已经成为数字经济时代一种重要的资源，其价值体现在以下几方面：一是个人信息是企业进行市场营销和决策分析的重要依据，可以帮助企业更好地满足消费者需求，提高市场竞争力；二是个人信息可以帮助政府部门更好地了解民情、国情，制定科学合理的政策，提高公共服务水平；三是个人信息也是个人的社交、就业、教育等方面的应用服务的重要基础。

因其潜在价值突出，个人信息在互联网时代遭遇了种种"乱象"，以至于用户不胜烦扰。在中国，至少可以追溯到 2015 年，个人信息和隐私就成了每年"3·15 消费者权益日"被关注的焦点。据中国消费者协会 2015 年 3 月初发布的《2014 年度消费者个人信息网

---

[39] 对价是英美合同法的一个重要概念，其内涵是一方为换取另一方做某事的承诺而向另一方支付的金钱代价或得到该种承诺的代价。

络安全报告》，三分之二受访消费者称上年曾遭遇个人信息被泄露或窃取，其中个人基本信息被泄露或窃取最多，超过 72%；其次依次为个人网络行为信息、个人设备信息、隐私信息、账户信息、社会关系信息。当信息被泄露后，八成受访者受到电话、短信、邮件等骚扰，还有近三分之一的人遭受过经济损失和人身伤害。而在遇到信息泄露等侵害后，受害者多保持沉默，只有不到两成的人会诉诸法律。调查发现，超过六成的个人信息泄露是因为"服务商未经本人同意，暗自收集个人信息"。此外，网络服务系统存在漏洞，服务商或不法分子故意泄露，不法分子通过木马病毒、钓鱼网站等手段盗取，也是信息泄露的渠道。

大数据时代，不仅人们在网络上主动注册、登录、操作的数据能被系统记住，利用各种技术手段，有人还可以不被察觉地获得他人网络身份和活动信息，进而预测其行为、推断出身心特性，推荐服务或进行跟踪。表 4-2 归纳了几类重要的收集个人信息的手段。

表 4-2 收集个人信息的手段

采集方法	案 例	主要技术	用户能否感知	用户可否选择退出（Opt-out）[40]
收集公开数据	用爬虫软件"扒"近期微博	开放 API，SDK	不能	不能
公开收集数据	关键词云图应用 网站问卷	Web 应用、Cookies……	能，确定	不用
日志文件	电商个性化推荐、搜索引擎、地图……	Cookies…	不能	不能或很难
隐藏式收集	App 超范围索取诸如精确定位信息等权限 Wi-Fi 探针	Android /iOS 等 API，Wi-Fi 嗅探	能，常被忽视	不能或难
攻击、破解	小徐案件	黑客攻击、秘密交易	很少能	不能
买卖	收到精准投送的骚扰信息（出生、银行开户、手机开户……）	交易（公开或私密）	不能	不能
关联、推断	首页或弹窗上的个性化推送，洛杉矶警方统计推断出某些小区犯罪风险较大	关联分析、聚类分析、机器学习、大模型推断	有意识，但不确知	不能

在 2011 年秋季，科德·戴维斯（Kord Davis）和道格·帕特森（Doug Patterson）对名列《财富》500 强前 50 名企业的隐私政策进行了研究。他们通过分析这些公司网站上的隐私声明，考察了企业是否会分享或出售直接从用户那里获得的个人信息，是否会购买其他公司持有的用户数据，以及是否允许向客户提供个性化推荐服务等问题。结果发现很多自相矛盾之处：首先，声称可能购买数据的企业数量远超过声称会出售数据的企业，这一比例严重失衡。其次，在如何获取个人信息上，多数企业网站采用的默认值是 Opt-out，即默认用户同意提供个人信息，否则，用户必须手动提出申请才能办理退出，过程中可能要经历繁复的手续和较长的等待时间；而不是相反的 Opt-in 策略，即必须用户主动选择同

---

[40] 为说明个人信息方面的历史进程，本表中该列基于 2015 年的普遍情况给出了判断。本书出版时，很多积极的改变已经实现。

《财富》500强前50家企业网站公开隐私声明文本分析

意提供个人信息。此外，互联网时代，许多公司都积极开发"个性化推荐"服务，虽然能提升客户服务精准性，也极有可能超越客户隐私边界进而侵犯其财物、心智甚至生命安全。该调研还对企业秉持的伦理价值观进行梳理，遗憾的是，尽管各家企业都认同"企业应承担社会责任"的观点，但仍有企业秉持"任何为股东带来合法盈利的行为都是公正的"信念而未提及公众利益；仅有两家企业明确表示，在制定政策时会遵循伦理价值的指导[41]。

4.3.2 个人信息与隐私：概念及演变

1. 个人信息

什么是个人信息？过去，个人信息的内涵相对单一，主要包括性别、身高、体重、身体状况、姓名、地址、电话等信息。这些信息主要在医疗、教育、户籍管理、邮件传递、银行记录等少数领域被使用。

然而，随着互联网和大数据技术的兴起，个人信息的内涵和外延都得到了极大的拓展。如今，在线购物、学习、社交等网络活动中产生的每一条电子记录，都成为个人信息的重要组成部分。此外，通过数据挖掘技术得出的个人"用户画像"（User Profile），也构成了个人信息的一部分。这意味着，我们的个人信息不再局限于传统的身份识别信息，还包括了我们的消费习惯、兴趣爱好、社交网络等更为丰富的内容。

有学者指出，个人信息应当是个人的自然身份信息和社会身份信息的总和。其中，个人的自然身份信息，包括身体、心理、基因和智力水平等相关的信息和数据；个人的社会身份信息，则包括经济、社会和文化相关的一个或者多个信息和数据。因此，个人信息并不只属于个人，而是某种程度的社会公共物品[42]。

2. 隐私

大数据技术下个人数据信息私权保护论批判

论个人信息权的法律保护——以个人信息权与隐私权的界分为中心

隐私，似乎人人都可意会，却缺少一致的表达。王利明认为，隐私主要是一种私密性的信息或私人活动，如个人身体状况、家庭状况、婚姻状况等，凡是个人不愿意公开披露且不涉及公共利益的部分都可以成为个人隐私，而且，单个的私密信息或者私人活动并不直接指向自然人的主体身份。他提出，隐私权是一种人格权，它的内容主要包括维护个人的私生活安宁、个人私密不被公开、个人私生活自主决定等。他还把个人信息和隐私做了区分：个人信息注重的是身份识别；隐私则第一注重"隐"，第二注重不受他人"非法披露"[43]。

隐私概念的演变是一个复杂的过程，受到社会文化、法律制度以及技术发展等多方面因素的共同影响。在不同的历史阶段，隐私的概念和认识各不相同。在传统社会中，隐私

[41] Davis K，Patterson D. Ethics of Big Data: Balancing Risk and Innovation[M]. California: O'Reilly，2012.

[42] 吴伟光. 大数据技术下个人数据信息私权保护论批判 [J]. 政治与法律，2016（07）：116-132.

[43] 王利明. 论个人信息权的法律保护——以个人信息权与隐私权的界分为中心 [J]. 现代法学，2013，35（04）：62-72.

的概念主要与个人生活中的私密事务相关，从原始社会的穿衣蔽体、建房分居等开始，到现代社会的家庭生活、个人财产、个人日记书信，这一时期的隐私观念通常局限于物理空间以及个人财产、思想和行为。自 20 世纪下半叶起，随着信息技术的飞速发展，与隐私相关的空间范围从物理空间扩展到了虚拟空间。个人信息的安全、数据保护和网络隐私成为需要保护的新领域。在这个阶段，对隐私的保护不仅关注个人身体、财产、行为、思想等信息的保密，还强调了对上述个人信息的合理使用和防止滥用，维护人的尊严。专栏 4-1 中，计算机伦理知名学者詹姆斯·穆尔讨论了美国社会中隐私保护的发展情况。专栏 4-2 通过两个案例说明，美国社会对观看影视剧的私人记录是否构成隐私的看法在互联网诞生前后 20 多年间已经发生变化，显示出社会意识正在被互联网创新所"重塑"（Reshaping）。

专栏 4-1　隐私概念在美国的演变

　　把隐私理解为安全这个核心价值的表达，对于理解随时间而变化的隐私概念具有优势。无论是美国独立宣言还是美国宪法，都没有明确提到隐私的概念（Moor 1990）。那些给大众留下如此深刻印象的倡导个人自由理想的革命领导者和政治家们，居然都没有提及对我们今天来说似乎是如此重要的隐私价值，这的确令人奇怪。

　　在美国，隐私概念经历了从"不侵入"的概念（如美国宪法第四次修正案，为人们免遭政府不正当的搜查和抓捕提供保护），到"不干涉"的概念（如罗伊诉维德的判决，赋予妇女选择人工流产的权利），再到"有限制的信息访问"的概念（如 1974 年隐私法，限制联邦政府收集、使用和传播信息）的变迁。

　　随着时间的推移，隐私概念的内涵一直发生戏剧般的延伸。在计算机时代，隐私概念具有如此的信息丰富性（Moor 1998），以致于当代所使用的"隐私"概念主要是指信息隐私，当然，尽管如此，这个概念其他方面的含义仍然很重要。（[美] 拜纳姆，罗杰森 . 计算机伦理与专业责任 [M]. 李伦，等译 . 北京：北京大学出版社，2010：197.）

专栏 4-2　个人观影历史数据，从前是隐私，现在人们乐于公开分享

　　1988 年通过的美国视频隐私保护法案（VPPA），视客户租借视频录像的记录为隐私，禁止出租商在正常业务流程之外透露给他人或机构，违者可罚款至 2500 美元。该法案的设立，直接源于 1987 年得到大法官提名的 Robort Bork 租借录像带记录被曝光，其中不良影视剧使他隐私遭侵袭，名誉受影响，隐私遭侵袭，被迫接受了对其能否胜

任最高法院大法官的严苛评估。

2011 年，由于视频网站纷纷希望对接社交领域而制造更多的"分享经济"，以网飞（Netflix）为代表的互联网公司一再游说国会，要求允许已经乐于分享个人行踪和喜怒哀乐的"Facebook 一代"可以向朋友分享其观影历史，而不再把它视作隐私权利。国会很快通过了修正案，规定网飞公司及开展类似业务的公司必须在获得了用户"明确的书面同意"后才能通过互联网共享用户观影记录，同时应为用户保留随时撤回同意授权的权利。

2023 年左右，隐私和隐私权的界定呈云泥之别。（Davis K，Patterson D. Ethics of Big Data：Balancing Risk and Innovation[M]. California：O'Reilly，2012：22.）

4.3.3　隐私保护的伦理理论依据

在大数据时代，隐私保护被高度重视，也成为伦理决策的重要归依。

然而，回顾信息伦理奠基人维纳关于人类核心价值的清单：生命、健康、安全、知识、机会、能力、民主、幸福、和平、自由等，没有把这么常见的隐私放在其中。道理何在？究竟是隐私这一价值的重要性不够强，还是它根本就算不上一种能够普遍接受的伦理价值？

"根据伦理学理论的观点，隐私是一种奇特的价值。一方面，它似乎是极其重要的东西，需要捍卫的至关重要的东西；另一方面，隐私似乎只是个人偏好的东西，与文化有关，通常难以证明其正当性。"詹姆士·穆尔尝试从工具价值、内在价值和核心价值三方面论证信息时代仍需隐私保护的正当性。首先，隐私不仅为我们提供免受伤害的保护，而且能导出非常重要的东西，如亲密的私人关系；因此，其工具价值不证自明。其次，人类核心价值是存在的，它是一切正常人类和健康文化生存所需要的价值，并且可以被不同文化、不同人群进行不同的解读，如生命、幸福、自由、知识、能力、资源、安全。最后，隐私虽然还未成为人类的核心价值，然而，由于个人信息闪电般地在计算机网络时代四下传播，对个人隐私的破坏会直接损害个人安全的内在价值，即损害了个人自主性，因而，可以推断出，隐私是安全的表达。据此得出如下结论：在我们日益计算机化的文化中，作为安全的外在表达，隐私是我们价值系统中的一个至关重要的纽带，需要得到保护[44]。

4.3.4　对个人信息和隐私相关权利的讨论

1. 个人信息权利主张

随着社会的发展、科技进步，特别是大数据应用的蓬勃兴盛，个人信息的内涵和外延得到极大的拓展。近年来，学术界在个人信息的所有权及其法律保护方面开展了研究，存

---

[44]　[美] 穆尔. 走向信息时代的隐私理论 [C]// 拜纳姆，罗杰森，编，李伦，等译. 计算机伦理与专业责任. 北京：北京大学出版社，2010：190-203.

在不同观点，这里举两种代表性的看法。

一种观点认为，个人信息是指与特定个人相关联的、反映个体特征的具有可识别性的符号系统，包括个人身份、工作、家庭、财产、健康等各方面的信息，认为个人信息权是一种人格权，并应受到法律保护[45]。

另一种观点认为，在互联网时代，个人信息已经在某种程度上构成了公共物品，不应只作为私权利来保护。随着信息技术的发展和社会组织紧密程度的提高，个人数据信息的内容和种类也会不断得到丰富。由此可以预见，大数据技术下的社会形态正在从私权利社会向以共享形式的有机社会转变，尽管这一过程比较漫长，但是在某些领域已经开始转变。个人数据信息便是一个明显例证。因此，对个人数据信息，应该超越私权观念而作为公共物品加以保护和规制[46]。

总体而言，法律学者普遍认为，人们在网络活动而留下了丰富的身份、登录日志、交易或交互等个人信息，在大数据时代以复杂多样的方式被加工利用，法律应当对个人信息的控制、利用及收益分配等加以规范，以维护网络和大数据应用的可持续发展。

2. 隐私权利主张

虽然，隐私的概念在人类社会诞生之初就渐渐产生，但是从法律上探讨隐私的权利并加以保护，是在工业化和现代化进程加快之后。美国是把隐私权作为宪法权利的先驱国家。1890 年，两位美国法学家沃伦（Samuel D. Warren）和布兰迪斯（Louis D. Brandeis）在《哈佛法律评论》杂志发表《论隐私权》（*The Right to Privacy*），把隐私权定义为个人在通常情况下决定他的思想、观点和情感在多大程度上使别人知悉的权利，每一个人都有决定自己的所有事情不被公之于众、不受他人干涉的权利。同时指出随着社会的发展，保护个人隐私变得越来越重要，在大数据和智能时代也不例外。

在主张法律应同时明确个人信息权的学者看来，隐私权和个人信息权存在许多不同点。第一，客体范围不同，隐私权的客体主要是一种私密性，很多隐私并不一定以信息的方式表现出来，如通信隐私、谈话隐私等，也有很多信息未必构成隐私，如个人姓名信息、电话号码信息等。第二，权利的性质不同，隐私权主要是一种精神性人格权，其财产属性并不突出，而个人信息权属于一项综合性的权利，不完全是一种精神性的人格权；隐私权主要是一种消极性的权利，而个人信息权主要是一种主动性的权利，可以进行积极利用。第三，权利的内容不同，隐私权主要包括维护个人私生活安宁、个人私密不被公开、个人私生活自主决定，而个人信息权主要是指对个人信息的支配和自主决定[47]。

---

[45]　同 [42]。

[46]　同 [41]。

[47]　王利明 . 人格权法研究 [M]. 2 版 . 北京：中国人民大学出版社，2012.

4.3.5 个人信息和隐私保护的全球法律实践

在大数据时代，对个人信息所承载的隐私进行保护面临以下技术和非技术的挑战。首先，在大规模、分布、开放的信息基础设施内，存在为数众多的数据收集、处理和发布的实体，很难确保所有实体均具有可靠、可信的数据管控能力。其次，存储在专有数据库系统中的数据存在被出售、被快速分发扩散、快速覆盖的可能。因此，"隐私痕迹"很难消除。再次，现有技术手段可以轻松地把零散的、碎片化的数据重新关联、拼接起来，从而复原一个人的整体轮廓，隐私保护遭遇多发、重发的巨大风险。此外，网络上恶意使用偷盗来的数字身份的情况屡见不鲜，例如进行信用卡欺诈；现行数据管理系统防备黑客犯罪行为的手段还有限。

上述挑战，有些可以通过提高技术、规制行为来得到更好的应对，有些则很难做到完美的防范。因此，很多国家、区域和国际组织都感受到在个人信息保护立法方面的迫切需要，用以作为规范公民行为、维护社会秩序的底线，并紧迫地提上日程。全球代表性国家及国际组织都在积极制定相应的法律法规。

大多数国家把隐私权作为一种人格权立法进行保护。目前，隐私权的内涵主要指私密信息、私生活安宁、私人空间、私生活的自主；就其权利内容而言，主要指隐私享有权、隐私维护权、隐私利用权、隐私公开权。

在最早提出隐私权概念的美国，早期主要通过宪法修正案对隐私权进行保护。计算机技术发展带来的数据隐私问题在 1973 年首次进入公众视野，提倡公平信息实践的主要内容被 1974 年联邦《隐私法案》采纳，适用于联邦政府的部、会以上的机构，包括：规定个人有权知道他人收集和使用关于自己的信息；个人有权拒绝某些信息使用并更正不准确的信息；信息收集组织有义务保证信息的可靠性并保护信息安全。此后，各行各业、各州政府也制定专门的隐私保护法案或在相关法案中强化对隐私权的保护。例如，教育领域：1978 年《家庭教育权利与隐私法案》，1990 年《克莱瑞法案》，1994 年《梅根法案》；对儿童的专门保护：1997 年《儿童在线隐私保护法案》及 2000 年《儿童在线隐私保护规则》（2013 年再次修订）；通信领域：1984 年《有线通讯政策法案》，1986 年《电子通讯隐私法案》，1988 年《录像带隐私保护法案》（又称《博克法案》），1991 年《电话通信消费隐私保护法案》《反垃圾邮件法案》，1992 年《有线电视消费者保护和竞争法案》，2003 年《禁止呼入法案》，2016 年《宽带和其它电信服务中用户隐私保护规则》；金融领域：1978 年《财务隐私法案》，1994 年《司机隐私保护法案》，《金融服务现代化法案》（又称《格雷姆 - 里奇 - 比利雷法案》）；医疗领域：1996 年《健康保险便利和责任法案》。截至 2018 年，美国各州均颁布了《数据泄露通知法》，有的州专门制定了隐私法案，例如，互联网头部企业聚集的加利福尼亚州即通过了严格的州《消费者隐私法案》。

欧洲国家因其社会形态和文化传统，在保护个人数据和隐私权方面走在了世界前列。

以德国为代表的大陆法系国家则普遍制定《个人资料保护法》或类似的法律，如德国的《联邦个人资料保护法》、英国的《资料保护法》，在隐私权的概念之外，另外设立个人信息权，来保护个人信息方面权益，给予严格保护。欧盟 2016 年通过《通用数据保护条例》（*General Data Protection Regulation*，GDPR），取代 1995 年出台的《数据保护指令》（*Data Protection Directive*），为欧盟内的个人数据保护设定了统一的标准，并赋予了数据主体一系列权利，如知情权、访问权、更正权、删除权和数据携带权等。GDPR 的宗旨是保护欧盟公民的个人数据隐私，并确保个人数据在欧盟内的自由流动，还规定了严格的跨境数据传输规则和高达 2000 万欧元或全球营业额 4% 的罚款机制，以促使在欧盟境内提供服务的企业遵守规定。GDPR 于 2018 年 5 月 25 日正式生效。GDPR 一经发布，就被评论视为当前全球最严格、处罚最严厉的数据保护法规，促使包括其他国家和地区在内的政府和企业作出响应。它带来的一个成果是，2023 年 7 月，欧盟委员会通过《欧美数据隐私框架》充分性决定，标志着欧美间继 2000 年《欧美安全港框架》和 2016 年《欧美隐私盾协议》之后个人数据合法流动的第三次尝试正式落地生效。

为平衡个人信息的有效利用与个人权益保护之间的关系，日本于 2003 年颁布《个人信息保护法》（*Japan Act on the Protection of Personal Information*，APPI），也是亚洲最早的个人信息保护法律，确立了个人信息保护的基本理念和原则，并明确了国家和地方公共团体的职责以及处理个人信息的主体应履行的义务，对企业和其他实体处理个人信息的行为作出规制。2005 年，成立个人信息保护委员会（Personal Information Protection Commission，PPC）作为司法审查最高机构。此后，日本多次修订 APPI，以适应信息技术的发展和新的社会需求。最近的修正案于 2020 年通过，2022 年 4 月 1 日生效，统一了之前相对分散的立法，实现了管理机构的统一，并在告知与披露要求、数据出境监管、数据使用合法性等方面作出新的规定。

我国从 2000 年起就开始针对互联网的发展，启动个人信息安全相关立法研究和实践探索。早在 2006 年，就有全国人大代表提出制定个人信息保护法的建议，全国人大常委会法工委等机构随后开始部署个人信息保护立法方面的研究，直到 2013 年，研究成果不断涌现，为正式立法做好了充分准备。这一阶段，刑法、民法等立法探索也在推进。2009 年，全国人大通过《刑法修正案（七）》，在第 253 条增加 1 款，对国家机关或机构工作人员违反规定出售公民个人信息、任何人窃取或非法手段获取公民个人信息，以及实施主体为单位时的定罪入刑做出规制。2009 年 12 月，全国人大常委会审议通过《消费者权益保护法》，对涉及侵害个人信息权利的行为做出法律界定和判决。2012 年 12 月，全国人大常委会通过《关于加强网络信息保护的决定》，将个人信息保护、垃圾信息治理、网络身份管理和主管部门的监管作为规制要点，是当时国内在个人信息保护方面效力位阶最高、内容最全面的基本法规。2013 年，工业和信息化部发布《电信和互联网用户个人信息保护规定》，对电信和互联网服务过程中用户个人信息保护的细节进行了规定。2013 年 10 月，全国人大常委会第二次修订《侵权责任法》，规定网络用户、网络服务提供者利用网络侵害他人民事权益的应承担侵权责任。2016 年 11 月颁布《中华人民共和国网络安全法》（2017 年 6 月起施行）。

中国从 2000 年起就开始针对互联网的发展。2013 年 10 月，全国人大常委会第二次修订《侵权责任法》，规定网络用户、网络服务提供者利用网络侵事他人民事权益的应承担侵权责任。2016 年 11 月颁布《中华人民共和国网络安全法》（2017 年 6 月起施行）。2018 年 4 月，习近平总书记在全国网络安全和信息化工作会议上强调，"要依法严厉打击网络黑客、电信网络诈骗、侵犯公民个人隐私等违法犯罪行为，切断网络犯罪利益链条，持续形成高压态势，维护人民群众合法权益。要深入开展网络安全知识技能宣传普及，提高广大人民群众网络安全意识和防护技能"。[48] 此后，一系列法律密集出台：2020 年 5 月 28 日通过《中华人民共和国民法典》（以下简称《民法典》）（2021 年 1 月 1 日起施行），2021 年 8 月 20 日通过《中华人民共和国个人信息保护法》（2021 年 11 月 1 日起施行，见附录 A），不断完善、细化个人信息保护的法律规定。

在隐私权保护方面，《民法典》第九百九十条界定，"人格权是民事主体享有的生命权、身体权、健康权、姓名权、名称权、肖像权、名誉权、荣誉权、隐私权等权利"。第一千零三十二条明确，"隐私是自然人的私人生活安宁和不愿为他人知晓的私密空间、私密活动、私密信息。自然人享有隐私权。任何组织或者个人不得以刺探、侵扰、泄露、公开等方式侵害他人的隐私权"。第一千零三十三条列出"除法律另有规定或者权利人明确同意外，任何组织或者个人不得实施下列行为：（一）以电话、短信、即时通信工具、电子邮件、传单等方式侵扰他人的私人生活安宁；（二）进入、拍摄、窥视他人的住宅、宾馆房间等私密空间；（三）拍摄、窥视、窃听、公开他人的私密活动；（四）拍摄、窥视他人身体的私密部位；（五）处理他人的私密信息；（六）以其他方式侵害他人的隐私权"。

在个人信息保护方面，《民法典》第一千零三十四条明确"自然人的个人信息受法律保护"，但没有对"个人信息权"作出规定；界定"个人信息是以电子或者其他方式记录的能够单独或者与其他信息结合识别特定自然人的各种信息，包括自然人的姓名、出生日期、身份证件号码、生物识别信息、住址、电话号码、电子邮箱、健康信息、行踪信息等"。《个人信息保护法》第四条规定，"个人信息是以电子或者其他方式记录的与已识别或者可识别的自然人有关的各种信息，不包括匿名化处理后的信息"。法律对个人信息的收集、存储、使用、加工、传输、提供、公开、删除等处理活动作出严格规定：应当遵循合法、正当、必要和诚信原则，应当具有明确、合理的目的，收集个人信息应当限于实现处理目的的最小范围，处理个人信息应当遵循公开、透明原则，处理个人信息应当保证个人信息的质量，个人信息处理者应当对其个人信息处理活动负责。

联合国在隐私权保护方面主要是通过制定国际准则和决议来促进成员国对隐私权的尊

---

[48] 习近平.自主创新推进网络强国建议 [C]// 习近平.论党的宣传思想工作.北京：中央文献出版社，2020：300-304.

重。例如，联合国人权委员会发布了关于隐私权和个人信息保护的通用准则。此外，经济合作与发展组织也有关于隐私和数据保护的指导原则，这些原则被广泛认为是保护个人隐私的国际标准。

随着全球数据隐私保护意识的提高，预计未来会有更多的国家和地区加入这一趋势中来。但迄今为止，各国的立法实践还不足以解决全球范围有效保护个人信息和隐私权的问题。目前，跨境数据流动、国际隐私权标准协调还存在较大分歧，既有利益方面的博弈，也有价值观念上的较量，还涉及对技术发展趋势及全球影响的认识。

讨论

（1）认真学习《中华人民共和国个人信息保护法》的全部内容。了解该部法律从提议、草案，到全国人大常委会三次审查并最终通过的进程，从尊重和保护个人隐私权、确保个人信息处理的透明度和公正性、加强对敏感个人信息的保护、赋予个人更多的权利和选择、强化个人信息处理者的责任和义务等角度作出解读。进一步，选择日本、美国、欧盟或你关注的其他国家和地区，了解个人信息保护立法情况并作出中外比较。

（2）个性化推荐是大数据商业创新的一种重要形式。请结合实际案例，从数据权利、数字身份、个人隐私等角度，讨论专为私人打造的个性化推荐服务，应该怎么做，才能合情合理又合法。

（3）公众关心隐私，法律保护隐私，科技工作者不仅要尊重隐私，还要努力研发新的技术来提高隐私保护能力。请搜集隐私保护技术的主要方法、进展和应用情况。

本章小结

本章贴近大数据时代每一个鲜活的人，用一系列与生命、安全、自由、幸福等相关案例指出数据安全极端重要，形势十分严峻！尤其是在大数据初起阶段，很多新的应用遇到"制度真空"，企业表现各异，社会从热捧到多种声音并存，中外概莫能外。这些现象的发生，既折射出企业经营目标有别、市场竞争激烈，又揭示了企业，特别是大数据行业的创新者们伦理能力不足，从技术、管理等方面践行自己的价值观和社会责任尚有差距。本章围绕数据安全、数字身份、个人信息和隐私等主题，分析和讨论如何进行伦理治理。按照习近平总书记关于"网信事业要发展，必须贯彻以人民为中心的发展思想"的重要指示精神，强调确保数据安全是大数据创新应用必须守住的底线，也是大数据技术伦理第一条法则。数字身份是人们通向网络世界的"身份证"，面临被泄露、被盗用等技术风险，还存在"实名还是匿名"涉及个体自由、权利、责任及全社会生态、秩序之间的伦理考量。个人信息在大数据时代具有极大的价值，对个人信息的获取、利用有极大的需求，面临巨大的法律和伦理考验，尤其是隐私保护如何落实、个人信息正当利用应以什么为界等问题。本

章介绍了个人信息和隐私的概念、内涵及其关系，讨论了隐私保护的伦理依据，以及个人信息保护和隐私权的法律实践，提出了数字身份治理、个人信息保护需要遵循若干伦理原则，包括隐私保护、信息准确性、知情同意、平等访问、责任与问责、透明度等，努力推进"让人民群众在信息化发展中有更多获得感、幸福感、安全感"。

章末案例 1　爬取简历数据

在北京中关村中钢国际广场写字楼里曾经有一家 QD 公司，号称拥有全国最大的简历数据库，包括超过 2.2 亿自然人的简历和超过 10 亿人的通讯录。此外，通过大数据分析等技术手段，公司可以对 8 亿多（超过半数！）的中国人计算出诸如学历、工作经历、上网特征、媒体偏好、购物偏好、自定义标签等多维度数据。公司推出的主要产品为"Q 大招"和"A 伙伴"。"Q 大招"是一款基于简历数据的辅助招聘工具，而"A 伙伴"则以提供"员工离职预测"功能为卖点。公司自 2014 年成立以来业绩直线上升，2017 年净赚 1.86 亿元。

2019 年 3 月，某知名互联网招聘企业内部在一次系统崩溃排查事故原因时发现，事故是因 QD 公司的爬虫软件从该接口大量抓取客户数据所致。被抓取的客户数据包括姓名、出生年月、性别、联系方式、学历、工作经历、能力特点等。QD 公司在编写爬虫抓取数据前，并未得到该招聘企业或相关个人信息主体的授权。

警方接到报警后经调查发现，QD 公司在智联、猎聘等多个招聘网站上设立了上千个企业账户。每天，该公司对这些招聘网站的访问量高达上百万次，均是通过编写软件机器人来模拟人工操作实现的。QD 公司非法获取用户数据，其数量之庞大、获利之丰厚，令人震惊。最终，包括公司法人王某某在内的 36 人因涉嫌违法被检察机关批准逮捕，该公司也被查封。

然而，加入公司不满一个月的爬虫软件工程师小明表示，他只是被要求编写爬虫软件这项技术任务，并未被告知公司的其他运营细节，因此对公司运营情况不甚了解。基于这一点，他认为自己不应被认为有罪，且在道德上也没有瑕疵。

讨论

结合本章关于数据安全、数字身份、个人信息、隐私的讨论，分析上述案例中的伦理问题。为什么判公司违法？你同意爬虫软件工程师小明的观点吗？为什么？作为未来工程师，从伦理方面看，信息领域的研究生应从 QD 公司行为中吸取哪些教训？

章末案例 2　位置信息服务的隐私政策

自 20 世纪 70 年代后期美国首次建设全球定位系统（Global Positioning System，GPS）

起，至今已发展出俄罗斯的格洛纳斯卫星导航系统（Global Navigation Satellite System，GLONASS）、中国的北斗卫星导航系统（BeiDou Navigation Satellite System，BDS），以及欧洲的伽利略卫星导航系统（Galileo Navigation Satellite System，Galileo）等多个全球定位系统。卫星导航技术从军用走向民用，其定位精度也从百米、十米，提高到了厘米级。如今，定位和导航服务已经成为我们日常生活的一部分。在驾驶时，我们无须查看地图即可接受导航提示，轻松找到目的地。基于位置信息的服务不断涌现，各类应用被开发并集成到地图或其他软件中，使人们在旅途中能够轻松寻找美食和美景。此外，网约车、共享单车等基于共享经济的新业态也因定位导航技术而产生，改变了人们的出行方式。新冠肺炎疫情期间，通信大数据行程卡和健康码被迅速开发与应用，大幅提高了密切接触者排查的效率。然而，也有人对这一做法提出了隐私侵犯的担忧。

卫星导航技术正在与人工智能、区块链、云计算、大数据和边缘计算（ABCDE）等新兴技术加速融合，推动时空智能的发展。从技术层面来看，未来几乎所有的人、车、物联网设备，以及动物穿戴设备都有可能配备定位模块，实现实时、精确的位置数据获取。这也让位置数据的隐私保护面临着前所未有的挑战。

讨论

假设你在地图公司做产品经理，负责一款新的基于位置信息的服务。请你对产品的目标用户和涉及位置存在的多样性进行分析，并就此设计产品的隐私政策和用户服务条例的主要内容，做到合法、正当、必要、诚信。

拓展阅读

[1] 梁宇，郑易平. 大数据时代信息伦理的困境与应对研究 [J]. 科学技术哲学研究，2021，38（03）：100-106.

[2] 中华人民共和国民法典 [EB/OL]（2020-6-2）[2024-2-1]. https：//npc.gov.cn/npc/c2/c30834/202006/t20200602_306457.html.

[3] 中华人民共和国个人信息保护法 [EB/OL]（2021-8-20）[2024-2-1]. http：//www.npc.gov.cn/npc/c2/c30834/202108/t20210820_313088.html.

[4] 中华人民共和国数据安全法 [EB/OL]（2021-6-10）[2024-2-1]. http：//www.npc.gov.cn/npc/c2/c30834/202106/t20210610_311888.html.

[5] 中华人民共和国网络安全法 [EB/OL]（2016-11-7）[2024-2-1]. http：//www.npc.gov.cn/npc/c2/c30834/201905/t20190521_274248.html.

[6] 中华人民共和国电子商务法 [EB/OL]（2018-8-31）[2024-2-1]. http：//www.npc.gov.cn/npc/c1773/c1848/c21114/c31834/c31841/201905/t20190521_266893.html.

大数据时代信息
伦理的困境与应
对研究

[7] 中华人民共和国反垄断法 [EB/OL]（2007-8-30）[2024-2-1]. http：//www.npc.gov.cn/npc/c2/c183/c198/201905/t20190522_27381.html.

[8] 欧盟通用数据保护条例（中文版，中国政法大学互联网金融法律研究院组织翻译）[EB/OL]（2017-8-14）[2024-2-1]. https：//www.chinastor.com/netsafe/12143M462017.html.

[9] National Security and Personal Data Protection Act of 2019. [EB/OL]（2019-11-18）[2024-2-1].https：//www.congress.gov/bill/116th-congress/senate-bill/2889/text.

第 5 章
数据权利——数字经济的基石

互联网时代，技术日新月异，变化总在身边。2012 年，首都国际机场每天起降航班超 1400 架次，居全球第二位。

某年 7 月 21 日，北京遭遇特大暴雨。路面淹没，轻轨瘫痪，车辆熄火。全天取消航班 571 架次，延误 701 架次，近 8 万人滞留机场。

29 岁的王璐家住离机场 10km 多的望京。当天他早早回家，在微博上目睹了机场的窘境。22 时 23 分，他在微博上发出试探性号召："望京有没有愿意义务去机场接兄弟姐妹的？" 1 小时内，这条微博被转发 10 950 次。2 小时后，已有 100 多辆车到达机场。在天亮前的 6 小时里，在暴雨如注的北京，300 多辆打着双闪的越野车带着 500 多名从未谋面的陌生人，从机场驶向城市各个方向。

没有互联网，一个善意的声音难以瞬间抵达各方，300 辆打着双闪的爱心车队也难以迅速聚集。

以互联网、大数据、云计算为代表的信息技术，具有将碎片化的信息、分散的资源、闲置的人力快速聚集起来的能力，满足人们商务、出行、健康、教育、娱乐、社交多方面需求，蕴藏着巨大商机，引发投资浪潮，推动新式大数据应用层出不穷。对普通人而言，拥有一部智能手机，几乎能解决衣食住行游购娱一切基本需求、便利、高效、实惠。网约车，就是这样一个典型的大数据应用！

网约车经营服务，是指以互联网、大数据、移动智能终端、基于位置的服务等技术为依托构建服务平台，整合供需信息，使用符合条件的车辆和驾驶员，提供非巡游的预约出租汽车服务的经营活动。

---

[49] 本节为作者于 2018 年 8 月制作的视频案例《网约车监管之路》文字脚本。

2010 年 10 月，优步（Uber）软件在美国硅谷面世，并于两年后在芝加哥试水网约车服务取得成功。几乎同时，易到、快的、滴滴等打车软件先后在中国研发上市。优步也积极谋求进入巨大的中国市场。为争夺市场领先地位、成为行业"独角兽"，2014 年前后，主要打车软件公司纷纷以补贴司机、返还乘客为手段大打价格战，消费者获得了相对优惠的补贴和较好的约车用车体验。2015 年，快的和滴滴两大巨头完成战略并购，新组建的"滴滴出行"成为行业"巨无霸"，用户和营收节节攀升。

有乘客点赞："我再也不用走几条街也打不到车了。"

有经济学者背书："网络约车平台对司机和乘客的供需两端资源进行科学合理配置，降低了自驾出行比例，减少了城市道路拥挤，创造了较大的经济和社会利益。"

有媒体记者道出了公众的担心："私家车主从事有偿载客服务，如何保障车况符合安全行驶要求？一旦出现安全事件，谁能管司机？该怎么理赔？"

还有社会学者敏锐指出，网约车对充分就业、社会公平带来了全新挑战。一方面，网约车杀进传统出租车市场，从那些没有智能手机的出租车司机手中抢走了不少生意，造成出租车司机群体收入明显下降，生活质量受到威胁。新业态对旧业态的劳动力替代需要引起高度重视。另一方面，网约车司机接单时，往往会根据道路、交通、乘客等具体特征"挑肥拣瘦"，造成那些线路不理想、没有智能手机或者不用智能手机的"弱势"乘客越来越难打到车，社会公平遭到侵害。

加强对网约车乘客和司机的安全保护，避免垄断造成出租车市场不充分竞争，维护"信息弱者"的公平权益……社会在关注，政府也重视。交通运输部官员表示：缺少有效监管，网约车将陷入无序竞争，对社会造成伤害。

2015 年开始，交通运输部牵头研制深化出租车管理改革和网约车管理问题。当年 10 月 10 日到 11 月 9 日，两个文件的征求意见稿在交通运输部网站和国家法制办网站公开。期间共收到包括网民在内各方人士提出的 6000 多条意见和建议，多数都是针对网约车监管方案的。

经过一年多开门立法、广纳民意、集聚众智、集中决策等过程后，2016 年 7 月 28 日，国务院办公厅发布《关于深化改革推进出租汽车行业健康发展的指导意见》，交通运输部等七个部门联合颁布《网络预约出租汽车经营服务暂行办法》并于当年 11 月 1 日起正式施行。

交通运输部负责人在电视专访中谈道："深化出租汽车行业改革事关人民群众切身利益，出租汽车行业也是民生行业，事关广大从业人员体面劳动和家庭的生计，当然也关系到社会稳定。为了更好地提升行业的服务水平和监管能力，更好地为老百姓提供个性化的出行服务。这次出租汽车行业改革的过程中，我们有一个非常重要的原则，就是坚持'以乘客为本'，把更好地满足群众个性化的出行需求作为我们改革的出发点和落脚点。在改革的过程中，力求彰显公平正义，秉承兼顾各方利益，努力寻求共识，力争取得改革的'最大公约数'。在改革的过程中我们提出了五个原则：一是坚持乘客为本，二是坚持改革创新，三是坚持统筹兼顾，四是坚持依法规范，五是坚持属地管理。这五个原则是我们改革和制度设计过程中一直坚持的，目的是使我们这项改革工作真正按照党中央和国务院的要求积极推进。"

《网约车暂行办法》明确了网约车的市场主体和监管主体，做出了平台持证运营、车辆持证上路、驾驶员持证上岗的规定，要求各个地级市尽快制定网约车实施细则。

暂行办法颁布后，专家形象地总结出六大看点："一是打破出租车行业垄断，为网约车正名；二是打折补贴可以继续嗨；三是兼职司机可以继续做；四是司机车辆先办证再上路，无法脱离政府监管；五是网约车安全保障水平与出租车旗鼓相当；六是地级市承担网约车管理职责将使网约车主苦不堪言。"

2016 年 10 月 9 日，北京、上海、广州同时发布网约车管理地方实施细则。北京明确规定"京人京车"，引发新的关注。2017 年 5 月 20 日，北京网约车新政过渡期结束，"京人京车"成为网约车标配。6 月 16 日，吕师傅和他的车均获得北京交通运输局的资格认定，成为网约车新政落地后全市首个拿到合规运营资质的网约车司机和社会车辆。6 月 19 日，吕师傅开着他的车正式上岗。到 2017 年底，网约车监管办法在全国近 200 个城市落地。据极光大数据调查，截至 2018 年 5 月底，网约车用户总量达 1.85 亿。

随着用户规模的扩大，又浮现出一些新问题。

第一，D 公司在网约车中一家独大，导致市场竞争不充分。

第二，网约车平台安全管理不到位，存在较多隐患，危害乘客利益甚至生命。2018 年 5 月 5 日深夜，一名空乘人员在郑州航空港区搭乘 D 公司的顺风车赶往市内途中，被刘姓司机侵害后杀死。破案发现，D 公司平台未能甄别出作案司机冒用其父信息提交的注册信息，对车主背景审查不严，管理失职。此外，对人车不符现象发现查处不力，对骚扰投诉处置不及时，平台提供的格式文本对乘客保护不足，网约车平台经常被诟病。

第三，地方网约车新政部分条款涉嫌越限，缺少上位法支撑。2018 年，出自中国政法大学一份研究报告披露，我国至少有 184 个城市制定了网约车监管实施细则，其中 70 个城市存在擅自增设或变相设定罚款、收回经营权等超出上位法授权的规定。

第四，出租车行业继续衰退。据南京市客管处人员介绍，自 2017 年以来，南京传统出租车行业"退车潮"愈演愈烈。截至 2018 年 3 月，因无人驾驶而闲置的车辆已超过 3000 辆，并且还在增加。

怎么看待这些问题？政府监管要不要继续改进？

网约车由信息和大数据技术推动产生，满足人们出行需求，将会继续得到发展。未来，网约车竞争要在安全、公平、普惠、公正方面下功夫，提升服务质量和水平。政府监管"该出手时就出手"，保护乘客权益，推动市场充分竞争，让质优价廉者胜出。平台运营者要"一直在线"，主动承担社会责任，加大技术防控和问题处置，提升管理潜力，提供安全、可靠、公平的约车服务。网约车司机要培养"职业精神"，技术娴熟，守法合规，不违公德。

讨论

（1）网约车所涉及的服务领域主要涉及哪些利益主体和市场主体？

（2）"以乘客为本"是本案例中的一个重要伦理原则。请分析该原则在出台的监管政策中是如何具体落实的。

（3）网约车"搅局"传统出租车行业。请分析监管政策在促进数字经济发展与保护劳动者权益方面的重要决策，以及这体现了怎样的伦理价值。

（4）自2018年8月以来，与数字经济发展相关的法律建设迅速推进。请举例说明案例中D公司网约车服务企业接受了哪些重要的监管，以及为此做了哪些主要改变。这些改变背后蕴含着怎样的伦理价值？

5.1　数字经济及伦理问题

5.1.1　数字经济

透过上述网约车案例，我们可以清楚地看到互联网和大数据创新企业作为市场经济中的一个经营主体，显示出以下行为特点：带有互联网跨界"搅局"基因的网约车投入市场，极大地挑战了传统巡游出租车行业的管理逻辑和出租车市场的服务秩序，一方的成功伴随着另一方或多方的失落、不知所措；实现网约车基础服务的初级平台并不需要很高的技术储备，加上资本推动，一时间，笃信"流量为王""互联网只有第一没有第二"的创新者群雄纷争，眼睛紧盯市场渗透率，期盼赢得控制地位、坐稳"头把交椅"，根本未曾考虑过其他事情，遑论"软塌塌"的道德伦理；总是围绕高价值用户对新应用进行迭代升级，不怎么重视全体特别是退休的"老人"和旧行业的"老人"；所创造的新应用新服务多为直接面向普通人"衣食住行游购娱"基本生活服务开发的，行业经营秩序与人民群众切身利益相关，与从业人员体面劳动和家庭生计相关，与社会稳定相关，因此监管一定不能缺位。

1. 什么是数字经济

和网约车一样，电子商务、电子地图、在线教育、社交网络、电子竞技、视频网站等都是数字经济的具体形式。我们的工作、生活已经越来越离不开数字经济了。

数字经济是现代经济体系中的一种重要形态，它以数据资源作为关键要素，依托于现代信息网络，通过信息通信技术的融合应用和全要素的数字化转型，推动公平与效率的统一新经济形态。数字经济的发展速度快、辐射范围广、影响程度深，正在推动生产方式、生活方式和治理方式的深刻变革，成为重组全球要素资源、重塑全球经济结构、改变全球竞争格局的关键力量。

随着互联网技术的飞速发展，数字经济已经成为全球经济增长的重要驱动力，它不仅改变了传统的经济结构和商业模式，还对就业、教育、医疗等多个领域产生了深远的影响。数字经济是当今全球科技创新、人才资源和商业竞争的热点领域。

党的十八大以来，以习近平同志为核心的党中央高度重视发展数字经济，习近平总书记深刻指出"数字经济发展速度之快、辐射范围之广、影响程度之深前所未有，正在成为重组全球要素资源、重塑全球经济结构、改变全球竞争格局的关键力量"，并强调要"促进数字技术和实体经济深度融合，赋能传统产业转型升级，催生新产业新业态新模式，不断做强做优做大我国数字经济"。这些重要论述为我国数字经济发展指明了方向。

2. 数字经济的特点

一是将数据纳入生产要素，且高度依赖高质量的大数据。数字经济时代，数据成为新的、重要的生产要素。全球范围内的企业都在加大对数据的收集、分析和利用，以提高生产效率和创新能力。数据驱动的决策模式正在逐渐取代传统的经验决策，为企业带来更高的经济效益。2019 年 10 月举行的中国共产党十九届四中全会报告中提出，在坚持"按劳分配为主体、多种分配方式并存"的社会主义基本经济制度的前提下，要进一步"健全劳动、资本、土地、知识、技术、管理、数据等生产要素由市场评价贡献、按贡献决定报酬的机制"，正式将"数据"列入生产要素，持续推进土地、劳动力、资本、技术、数据等要素市场化改革。

二是具有跨界创新能力，推动产业结构优化升级。一方面，传统产业可以通过数字化转型升级，实现产、供、销上下游的信息集成和产业链延伸，也能更有效地对接金融、物流等中介服务；另一方面，一批新兴产业得到快速发展，在很多国家和地区都已经成为推动经济增长的主要动力源。一项基于文献、机构报告、政策等文本分析的综述研究显示，对微观企业而言，数字经济通过改善资源配置效率和企业创新能力，提高企业的生产率；通过提高企业的信息透明度降低融资成本，改善融资行为；通过打破产业结构壁垒，促进新的增长和企业并购、重组[50]。

三是超越国家界限，构成全球互动。通过互联互通的信息网络，数字经济可以方便地触达每个网络节点，促进全球优化资源配置，加速经济全球化进程。如果参与经济活动的各方能形成良好的共识、恰当的规制和协调的行动，那么数字经济有能力为发展中国家带去更多的发展机遇，有能力帮助缩小经济发展的南北差距。如通过互联网把在线教育、在线医疗等服务送达偏远地区、经济不发达地区，使他们平等享受优质资源。一项针对全国（不含西藏、港澳台）30 个省、自治区、直辖市 2012—2020 年中国家庭追踪调查（China Family Panel Studies，CFPS）数据的研究能够支撑上述正面价值。在全国致力于脱贫攻坚的这段时间内，数字经济能直接帮助缓解个体相对贫困问题，且通过提高个体受教育水平、提升个体享有的医疗水平、促进个体就业间接地有利于脱贫和防止返贫。实证结果还显示，这些年中国的数字经济发展对中西部地区、对学历较低人群相对贫困问题的缓解作用更为显著[51]。但是，如果参与数字经济的各方存在严重的意见分歧，或者经济活动中遇重要阻力

数字经济对微观
企业行为的影响
综述

数字经济对个体
相对贫困的影响
与启示

[50] 靳澳贤. 数字经济对微观企业行为的影响综述 [J]. 江苏商论，2023（12）：33-37.

[51] 张玉玲，安毅鹏. 数字经济对个体相对贫困的影响与启示 [J]. 上海节能，2024（01）：54-65.

或不当的规制引导，数字经济也可能背离可持续发展倡议，向着加剧全球资源和财富集中、扩大地区经济发展鸿沟，甚至危及全球安全与和平的方向发展。

5.1.2　数字经济涌现的新型伦理问题

由于数字经济本质上依赖于信息技术，而且每一个数字经济项目都可以看成一项社会工程，因此，在伦理风险和问题方面，数字经济首先继承了工程伦理、信息伦理及其延伸发展而来的计算机伦理、网络伦理等风险和问题，如人的主体性和社会性、经营行为的正当性、避免数字鸿沟维护社会公正、保护知识产权、全球合作等。此外，数字经济自身特点为上述基本问题赋予了新的内涵，也带来了一些新的伦理冲突，有的已经是当下数字经济活动中较为普遍存在的真实问题。例如，作为数字经济重要资产的高质量大数据应该独占还是分享？尽可能将数据资产变现为现金收益的内在动力使得数字经济企业往往曲解、淡化以致有意侵犯隐私，该怎么画红线、作引导？依托"扁平化"互联网结构的数字经济活动网络与现存的国家自治、各层级社会结构不相一致，监管政策宜从严还是宜宽松？经济交易由分散性的社会性市场转移到平台企业实际控制的数字平台上之后，交易各方与平台企业的行权能力严重失衡，如何让市场交易主体依然感受到公平？

第 4 章针对数据安全、数字身份、个人信息和隐私的讨论，更多围绕对生命和人格的尊重以及对新兴大数据应用的安全关注来展开。有别于此，本章一是围绕数字经济核心资产——大数据，聚焦大数据所有权、控制权、使用权、收益权、审查权等的主要权利；二是讨论数字经济"非道德"经营活动，如歧视——大数据杀熟、垄断——平台强制二选一、安全风险——困在算法里的快递员。

> **讨论**
>
> 参考图 5-1 所示几个主要利益主体及其结构，思考在对第 3 章末尾的"Q 播案"和第 5 章引导案例"网约车监管发展之路"进行伦理分析时，分别侧重对哪些主体间的关系进行分析？数字经济面临的伦理问题有哪些特点？

图 5-1　与数字经济关联的几个主要利益主体及其结构

5.2 数据确权及伦理治理

5.2.1 大数据是一种资产

大数据初兴时，有人把大数据说成价值堪比石油的新财富，迈尔 - 舍恩伯格早在 2011 年就作出预测，数据将会列入企业资产负债表。

从财务上看，自然人或法人的资产须具备三要素：

▸ 被他拥有和控制；

▸ 能够用货币来衡量；

▸ 能为他带来经济利益。

从资产角度审视大数据，我们发现大数据有以下多维属性。

▸ 价值属性：多数人认为大数据有价值，且数据越"大"，价值越大。

▸ 资产属性：拥有或控制大数据，可能带来经济利益。然而，大数据的权利内涵比较复杂多样，除了通常意义上的所有权、使用权外，数据的控制权对于资产增值起重要作用。然而，大数据的控制权与所有权往往是分离的，造成权利方面存在很多观点争议和模糊操作。

▸ 非损耗性：不同于物质性资产，数据本身易于复制、分发，其价值具有非消耗性，不随使用次数增多而减少，副本的增加也不一定减损原值。成本核算、分类记账都要适应这种新情况。

▸ 质量属性：大数据的货币价值依赖于数据质量，要求是真实而不是虚假、伪造和篡改的，是可信而不是有歧义和模糊的，是完整而不是缺失或重复的，是元数据标识、数据存储与管理、访问控制、安全防范等齐全的可用数据。然而，大数据从发生到使用，一般要经过很多环节、不同主体，分散处理，维护数据质量、防范被污染被篡改不仅挑战技术，而且挑战人们的伦理决策、市场竞争规则或行业治理规制。

▸ 关联增值：大数据的价值多体现在关联价值上，即通过将数据不断聚合、加工后增值。大数据的 4 个 V 之间存在非线性关系，不能只是把各个 V 独立折算成货币价值然后做加法就行。例如拥有 100 个人从小学到大学毕业 16 年的成绩单数据，和拥有 10 个家庭、老中青三代共 50 人整整 2 年的购物、医疗、影视娱乐、出行、通话等数据，后一个数据集的价值显然要大于前一个数据集。

情况确实如迈尔 - 舍恩伯格所想。2023 年 8 月，财政部《企业数据资源相关会计处理暂行规定》（以下简称《暂行规定》）正式出台，规定从 2024 年 1 月起，企业可基于重要性原则，结合实际情况增设报表子项目，根据数据资源的持有目的、形成方式、业务模式，以及与数据资源有关的经济利益的预期消耗方式等，以无形资产或存货的方式，对数据资源相关交易和事项进行会计确认、计量和报告。《暂行规定》明确了能够进入企业资产负债表的数据需满足以下 4 个条件。

▸ 来源合规：数据资源是由企业过去的购买、生产、建设或其他交易活动形成的。

▸ 有权：数据资源为企业拥有或控制。

▸ 有利：数据资源预期会为企业带来经济利益，且这些经济利益很可能流入企业。

▸ 可计量：数据资源的成本或价值能够可靠计量，可以根据存货或无形资产准则进行确认和计量。

对于企业而言特别是已经把数据以无形资产或库存列入资产负债表上的企业，一定要力争数据资产保值、增值。具体做法可能是：通过积极扩大数据规模，开发相关应用来提高数据活性；提升收集运用数据的能力；拓展数据安全合法可获得的渠道；加速数据资产化进程。

5.2.2 大数据的产生

大数据是数字化的信息，其来源可以有很多途径，范围包罗万象。从语义上看，有反映量化的客观事实数据，如地球、宇宙、地震科学观测数据、动植物基因组数据等；有伴随生产、交易、服务等第一、第二、第三产业生产活动而产生的行业数据，也包括工作人员的工资、社保等数据；有反映与"人"相关的基本数据，如由可穿戴设备、移动通信定位系统等传感器记录的运动、生理、位置、空气质量和交通流量等实时数据；有反映人类主动行为的数字痕迹，如网络搜索关键词、社交媒体发布的信息、电子交易记录、知识生产与服务等数据；有受到版权或知识产权保护的作品，如学术资源、在线论文网站汇聚的数据，或直接数字化生产的作品，如视频服务网站提供的内容；还有因社会管理、公共治理需要而产生的数据，如户口、民政等数据。这些数据，可能因公共治理需要而产生，如个人的身份证、住址、电话、信用信息，科研上的观测数据、分析计算数据，环境、交通、流行病、治安等公共事务数据；可能由用户"对价"提供或被隐藏式搜集/融合分析，如使用网上购物、社交媒体、搜索、知识问答、视频网站等，或使用可穿戴设备、移动电话；或由企业/机构专门布设获取或支撑运营所需，如企业生产过程检测量、经营性数据，银行、海关、证券等交易数据，受著作权保护的创作作品，设备登录、交通刷卡数据、安全监控数据等。

可以看到，科研工作者、公共部门、实体企业、互联网企业、各个用户都在测量、记录或提供数据；不要忘了，暗网里可能有更多的"黑手"在盗取、攻击、搜寻各类数据，也留下了他们的行迹。并不是每一位数据提供者都能深度处理数据，数字化的数据一般由数据收集者、云存储服务商等机构、组织、平台来处理，并以不同方式存储或开放服务。换言之，从这些机构、组织、平台获取大数据，设计好算法，开展特定的分析计算后，是很多个人和企业提供特定网络大数据应用服务的主要工作流程。

5.2.3 大数据权利辨析

习近平总书记提出，要维护国家数据安全，保护个人信息和商业秘密。

我们选几种数据作为例子，辨析大数据时代数据权利方面的新特点。

1. 学术论文版权

在传统出版业界，作者在经会议或刊物投稿后，一般同时签署版权转让合同，同意一经发表，该论文的所有权、处置权、收益权都归出版商，原作者不可以销售、广泛传播。高影响力的刊物和会议，都以高质量论文为一个重要基础。为此，不仅作者要花费时间和精力用于构思、实验、分析、归纳、撰写、投稿，出版商也要在维持高水平的同行评议、提供优质的论文检索和综合服务方面投入成本。

然而，刊物容量有限，出版周期长，加上有时会因同行评议专家因各种原因而把创新突出的论文拒之门外，造成很多人对传统学术出版存在不满。1991 年，非盈利论文数据库 ArXiv 免费向公众开放，为学术研究人员提供了一个发布自己的最新研究成果并进行交流的平台，并可提供论文原创性证明。截至 2022 年 6 月，ArXiv 上的论文数量已超过 200 万篇；2021 全年，ArXiv 的下载次数全年高达 23 亿次；它在学术界已经拥有很高的活跃度和影响力。20 世纪 90 年代末，人们借鉴 ArXiv 经验，利用互联网容量大、人群广、传播快等特点，以"维基百科"（Wikipedia）同样的"众包"理念而非"编辑审稿"或"同行专家评审"逻辑，提出了开放获取期刊（Open Access Journal，OAJ）雄心，这类期刊的特点是允许文献作者通过期刊网站公开发表自己的科学成果，并允许社会公众免费获取、复制、传播或其他任何合法目的的利用，但不得侵犯作者保留的权利。OAJ 声称要消除对文献存取的障碍，反对传统期刊需要用户支付高昂的费用来获取文献，使文献能够被最大程度地利用。从伦理角度分析传统学术出版和 OAJ 之争，一是要辨析传播书面呈现的知识和传播被同行评议为有价值的书面知识对人类福祉的价值存在怎样的相同点和不同点，是否正当、真实；二是要分析收益是否正当、公平，因为拥有对别人创造的有价值知识的出版传播权就可以自行定价出售获利而不需向原作者分配。

2. 个人信息权利

首先，我们需要明确个人信息的所有权和控制权。在《中华人民共和国个人信息保护法》颁布之前，大多数人认为个人信息的所有权应归个人信息主体所有，但个人信息的控制权往往掌握在收集者手中，与所有权相分离。个人信息的控制者对个人信息的收集、使用频繁，发展迅速，形式多样，并且可能与第三方共享或交易。个人信息主体应当有权了解并控制其个人信息如何被收集、使用和交易，并且应能随时更改其主张。如果没有明确的法律保护，个人信息主体的所有权将成为"空洞"的声明，由于控制权的丧失，还可能导致其应享有的名誉、物权受到侵犯。《个人信息保护法》确立了个人信息控制者应遵循"合法、正当、最小必要"的原则来收集和处理个人信息，从而在多方面保护个人信息主体的权利。

其次，需要明确个人信息的收益权或分配权。通过"对价"获取个人信息控制权的人，在对大规模、大样本数据进行关联整合、挖掘分析并创造新价值以实现盈利后，往往难以准确计算每个人的个人信息所创造的收益。在社会交往中，网红、大 V 等用户是高价值用户，他们对相关企业数字经济效益的贡献远远超过其他用户。由于个人信息控制者的疏忽、失误或不当处理，可能会侵犯个人信息主体的权利，造成实质性的伤害，如电信诈骗案件、网络谣言传播等。

最后，个人信息的审查权。该项权利应保留给个人信息主体，包括对个人信息控制者在使用、传输、交易、保存、删除个人信息的行为及其后果进行审查，以确保其合法合规，并符合与个人信息主体的约定。

3. 工业大数据产权

工业大数据是指在工业生产过程中产生、收集、存储和分析的各种数据的总称，包括设备数据、生产数据、管理数据、环境数据等。主要来源包括三类：一是来自企业资源计划（Enterprise Resource Planning，ERP）、产品生命周期管理（Product Lifecycle Management，PLM）、供应链管理（Supply Chain Management，SCM）、客户关系管理（Customer Relationship Management，CRM）等各类信息系统的与企业运营管理相关的业务数据，二是制造过程数据，来自生产制造系统中产品、物料和设备的工况参数和环境参数，这部分数据随着传感器采集速度的提升，样本量增长极快；三是企业外部数据，来自供应商、销售商、产品用户等。

随着物联网技术实现了万物互联，智能技术推动工业制造向智能制造转型，工业大数据已经扩展到产品全生命周期的各个阶段。

虽然，从总体上看，工业大数据呈现规模大、速率快、类型多、价值密度低等特点；但是，通过采用大数据、智能等技术对这些数据加以挖掘和分析，可以增强企业决策层的洞察力，支持做出正确的决策，有效组织生产经营，为企业创造巨大的价值和收益。

工业大数据是工业企业重要的核心资产，应当具有明确的权属关系和资产价值，涉及多项权利。首先是数据所有权，即数据归谁所有，谁有权控制数据的产生、存储、使用和分享。

其次是数据使用权，即数据的所有者可以如何使用数据，包括数据的访问、修改、删除等。

再次是数据处理权，即数据所有者可以将数据交给谁进行处理和分析，以及数据处理者如何处理数据。此外，还有数据分享权，即数据所有者可以将数据分享（包括以交易方式）给谁，以及数据接收者如何使用这些数据。总之，在工业大数据的权利结构中，需要平衡各方的利益，充分考虑伦理道德因素，确保数据的合理、安全和有效利用。

4. 数据主权

最后，我们来探讨国家层面的数据主权概念。这是主权国家为了应对大数据时代跨境数据流动的实际情况而提出的主张和政策选择。

目前，关于数据主权的统一表述或界定尚未形成。一些学者认为，数据主权是指国家对其政权管辖地域内的数据享有生成、传播、管理、控制、利用和保护的权力，它是国家主权在信息化、数字化和全球化发展趋势下的新的表现形式。另一些学者则认为，数据主权是特定国家最高权力在本国数据领域的外化，其根本特征为独立性、自主性和排他性。从传统国际法的角度来看，主权是国际法理论和实践中的基本原则，被视为"一国在其领土内的最高权威"。进入数字时代，数据主权的核心应当是传统国家主权理念中的各项基本价值追求在网络空间和数据领域的延伸和拓展，其目的是确保国家对本国数据享有管理和控制的最高权力。目前普遍认为，数据主权是大数据时代背景下国家主权的新的表现形式，也是国家主权的重要组成部分。

数据主权的主体为国家，其客体对应的是公权语境下的数据。

数据主权的具体权利包括数据管理权和数据控制权。数据管理权指的是对本国数据的传出、传入以及对数据的生成、处理、传播、利用、交易、存储等方面的管理权，还包括对数据领域发生的纠纷所享有的司法管辖权。数据控制权指的是对本国数据采取保护措施，以防止数据被篡改、伪造、毁损、窃取、泄露等危险，保障数据的真实性、完整性和保密性。

从国际上看，当前数据主权的实践活动主要集中在数据的管理和控制方面。对内，严格管理重要数据的出口，并通过个人数据本地化的立法来强化对数据的控制。对外，随着数据的重要性日益增加。实践中，一些国家和地区主张在境外存放或由境外主体（机构或个人）所控制的本国公民及法人相关数据应当拥有管辖权，美国和欧盟已经有了相关的立法行动（见 4.3.5 节）。《中华人民共和国数据安全法》（见附录 A）在明确"国家积极开展数据安全治理、数据开发利用等领域的国际交流与合作，参与数据安全相关国际规则和标准的制定，促进数据跨境安全、自由流动"的同时，也作出了"国家对与维护国家安全和利益、履行国际义务相关的属于管制物项的数据依法实施出口管制"的规定，体现数据主权方面的国家规范。

5.2.4　大数据确权的伦理治理

在大数据时代，数据管理与数据平台管理是密不可分的。数据的价值与平台算力、算法模型有着密切的关联，数据无法从平台单独剥离，这一现状迫使现行的资产管理法律法规必须升级完善。

为了应对大数据管理的新特点，明确数据确权治理伦理应当促进以下目标的实现：

▸ 市场主体的平等；

▸ 市场竞争的公平；

▸ 公众利益的正义；

▸ 社会秩序的稳定；

▸ 国民经济的安全；

▸ 国家主权的完整；

▶ 全球经贸的畅通。

通过这样的伦理治理，我们可以确保大数据时代数据权利的合理分配和有效管理，从而推动整个社会和经济的发展。

讨论

2018 年 5 月，欧盟的《通用数据保护条例》（GDPR）赋予个人数据主体享有被遗忘权（Right to Be Forgotten），即个人数据主体有权要求个人数据处理者删除其个人数据，并通知其他数据处理者删除的权利。这一规定在欧洲产生了深远影响，个人数据主体可据此要求搜索引擎删除某些搜索结果。2021 年 11 月 1 日起施行的《中华人民共和国个人信息保护法》赋予了个人信息主体在个人信息处理者处理其个人信息时，要求删除个人信息并通知其他个人信息处理者删除的权利。中外都有申诉删除相关个人信息的诉讼案件，并得到法律支持。

假设有一位广受社会关注的人士，如政界人士、著名学者、卓越企业领袖或演艺界明星，年轻时一次聚会后因代驾超时未到，便斗胆酒后驾车回家。没想到，路上发生了追尾事故，该司机应负主责，最终以"危险驾驶罪"被判拘役 6 个月，罚款 4000 元人民币。他本人认罪伏法，改过自新。事情过去十多年，他后面的人生过得很正面、很精彩。但每每夜深人静时，他常常想起网上还有很多自己醉驾入刑的报道。你是否建议他使用删除权？为什么？

5.3 数据处理及伦理治理

5.3.1 数据处理活动

把大数据资源变成企业财富或社会价值，首先需要对大数据进行多种处理。在大数据应用的语境下，数据处理一般包括以下活动。

▶ 收集：通过各种方式获取大数据资源的行为，例如通过查阅资料、查询数据库获取，通过科学实验、工业生产、公共服务的信息系统采集，通过问卷调查、申请公共信息等方式获取，编制网络爬虫软件去互联网上搜索等。

▶ 存储：将收集到的大数据资源保存在物理或电子介质上，如科研记录、图书资料、数据库、服务器、云存储等数字化软硬件系统。

▶ 加工使用：在特定范围内，针对特定目的，对大数据资源进行查阅、整理、分析、组合、转换和利用等。

▶ 转移：通过内部传输、对特定方提供或对社会公开等方式，将大数据资源从一处转移到另一处，通常涉及共享、公开、开放、出售等活动。

▶ 删除：从现有软硬件系统中彻底消除相关大数据资源，特别是对于个人信息，对满足法律规定的删除条件或个人撤回同意的要求作出相关处理。

用在大数据领域从事技术研发人员更熟悉的专业术语来说，大数据处理包括采集、清洗、存储、管理、分析、挖掘、可视化与交互、数据安全治理等技术方案和实现。然而，在现实生活中，一些从事大数据应用的市场主体和公民个人，在盈利、变现等短期目标驱动下，对相关技术伦理、法律规制不学习、不了解，或者故意不理不睬，采取了错误的行动，产生了不良的社会影响。

5.3.2 几种数据获取技术及伦理治理

1. 网络爬虫技术

网络爬虫技术早在 20 世纪 90 年代被提出，主要作用是自动从互联网上获取网页文本、图片、视频等资源信息。网络爬虫技术支撑了搜索引擎等重要网络应用，也是大数据时代新闻聚合、价格比较、网络监测、数据分析等各式各样新应用的基础技术。

robots.txt 协议是网络爬虫技术中的一个重要技术协议，出现在 1994 年。网站管理员在网站的根目录下放置 robots.txt 文件（见图 5-2），指示特定的网络爬虫（如 GPTBot、Google-Extended）或所有的网络爬虫（*）哪些页面可以访问（Allow），哪些页面不允许访问（Disallow）。爬虫技术至今仍被互联网广泛使用，反映了互联网社区在尊重网站主体意愿（如新闻媒体网站倾向于分享）、应对复杂数据权利（如"众包"型知识问答网站主要内容由用户生成）等方面的基本共识，体现出对尊重、善意、安全、社会福祉等伦理价值和行为准则的依从。然而，robots.txt 只是一个技术协议，不具法律强制性。现实中，尽管大多数主流的网络爬虫都会遵守这些规则，但是无意详解或故意攻破防线的网络爬虫写手仍大有人在。

```
Sitemap: https://www.###.com/sitemaps/###/index.xml
Sitemap: https://www.###.com/sitemaps/###/news.xml
Sitemap: https://www.###.com/sitemap/news.xml
User-agent: GPTBot
Disallow: /
User-agent: Google-Extended
Disallow: /
User-agent: *
Allow: /partners/ipad/live-video.json
Disallow: /*.jsx$
Disallow: /###_adspaces
Disallow: /partners/
Disallow: /POLLSERVER/
Disallow: /privacy
Disallow: /PV/
Disallow: /QUICKNEWS/
```

图 5-2　国外某新闻机构网站 robots.txt 部分内容

滥用网络爬虫技术，可能导致网站服务器过载、服务中断，泄露数据给用户隐私带来风险，造成网站经济损失，并由此引发侵权、不正当竞争和违反数据保护法规等法律诉讼。例如，2018 年春运期间，12306（中国铁路网）最高峰时段页面浏览量达 813.4 亿次，1 小时最高点击量 59.3 亿次，平均每秒 164.8 万次，其中恶意爬虫访问占据了近 90% 的流量，给 12306 的运维造成了很大的负担，极大挤占了普通用户的资源和权益。第 4 章末案例 1 的 QD 公司恰恰是通过编写爬虫软件非法获取大量受法律保护的个人敏感数据并深度加工后出售获利，必须承担法律责任。

在我国《个人信息保护法》实施当日，《检察日报》一篇文章指出 5 种非法爬取个人信息的情形（请读者切记），具体如下：

▸ 制作爬虫软件出售给他人使用以牟利；

▸ 制作爬虫软件供自己爬取公民个人信息；

▸ 购买爬虫软件使用权供自己爬取公民个人信息；

▸ 购买爬虫软件使用权爬取公民个人信息出售牟利；

▸ 任职于使用爬虫软件获取用户信息的平台公司，利用职务便利获取用户个人信息并出售牟利 [52]。

2. App 和 SDK 开发技术

在数字化时代，移动应用程序（App）已成为我们日常生活的重要组成部分，为我们提供了很多便利。然而，一些 App 在开发过程中，存在超范围索要权限、不当获取用户手机中的个人信息或日志信息的现象，这不仅侵犯了用户的隐私权，也违反了行业伦理规范，不利于行业健康发展。

2019 年 11 月起，工业和信息化部开展 App 侵犯用户权益专项整治行动，在部门网站上设立专栏，集中公布工作通知、政策标准、工作动态、专家解读。持续开展专项整治行动，对违规收集、使用用户个人信息和骚扰用户、欺骗误导用户、应用分发平台管理责任落实不到位等突出问题进行集中整改，对发现问题的 App 区分问题性质，采取要求整改、限制功能、下架处理等不同处理方式，努力为广大 App 用户提供安全的使用环境。

集中整治的主要问题主要有以下几类，直接反映行业部分企业存在技术伦理方面的缺陷。

▸ App、SDK 违规处理用户个人信息方面：违规收集个人信息；超范围收集个人信息，例如，收集精确定位信息但无合理应用场景，后台运行录音机"偷听"用户日常说话内容；违规使用个人信息，特别是私自向其他应用程序或服务器发送、共享用户个人信息的行为；强制用户使用"个性化推荐"定向推送功能，且未提供关闭该功能选项的行为。

▸ 设置障碍、频繁骚扰用户方面：App 强制、频繁、过度索取权限，App 频繁自启动和关联启动。

网络爬虫无处
不在，侵权边界
在哪

[52] 杨璐嘉，刘钊颖 . 网络爬虫无处不在，侵权边界在哪 [N]. 检察日报，2021，11-01（4）.

▸ 欺骗误导用户方面：通过"偷梁换柱""移花接木"等方式欺骗误导用户下载 App；非服务所必需或无合理场景下通过积分、奖励、优惠等方式欺骗误导用户提供身份证号码以及个人生物特征信息。

▸ 应用分发平台责任落实不到位方面：平台上未明示 App 运行所需权限列表及用途，未明示 App 收集、使用用户个人信息的内容、目的、方式和范围等；上架审核不严格、违法违规软件处理不及时和 App 提供者、运营者、开发者身份信息不真实、联系方式虚假失效等。

3. Wi-Fi 探针技术

Wi-Fi 探针是一种可以自动捕获并分析 Wi-Fi 信号的设备。以地铁站附近的便利店为例，如果在店内、店门口架设 Wi-Fi 探针，就可以捕捉到经过门口或进店购物人群的手机或 iPad 发出的连接 Wi-Fi 的通信信号，只要手机中 Wi-Fi 连接是打开的（多数人会这么做），且允许自动登录没有密码的开放无线网（不少人会"蹭网"）。经过对 Wi-Fi 信号解析，可得移动设备的 MAC 地址（每个设备的 MAC 号是全球唯一的）、信号强度、频道等信息。再运用数据挖掘等方法，便利店不仅可以得到每日客流统计分析，还可以勾勒出用户画像，方便开展个性化推送和精准营销，很可能因违规收集个人信息而侵犯隐私。

4. Cookies 技术

现在大家访问某个新网站时，大概率会在最下方或是弹出视窗中提示：是否接受 Cookies，它记录在设备中，能帮助提升访问本网站的体验。大部分人见此感觉安心、欣然接受，很少有人会去点击相关链接，了解这个 Cookies 究竟要记录什么。

网站 Cookies 是你正在访问的网站发送到你正在使用的设备上的小型文档，如果你"接受"了，这些 Cookies 可以在你的浏览器中追踪和收集你的使用数据，例如偏好设置、登录信息、购物车内容等。下次再登录时，浏览器将这些 Cookies 小文档发回服务器，服务器因此能够识别用户并执行各种功能，如保持用户的登录状态、个性化用户体验等。

Cookies 技术诞生时，并不是所有浏览器都会明示 Cookies 的存在和作用，侵犯了用户的"知情同意权"。经过多方努力，问题得到关注，并在 GDPR 等法律条文中得以体现。

对于提供网络服务的一方而言，为避免因不当使用 Cookies 而造成伦理或法律风险，在采用 Cookies 技术前，应慎重考虑使用的必要性。在有必要的前提下，可按照以下指引，提高使用 Cookies 技术的合规性。

▸ 告知和同意：网站必须在用户访问网站时明确告知用户关于 Cookies 的使用目的、类型、范围等信息，并且在收集和使用用户数据之前获得用户的明确同意。

▸ 目的限制：收集的用户数据只能用于用户被告知的特定目的，不得超范围使用。

▸ 数据安全：必须采取适当的技术和管理措施保护用户数据不被未授权访问、披露、修改或破坏。

▸ 用户权利：用户应有权访问、更正或删除自己的个人信息，网站需提供相应的机制满足用户这些权利的行使。

▸ 保持透明：网站应对 Cookies 的使用保持公开、透明，让用户容易理解 Cookies 的使用方式和影响。

▸ 慎用第三方 Cookies：在未得到用户额外同意的情况下，不要使用来自第三方的 Cookies。

▸ 有限期使用：设置的 Cookies 应有明确的过期时间，不应无限期存储。

▸ 符合儿童数据专门法规：如果网站面向儿童用户，需了解用户群体所在国家、地区在儿童数据保护方面的法规要求，并严格遵守。

▸ 定期检查：定期进行合规审计，确保 Cookies 的使用符合相关的法律法规要求。

5.3.3 数据流通中的伦理关切

谁占有数据，谁就占有先机。事实上，数据的所有权和控制权常常分开，市场主体对数据的控制权很不平等。一方面，数据交换、转让、交易等市场行为天然存在，维护公开、公平、公正的交易环境和定价体系不是轻而易举的任务。另一方面，从增进社会福祉角度考虑，大数据时代应积极推动数据共享与开放的呼声十分强烈，以使人们能够更加平等、公平地访问和使用数据，让科学发现和知识生产过程更加快速，让更多产品和服务得以萌生，让更多的新就业机会和更适宜的生活方式不断涌现。

1. 大数据交易

数据已经成为经济社会发展的重要资源。发挥数据价值的关键在于促进数据流通。放眼全球，大数据流通可以按有无中介分成双边直接转手或通过中介撮合两类主要模式。无中介的情形下，可以按组织内、组织外分成内部数据治理和双边直接交易两种主要类型。其中，内部数据治理专注于所管理的企业或个体"自身"拥有的信息，高效准确地收集、存储、整合企业或个人信息，安全可靠地实现内部数据交换和共享，依据合同或契约从第二或第三方供应商获取数据来丰富自身信息库，并可能有限度地向研究机构或第三方合作伙伴提供数据。在有中介的情形下，中介可能是人，也可能是平台。可以双边直接沟通，也可能由单边来提供，或者通过数据交易平台撮合。

比较而言，在对待数据交易方面，美国比较积极、开放，既活跃着很多提供数据或提供数据服务的数据经纪商，也形成了综合或垂直领域的各种数据交易平台。欧盟相对严格、谨慎，2022 年 2 月通过的《数据法》还作出了"不公平条款测试"规则，力图维护数据交易的公平性。在中国，2014 年，中关村数海大数据交易平台、北京大数据交易服务平台和香港大数据交易所首批建设，2015 年，以"国有控股、政府指导、企业参与、市场运营"为特征的贵阳大数据交易所成立。截至 2022 年 8 月，全国已成立 40 家数据交易机构。推进过程中政府主导色彩比较浓厚，以"包容审慎"的思想把握发展方向，一定程度上体现出把美欧两个体系的优点拿来进行本地化。

实践中也出现了一些问题。在美国，以数据经纪人（个人、平台）为主的交易仍属于新兴行业，存在消费者数据权利缺位、行业透明度低、潜在的消费者歧视等风险和问题。在中国，还存在交易市场内冷清、场外一对一的数据交易比较火热的不正常局面。

在分析数字经济市场中大数据交易的伦理问题时，我们可以总结出以下几个主要方面：

▶ 数据权属难以界定。请参阅本书 5.2 节。

▶ 数据价值评估存在困难。企业在发展过程中积累的数据资产成本难以合理汇总，这使得在后续评估中难以精确和合理地确定数据资源的价值。此外，除了获取大数据的成本外，数据的稀缺性和独特性等特征也增加了其价值，而且新产生的数据在使用和融合过程中的价值评估更加困难。

▶ 数据寡头难以防范。掌握丰富数据资源的大型平台企业在数据市场中拥有更大的定价权，他们通过数据交易来巩固其垄断地位，这可能损害市场的公平竞争环境。

▶ 数据交易面临合规挑战。合规的数据交易要求供需双方在交易的每个关键环节进行合规性审计，并对潜在的安全风险进行评估，以确保数据交易的合法性和安全性。因此，数据交易的成本和复杂性也随之增加。

为了解决这些伦理问题，我们需要从完善法律法规、建立监管体系、加强技术保障、提升数据素养和推动伦理规范等多方面采取措施，以促进数据交易的健康和可持续发展。

2. 大数据开放共享

回顾现代科学研究实践之路，可以看到鼓励公开和分享数据的情况。与 30 年前相比，更多的跨国科学研究大平台（如欧洲核子研究组织 CERN）鼓励科学家共同体一起开展研究；更多的科技期刊要求作者不仅提供原始资料、数据，还需提供公开代码（Open Codes）以便于检验真实性、分享成果[53]；5.2.3 节谈到的在线开放出版的努力也是一种例证。

现在，地球、气象、海洋、环境等全球问题的科学观测、实验、模型计算数据可以分享；排序搜索、随机优化、人脸识别领域有各类 Benchmark 问题及计算方法可以比较；统计公报、档案、史料等社会经济数据可以公开获取或按需提供；数字图书馆、数字档案馆、数字博物馆共享在线馆藏；维基百科、百度百科、知乎等提供在线开放知识问答。同时，人们呼吁政府带头开放其掌握的人口、教育、交通、公共事业等政务数据，呼吁商业上下游和垂直业务主动分享数据，且这些声音日趋强烈。专栏 5-1 的故事发生在 2010 年，当时看上去出人意料，现在已稀松平常。

---

[53] 见 Code Share. Nature 514，536（2014）. https://doi.org/lo. 1038/514536a. 编辑部要求所有在其杂志上发表的论文，尽可能提供其所用计算机代码可公开访问。

专栏 5-1 Foldit 游戏玩家成为《自然》杂志论文作者

即使在现代计算能力下，解蛋白质结构依然是一个高复杂度的计算问题。借助网络游戏的魅力，科学家 David Baker 团队开发出一款名为 Foldit（组装蛋白）的在线游戏，给定一个目标蛋白，玩家用各种氨基酸进行组装，最终拼凑出这个蛋白的完全体。游戏上线后，在超过 57 000 个玩家的努力下，不断投放的蛋白质结构以大大领先于科学计算的速度被玩家解算出来。Foldit Players 第一次以共同作者身份出现在《自然》杂志上。这个案例，既挑战了科学研究一定需要严格专业训练的公众认知，也说明开放数据确实能激发和挖掘人们积极的社会价值。

Cooper S，Khatib F，Treuille A，et al. Predicting protein structures with a multiplayer online game. Nature 2010，466：756–760.

数据共享、公开和开放，其含义存在差异，如表 5-1 所示。

表 5-1 数据共享、数据公开和数据开放的比较

类　　型	访 问 模 式	数 据 要 求	权利约定方式
数据共享	一对一、一对多和多对多 一般不公开访问	单独约定	逐一授权
数据公开	一对多，公开访问	包含元数据	公开声明文件约定
数据开放	一对多，公开访问	开放授权 数据结构化 开放格式 提供 URI 定位 能与其他数据链接	公开声明文件约定

科研数据从私密、交换、共享到开放，经历了不短的历史，研究者个人、共同体、资助机构逐渐形成共识，从个人荣誉、同行竞争、共同体价值和社会福祉等方面确立了较高的价值目标和较为平衡的荣誉分配体系。伴随着大数据商业创新和政务创新热潮，对数据共享、开放的呼声高涨，由于国家治理、市场规则、社会伦理交叠作用，个中情形更为复杂。

专门从事大数据方向的研究人员指出，政府应在保持国家安全的前提下，主动带头开放公共数据，以促进大数据研究；创业者也认为，共享和开放数据可以推动生产、生活、政府治理能力和水平的大幅提升。以美国政府数据开放（Data.gov）为先导，英国、日本和中国都开始了政府数据开放实践。

对使用开放数据的人们而言，首先要求数据具有高质量，其次是能够获得，也要考虑易架构、易管理、易本地处理等操作性指标，最后才是费用，因为开放并不意味着完全免费。在政府的带动下，不少企业进入数据开放市场：大企业由于有更强的数据资产意识、权利意识和安全保护机制等，具有市场优势地位；一些新兴企业以数据交易为核心业务，主动

把握数据获取和处理技术、交易模式和定价机制并占有先机，如贵阳大数据交易所、数据堂等交易平台。更有人倡议采用互联网思维推动数据开放，号召参与的政府部门、企业各方遵守共同的标准技术规范，实时维护、开放各自产生的数据，并按照共同认可的机制保护权利、分享利益。

按照本书倡导的工程伦理价值原则，从政府免费、企业有偿服务到数据共同体共享互联的各种数据开放模式，都需要以明晰数据权属、分离所有权与使用权、有效识别敏感数据、深度脱敏处理、严格使用审计与追责为前提。

5.3.4 算法伦理

进入大数据时代后，人们时不时被"底层民众的残酷物语""困在算法里的骑手"一类的深度报道轰炸，直指大数据处理的重要环节——算法。随着依赖深度学习、大模型的算法的人工智能获得新生，对算法伦理和算法正义的关切愈发重要。

所谓算法伦理，是指在算法设计、开发、应用和评估过程中所涉及的伦理问题和原则。算法伦理的理论基础，主要是正义论。算法伦理的核心在于确保算法公平、透明、可解释，且不会对用户或社会造成负面影响。

以新闻行业为例，在新闻或内容生产层面，因数据质量问题，包括错误数据、不完整的数据，甚至是故意用生成对抗网络等技术"深度伪造"（Deep Faker）出来的事实，如把公众人物的人脸"移花接木"到恶俗、丑闻事件的人物身上，可能导致依赖算法自动生产的新闻错判事实或趋势，从而输出假新闻，人为制造"舆情"。还有因数据有偏带来生产内容上的歧视……新闻或内容分发层面，定向推送侵扰私生活的安宁，"信息茧房"软禁人的思想……

算法伦理问题的主要表现如下：在算法推荐、数据分析过程中，用户数据容易被滥用，导致个人隐私泄露；算法根据用户兴趣进行信息筛选，从而导致用户陷入"信息茧房"，限制了信息的多样性和丰富性；用于训练算法的数据类别分布很不均衡，造成算法结果出现性别、种族等方面的歧视；基于大数据的路径规划算法不讲公德地给骑手规划了包含逆行、闯红灯的"最短"路线，导致劳动权益受损；等等。

公平性、透明性/可解释性、稳健性、可责性是算法伦理中最突出、最独特的要求。本书第 7 章将做进一步的讨论。

5.3.5 数据管理/治理及其伦理

数据治理（Data Governance）是一个涉及制定和实施一系列针对整个企业内部数据的商业应用和技术管理政策与流程的概念，代替了过去常用的"数据管理"一词。它旨在确保数据的质量、安全性和可用性，同时提升企业运用数据要素变现的能力。

数据治理的核心目标是建立一个统一的管理体系，包括组织、制度、流程和工具，以规范数据采集、存储、使用、更新、销毁到安全等全生命周期各个环节。这个体系不仅涉及技术层面的数据管理，还包括业务和策略层面的决策权和职责分工，相关的伦理关切不仅来自于技术伦理，还有诚信经营、公平竞争、社会责任等商业伦理。归纳起来，数据治理应当做到：保护数据免受未经授权的访问、篡改和泄露，确保数据的机密性、完整性和可用性；做好数据质量管理，确保数据合规使用、公平交易；响应绿色节能要求，优化数据存储、备份等方案。

讨论

你参与的科研工作是否用到大数据？其中有个人敏感信息吗？为什么是敏感的？你们是通过什么方式获得的？对其处理、使用、存储、发布有没有明确的规范和操作记录？找一找其中存在的伦理风险并提出应对策略。

5.4 数字经济伦理建设和法治进程

5.4.1 超级平台伴随数字经济而崛起

"超级平台"正主导着全球数字经济。联合国《2019 年数字经济报告》给出了令人震惊的数据，如图 5-3 所示。

1 报告简介

《2019年数字经济报告》是由联合国贸易和发展会议于2019年9月4日发布的一份报告。

2 主要内容

贸发会议当天在纽约联合国总部发布的这份《2019年数字经济报告》显示，美国和中国在数字经济发展中的领先地位体现在多个方面。比如，两国占区块链技术所有相关专利的75%，全球物联网支出的50%，云计算市场的75%以上，全球70家最大数字平台公司市值的90%。

报告说，近年来全球互联网产生的数据流量激增，反映出使用互联网的人数增加，以及互联网对前沿技术的吸收，如区块链、人工智能、物联网和云计算等。

报告指出，一个全新的"数据价值链"已经形成，构建数字平台的企业在数据驱动型经济中拥有巨大优势。全球市值最大的20家数字企业中，有40%拥有基于平台的商业模式。七大"超级平台"——微软、苹果、亚马逊、谷歌、脸书、腾讯和阿里巴巴，占据前70大平台总市值的三分之二。这些数字平台不断成长，并主导了关键的细分市场。

报告呼吁各国采取政策措施，鼓励和规范数字经济发展。同时，在区域及全球层面，应确保发展中国家的充分参与，以有效应对相关挑战。报告还建议通过加强援助、共同创造有利环境等，在全球范围内缩小数字鸿沟。[1]

参考资料：

1. 联合国报告:美中两国数字经济全球领先-新华网 新华网2019-09-05[引用日期2019-09-11]

图 5-3　搜狗百科对联合国《2019 年数字经济报告》的介绍

互联网平台反垄断的本质与对策

对此，方兴东、钟祥铭有专文 [54] 介绍治理"超级平台"的必要性、紧迫性："无论是中

[54] 方兴东，钟祥铭. 互联网平台反垄断的本质与对策 [J]. 现代出版，2021（02）：37-45.

国的腾讯、阿里，还是美国的亚马逊、苹果、谷歌、脸书、微软，这些全球领先的超级平台，无一例外都经历了从中介到平台再到生态的根本性的蜕变。更早的雅虎公司没能整体性完成向平台的跃变，百度在向生态跃变中不够成功，而完成升级的互联网平台都发展到了新的高度：汇聚十亿级用户，具有千亿美元级收入规模、万亿美元级市场价值，通过横向扩张而主导 3～5 个甚至更多的领域，通过纵向深入形成数据＋算法的新生产方式。互联网超级平台扮演了'中介＋平台＋生态'三合一的'守门人'角色，形成了'平台＋数据＋算法'三元融合的强大竞争优势。"不出所料，2020 年末，中国、美国和欧洲不约而同掀起互联网超级平台治理浪潮，可谓前所未有，具有特殊意义。

身居超级平台地位的各大企业，在发展、扩张中，也出现过多种有违伦理的事件，一定程度上带有数字经济的共性。本节以 X 外卖平台为例，对真实发生的几方面案例进行分析，来揭示数字经济伦理建设和法治进程的实际情况[55]。

5.4.2 数字经济伦理问题：某平台案例分析

X 外卖是 A 公司旗下网上订餐平台，于 2013 年 11 月正式上线，总部位于某一线城市。2017 年，X 外卖总交易额达到 1710 亿元。截至 2020 年，X 外卖用户数达 2.5 亿，合作商户数超过 200 万家，活跃配送骑手超过 50 万名，覆盖城市超过 1300 个，日完成订单 2100 万单。2020 年出现突发的新冠肺炎疫情后，X 外卖率先推出"无接触配送"，并迅速实现全国覆盖，为大量不得不居家学习、工作的人们及时解困。

X 外卖高速发展的风光后，却总伴随着诸多争议与质疑，不乏数据伦理之困。

1. X 外卖的崛起之路波澜不惊吗

A 公司起初从事团购业务。2013 年，W 先生预见到外卖行业的潜力，迅速以团购业务为基础，针对新生活场景建立了 X 外卖平台。通过低价策略和大量补贴，X 外卖迅速吸引了大量顾客和投资进入。除了低价，X 外卖还通过要求商家张贴海报、桌贴，以及在大学宿舍等地进行地面推广，使其标志无处不在。2018 年，X 外卖日订单量超过 2000 万，成为全球配送量最高的外卖平台。

X 外卖主要收入来自为商家提供展示平台和配送服务，收取佣金和营销费用。以 2019 年为例，平均佣金率为 16.67%。有人质疑，平台公司以高佣金为主要收入，对从事外卖的中小商户不公，涉嫌"以大欺小"。

2. 一减再减的配送时间靠谱吗

骑手朱师傅在北京跑外卖已有两年，他明显感觉到，最近平台要求的配送时间越来越紧张，相同距离的订单，最短的配送时间从 35min、32min 已经减到了 30min。同样的事情不止朱师傅在经历，骑手们在内部群聊里讨论并抱怨越来越紧张的配送时间。

2016 年，A 公司对外宣称，通过采用深度学习等先进技术开发出"实时智能配送系统"

---

[55] 本案例在数学系 2021 级硕士生苏哲人同学于 2022 年春天完成的课程论文基础上缩写。

（俗称"超脑"算法），每单外卖平均 28min 内可以送达，体现了技术进步。

对骑手来说，配送时间是最重要的指标。一旦超时，便意味着他可能获得差评、降低收入，甚至被淘汰。有些骑手为了赶在系统设定的配送时间内交付订单，超速行驶甚至逆行、闯红灯。一方面，这些越来越快的数据和路径作为新样本数据进入深度学习算法，另一方面，外卖员遭遇交通事故的数量也明显上升。

外卖骑手的时间与安全被"超脑"算法偷走了吗？谁该为这个"效率陷阱"负责？

3."差异化定价"还是"大数据杀熟"

小张是 X 外卖的常客，因不愿排队而偏好使用外卖服务。一日，他发现购买会员后，常点的驴肉火烧配送费从不超过 3 元涨到了 6 元。尽管高峰时段骑手紧张，但他晚间下单后配送费依旧。用非会员手机下单后，配送费又恢复原价，小张于是连续观察几天，确认商户配送费对会员普遍高出 1 ~ 5 元。愤怒的小张上网揭露此事，引发网友共鸣，X 外卖随即登上热搜。

X 外卖发表声明，称配送费差异与会员身份无关，是由于软件定位缓存错误造成。但是，公司的回应并不令人信服。有人帮公司解释，作为市场经济的主体，X 外卖有权自主进行"差异化定价"。有人评说，罔顾会员付出的成本和应得的权利，这就是不道德的"大数据杀熟"。

4. 平台"二选一"策略正当吗

A 公司通过"二选一"策略和逐年递增的佣金费率占据了国内外卖市场收入的绝大多数。"二选一"策略要求商户与 X 外卖独家合作，不得在其他外卖平台上线，以此确保市场的垄断地位。X 外卖为这一策略投入了大量的资源，从佣金差异到员工考核，从算法监测到法律风险防范，形成了一套成熟的系统。

X 外卖通过对商家施加压力，如拖延上线、强行下架等手段，强迫商户签署独家排他协议，并缴纳保证金。公司内部将独家签约数量作为员工考核指标，并提供了一系列扶持优惠来诱导商家签署独家协议。同时，随着垄断地位的形成，X 外卖不断提高佣金费率，使商家利润受到严重压缩。

面对这种情况，一些省市餐饮协会开始投诉、举报 A 公司的垄断行为。外界也对 X 外卖开发的大数据侦测系统表示批评。这一系列事件凸显了市场垄断行为对商家和消费者权益的侵害，以及对市场竞争秩序的破坏。

5. 浴火重生、凤凰涅槃

2021 年 4 月 26 日，国家市场监督管理总局对 A 公司的"二选一"等涉嫌垄断行为立案调查。6 个月后，市场监管总局认定 A 公司的 X 外卖在中国境内网络餐饮外卖平台服务市场具有支配地位，并自 2018 年起滥用其支配地位实施"二选一"行为。根据反垄断法，A 公司被处以 34.42 亿元的罚款，并需退还 12.89 亿元的独家合作保证金。市场监督管理总局表示，X 外卖的限制行为损害了市场竞争的公平性和消费者利益的完整性。此外，市场监督管理总局还向 A 公司发出行政指导书，要求其进行包括消费者隐私保护、算法规则、中小餐饮商家利益和外卖骑手权益保障等方面的全面整改，并要求 A 公司连续三年提交自查合规报告。A 公司已表示将诚恳接受并坚决落实整改措施。

事件到此落幕。A 公司加大了合规管理和自查自纠，X 外卖至今依然处于市场龙头地位，在全国抗击新冠肺炎疫情的三年中带头落实外卖骑手的健康防护和安全保障，积极参与社区治理，受到社会多方的好评。

5.4.3 数字经济法治进程

"超级平台"在崛起过程中，技术可能形成壁垒，数据可能快速积累了控制力，资本可能无序扩张，平台容易形成垄断，人性或逐利欲念旺盛或伦理意识淡漠，企业社会责任或淡漠或薄弱……这些，都是对数字经济发展的"公平性"形成挑战的因素。

回顾上述案例，可以再一次发现，A 公司以集成的新技术、创造的新应用进入市场，也进入了保护这类新型交易公平竞争的"制度真空"地带，缺少针对性的法律，市场监管力量也还缺乏系统性和有效性。因此，为维护市场秩序，防止"超级平台"向垄断方向发展，需要以信息公平、交易公平、社会公正为价值准则，从加强行业规范引导、发挥市场监管作用、激发企业行业自律和推进法治建设多方面协同发力。在处理 X 外卖案例中，采用了《中华人民共和国反垄断法》（2007 年 8 月 30 日）关于垄断协议、滥用市场支配地位、经营者集中等相关规定，并按照国务院反垄断委员会《关于平台经济领域的反垄断指南》（2021 年 2 月 7 日）进行。

如同个人信息保护法有十多年的建设过程一样，数字经济法治建设需要经历研究、探索、实践等循环。2020 年起，市场监管总局陆续处置了若干起"超级平台"数字经济相关事件，针对"算法歧视""算法不公"等问题，2021 年 12 月 31 日，以网信办、工信部、公安部、市场监督管理总局令的方式，发布《互联网信息服务算法推荐管理规定》（见附录 A），以规范算法推荐服务，明确算法企业的责任和义务，加强监管，维护诚实守信、公平交易的市场经济价值，促进其健康发展。

在数字经济领域，中国的治理经验与全球最发达国家几乎同步。综观全球推动平台经济市场竞争的最新监管经验，可以归纳出五大政策动向：一是定向优化大平台监管，二是完善数据治理与加强数据机构改革，三是借助社会自发力量缩小对重要关切问题的分歧，四是采取保护主义举措与加强产业链区域协同，五是完善科技伦理制度。

> **讨论**
>
> 查找国内外对于数字经济领域反垄断事件的处理案例，思考企业经营的法律责任、道德责任。例如，欧盟因搜索引擎及购物垄断对谷歌判处高额罚金（2017 年）；又如，国家市场监督管理总局对阿里在中国境内网络零售平台服务市场实施"二选一"垄断行为作出行政处罚（2021 年）。

本章小结

大数据应用的崛起推动数据成为新质生产力的一种生产要素，极大地促进了全球数字经济发展。在国际环境和国内社会经济发展政策的支持下，美国、中国涌现了若干全球互联网"超级平台"，拥有或能够控制超大规模的数据，包括社会上年龄性别文化态度多样化的个人，市场经济中大小新旧的经营主体，甚至承担公共服务、安全保卫等社会治理任务的各地政府。推动大数据创新，必须正视横亘在个人与平台、微小创新企业与拥有大量数据的行业巨头之间的"数字鸿沟"，仅靠市场机制不能维护公平竞争和社会正义。

本章从数字经济角度来分析大数据确权中的伦理问题，以及在大数据获取、交易或共享、算法设计、管理治理等处理活动中的伦理问题。结合已经发生的中外真实事件，从伦理风险、业界自律、政府监管、社会法治建设等方面展开。针对大数据的所有权、控制权和使用权的归属问题，提出应符合尊重隐私、维护公平等伦理价值，防范数据滥用和垄断。面对积极获取大数据的内驱力和市场竞争的严酷性，很多公司在使用网络爬虫、Cookies、Wi-Fi探针等技术和研发App产品时，存在大量的违规、侵权、不道德的做法和风险，要求遵守知情同意、目的限制、诚信经营等规范。作为生产要素，大数据的流通是必须而关键的。本章提出，在数据交易中，要尊重为产生高质量数据付出努力的所有各方的权益，公平确权、定价和交易，鼓励公共部门和科研人员带头进行数据脱敏及数据公开，以此带动建设一个全社会公正享受大数据时代的发展红利的良好局面。作为"平台＋数据＋算法"三驾马车之一，算法是大数据平台发挥效力的关键因素。算法伦理方面，"个性化推荐""大数据杀熟"已经成为几乎人人熟知的伦理关切，本章提出算法应符合透明性、公平性／可解释性等伦理要求，并将在人工智能时代继续深化智能算法伦理的讨论。此外，在数据管理数据治理方面，强调需要关注数据质量、安全性和合规使用等伦理问题。

尽管从技术伦理、商业伦理角度，可以对数字经济的发展提出很多质疑、忧思，但作者对数字经济的发展持乐观态度，认为这一进程是不可逆的。由于数字经济的参与者是全社会，在发展过程中遭遇社会性风险和挑战是必然的。正因为全社会参与，全社会的监督、规制力量也是不可小觑的。正如我们在5.4节看到A公司和X外卖的成长历程一样，尽管风风火火、跌跌撞撞，时而"偏航"，然而，有社会舆论的监督、公共部门作为公众代表的监管、法治建设的跟进，为公司发展"正航"，公司在数字经济领域依然处于龙头地位，保持健康发展。

章末案例 1　芝麻信用

阿里巴巴旗下的支付宝于2014年10月上线了芝麻信用，整个信用体系包括芝麻分、芝麻认证、风险名单库、芝麻信用报告、芝麻评级等一系列信用产品，背后则是依托阿里云的技术力量，对 3 亿多实名个人、3700 多万户中小微企业在阿里巴巴各个平台（如信用卡还款、网购、转账、理财、水电煤缴费、租房信息、住址搬迁历史、社交关系等）数据进行整合、挖掘，然后以用户信用历史、行为偏好、履约能力、身份特质、人脉关系为五个维度，给出国际通行 350～950 的信用评分。

讨论

一位淘宝用户，听说芝麻信用后，偶然上网查看自己的信用分，产生以下疑问：芝麻信用获得使用我的信用卡还款、网购数据的授权了吗？在什么场合以什么形式进行的？芝麻信用是否超出当时的授权？芝麻信用存在偏见、不公的风险吗？如何改进？

章末案例 2 社交网络

社交网络是互联网的产物，也是当今数字经济重要基础设施之一。

电子布告栏系统（Bulletin Board System，BBS）或称聊天室，大概可以作为全球最早的社交网络软件代表。20 世纪 90 年代，即时通信软件 ICQ（1996）、MSN Messenger（1999）等新产品出现，很快被大众接受。世纪之交，至今仍被广泛使用的 Netflix（1997）、LinkedIn（2003）、Facebook（2004）、YouTube（2005）、Twitter（2006）、WhatsApp（2009）、Instagram（2010）等一批以影视欣赏、职业、生活、新闻、图片等主题分享类社交网站诞生，所分享的内容主要由用户产生（User Generated Contents，UGC）。创始人大多是 20 多岁的年轻人。

在中国，1994 年搭建第一个 BBS，2000 年 QQ 正式上线，2009 年新浪微博上线，2011年微信运行，2012 年快手诞生，2013 年小红书问世，2016 年字节跳动的短视频分享产品抖音上线，2017 年字节跳动在海外推出 TikTok 短视频分享产品等。

进入智能手机时代，一机在手，通过社交网络获取信息、休闲娱乐成为很多人的日常生活方式。据中国互联网络信息中心第 51 次《中国互联网络发展状况统计报告》统计，截至 2022 年 12 月，我国网民数量达 10.67 亿人，其中 99.8% 会使用手机上网；人均每周上网时间为 26.7 小时，即每天接近 4 小时在网上。

很快，社交网络就从 UGC 分享为主发展到融入游戏、购物、支付等功能，对人们的生活、工作和社会交往的影响日益深远。平台间竞争日益激烈，大平台加大收购、全球部署等一系列经营手段，拓展生态圈，巩固市场地位。如，Facebook 收购 Instagram 和WhatsApp。又如，中国企业面向海外市场推出的 TikTok 短视频分享 App，依靠企业在推荐制算法、内容分发的技术优势，抓住短视频发展的机会，从产品上市到成为全球当年下载量第一（非游戏类）的 App 只用了短短 4 年多时间，全球月活用户超过 10 亿人，其中在美国有 1.5 亿月活跃用户，接近全美人口的一半，具有巨大的全球影响力。

如同外卖产品一样，社交网络产品发展中也发生了很多与伦理相关的挑战、事件。如，社交网络具有媒体属性，但内容来自"众包"，内容芜杂、真伪并存、真假难辨，直接挑战居于新闻职业伦理首位的"真实"原则，也常与"全面、客观"冲突。"舆情"代替"舆论"一词进入日常生活。虽说消灭舆情的最好办法是解决问题，但网络"舆情"并不能与真实问题划等号。又如，在人的成长和社会化过程中，家庭、学校、社会的影响都很重要，因此，社交网络采用去中心的结构、缺少权威的"守门人"，可能难以提供未成年人的合法保护；更具争议的在于，社交网络可能有助于有自杀倾向者、社会少数群体的集聚等对社会的长远发展可能不利。再如，平台上的短视频内容融入了很多原生广告，一种能够满足用户对信息的需求，促使用户互动和分享，同时内容与形式被融入平台媒介环境中的广告，其隐匿性、缺乏独创性、虚假表达、存在情感暗示，对明示广告、知情同意、知识产权和版权保护、诚信经营等维持公平交易的市场规范形成了挑战。还有，短视频平台依赖巨大的高质量数据和先进的智能推荐技术，在短视频应用领域形成了通过内容生产、价值标准和用户需求三个层面的垄断，全面参与了短视频媒介环境的建构，对短视频生态产生了深远影响[56]。

下面聚焦一款全球领先的 TikTok（抖音、短视频国际版）在海外遭遇的事件，请读者思考和讨论。

2018 年 7 月初，因平台"很多内容是消极的、不雅的，对于孩子们而言非常不合适"，TikTok 在印度尼西亚被封禁。TikTok 随即整改，携手印度尼西亚妇女儿童权益保护部（KemenPPPA）在 TikTok 发起在线挑战活动，旨在提升社会对青少年教育的重视。TikTok 用户创作的相关短视频超过 1.24 万个，总观看量超过 1000 万次。此后，TikTok 通过在平台上推荐优秀作品的方法，陆续在日本推出"育成计划"，对来自 20 个垂直领域的 1000 余名优质创作者进行重点扶持；在日韩推出音乐人计划 TikTok Spotlight，携手日韩音乐界，评选和扶持优秀的独立音乐人；与联合国国际农业发展基金合作，发起主题为"#danceforchange"的舞蹈挑战，鼓励全球年轻人行动起来，战胜饥饿问题等。收获了大量全球用户，也吸引了大企业的关注。如，2020 年 8 月 2 日（周日），微软公司在官网发表声明，称将继续就收购 TikTok 在美业务进行谈判，最迟 9 月 15 日完成。周一股市收盘时，微软股价上涨 5.62%，报 216.54 美元，刷新了 2020 年 7 月 9 日创下的历史最高价 216.38 美元。

因 TikTok 的母公司是中国的字节跳动公司，多个国家以跨境数据流动、数据安全问题为由，对平台进行审查，采取监管措施。如 2020 年，印度政府以"主权和完整性"为由禁止了 TikTok 等 59 款中国应用程序；2021 年，英国信息专员办公室表示，TikTok 需要采取更多措施来保护儿童隐私，避免违反数据保护法；2021 年，欧洲数据保护委员会表示，TikTok 可能违反了欧盟数据保护法，要求其采取措施确保用户数据安全；2022 年，澳大利亚政府启动调查 TikTok 可能存在对用户隐私和安全的潜在风险。

短视频智能推荐
算法技术的社会
影响与规制路径

[56] 匡野. 短视频智能推荐算法技术的社会影响与规制路径 [J]. 中国编辑，2021（09）：28-33.

在美国,从 2020 年开始到 2024 年初,TikTok 遭遇了一系列事件:大公司发起收购谈判;共和党总统唐纳德·特朗普(Donald Trump)以存在数据安全隐患为名发布行政令,要求字节跳动公司剥离 TikTok 在北美的业务;公司对该行政令提起诉讼,并坚持不"卖给"微软、甲骨文、沃尔玛等美国公司;美国商务部禁止本国企业与 TikTok 进行技术交易的命令,后被判停止执行;民主党总统小约瑟夫·罗比内特(Joseph Robinette Biden,Jr)上任后撤销了前总统行政令,但仍然对 TikTok 的数据安全问题表示关注;TikTok 首席执行官、新加坡籍周受资出席美国众议院能源及商业委员会的听证会,就用户隐私安全、未成年人保护、美国国家安全等问题接受质询。议员认为,TikTok 应用程序应在美国境内被禁止。2024 年3 月 13 日,美国国会众议院以 352 票支持、65 票反对的结果通过了一项针对 TikTok 的法案,其内容要求中国字节跳动公司在法案生效后的 165 天之内剥离对旗下短视频应用程序 TikTok 的控制权,否则 TikTok 将在美国的应用商店"下架"。

讨论

请查找资料,了解 TikTok 的运行和盈利模式,针对听证会上关注的用户隐私安全、未成年人保护、跨境数据流动与数据安全等问题,作出你的分析。

拓展阅读

[1] 习近平.发展数字经济.抢占未来发展制高点 [C]// 习近平著作选读(第二卷).北京:人民出版社,2024:534-539.

[2] 联合国贸易和发展会议.数字经济发展报告 [EB/OL].(2019-09-04)[2024-02-13]. https://unctad.org/system/files/information-document/PR19023_ch_DER.pdf.

[3] 钟晓龙,李慧慧.数字化转型影响效应的研究综述 [J].金融经济,2023(09):39-48.DOI:10.14057/j.cnki.cn43-1156/f.20230928.004.

[4] 清华大学社会科学学院经济学研究所.数字经济前沿八讲 [M].北京:人民出版社,2022.

[5] [美]亚伦·普赞诺斯基,[美]杰森·舒尔茨.所有权的终结:数字时代的财产保护 [M].赵精武,译.北京:北京大学出版社,2022.

[6] 高勇强.企业伦理与社会责任 [M].北京:清华大学出版社,2021.

[7] 黄奇帆,朱岩,邵平.数字经济:内涵与路径 [M].北京:中信出版社,2022.

数字经济
发展报告

数字化转型影响
效应的研究综述

第6章
数据赋能公共治理——科技向善、为善

引导案例　剑桥分析丑闻

2004 年，哈佛大学低年级学生马克·E.扎克伯格（Mark E. Zuckerberg）和他的朋友们创办了 Facebook，一个照片分享网站。最初，该网站仅限于哈佛学院等少数学校的学生使用，但很快因其迎合了年轻人社交的需求而被广泛分享，逐步扩散至更广泛的用户群体。扎克伯格的这一创新开辟了互联网应用的新领域，并得到了用户和资本市场等多方面的支持。公司及时调整战略，自 2006 年 9 月 11 日起，任何输入有效电子邮件地址和年龄段的用户均可注册加入，Facebook 因此发展迅速。到 2007 年 7 月，Facebook 拥有超过 3400 万活跃用户，成为全球以在校大学生为主要目标用户群体的平台中拥有最多用户的网站。2010 年，Facebook 超越 Yahoo，成为仅次于 Google 与 Microsoft 的全美第三大网站，并很快升至首位。这一过程中，Facebook 也曾因涉嫌侵犯隐私遭遇几起集体诉讼。

公司很早就开始了生态圈的建设。2007 年，Facebook 推出了名为 Facebook Platform 的开放平台，鼓励应用程序服务商和个人开发者积极将第三方应用程序接入 Facebook 平台。这是一个应用编程接口（API），通过这个接口，第三方应用程序的开发者可以在 Facebook 网站上运行其开发的应用程序。平台用户可以使用他们在 Facebook 上的账号登录第三方应用程序，进入更丰富的应用场景。由于 Facebook 拥有庞大的用户群，尤其是美国年轻大学生这一社会思维最活跃、成长空间最大、消费潜力巨大的群体，Facebook Platform 能够为第三方应用程序带来大量年轻用户。围绕它进行开发的服务商数量众多。2010 年，Facebook 在平台基础上推出了 Open Graph 以及 Graph API，为第三方应用程序服务的多样性提供了更多可能性。2014 年之前，为了在数字广告领域取得领先地位，Facebook Platform 不仅允许第三方应用程序获取直接登录其应用程序的用户信息，还允许这些外部应用程序获取用户的好友信息。然而，2014 年后，为了防止数据被滥用，Facebook 修改了平台上的 API 使用

规则，规定必须得到用户本人的同意才能获取其敏感信息。

剑桥分析（Cambridge Analytica）是一家成立于 2013 年的私营公司，以服务政治选举为自身定位，为签约方提供数据采集、分析和战略传播。仅 2014 年，这家公司就参与了 44 场与美国政治选举相关的活动。

2013 年，剑桥分析的高级研究员亚历山大·科恩（Aleksandr Kogan）开发了一款基于 Facebook Platform 的"性格测试"应用程序——This is your digital life，并将其接入 Facebook 平台。在短短两三个月内，大约 27 万 Facebook 用户下载并使用了这个应用程序，科恩由此获得了约 5000 万条 Facebook 用户的个人数据，包括这 27 万直接用户及其好友的数据。随后，他与 Facebook 签订了协议，约定将这些数据用于心理学研究。

2015 年，英国《卫报》记者揭露，科恩将通过自己开发的"This is your digital life"应用程序获取的用户数据全部分享给了剑桥分析公司，并且这些数据和研究结果已被用于服务 Ted Cruz 参选美国总统的竞选活动。Facebook 得知后，立即封禁了"This is your digital life"应用程序，并要求科恩和剑桥分析通过正规形式证明他们已经删除了通过不当方式获取的所有数据。尽管科恩与剑桥分析都提供了证明，但实际上这些数据并未被删除。

2018 年 3 月 17 日，《纽约时报》与英国《卫报》报道了数千万 Facebook 用户数据被泄露，并被用于帮助特朗普在竞选美国总统中获胜以及影响英国脱欧公投结果的消息。这一报道的内容来自记者对剑桥分析的前雇员克里斯多夫·怀利（Christopher Wylie）的采访。怀利声称，剑桥分析公司利用了 5000 万用户数据建立模型，分析用户的政治偏好，以便在选举期间，针对美国选民投放精准的政治广告。他表示，数据库与算法的结合已成为一个强大的政治工具，能够从一次测试中识别出态度摇摆不定的选民，并针对他们制作更有可能引起共鸣的定制化信息来引导投票方向。

具体而言，数据分析公司选择心理学模型设计测试问题，通过用户的回答，可以把用户分成开放性、责任感、外向性、亲和性和情绪不稳定性等类型，进一步按照冒险者、保护者、管理者等为用户画像。从 Facebook 获取的用户和好友的网上交流数据，特别是"点赞"数据，参与了上述的分类、画像和验证过程。例如，英国广播公司（BBC）对此事件的报道中提到，通过 10 次点赞分析，算法对你的性格了解程度就会超过你的同事；通过 150 条记录分析，了解程度可以超过你的双亲；超过 300 条记录分析，了解程度可以超过你的伴侣。

暗访视频

在《卫报》报道了克里斯多夫·怀利的故事后不久，英国第四频道播出了一组暗访视频。该频道自 2017 年 11 月起对剑桥分析进行了为期四个月的深入调查。一名卧底记者以希望帮助斯里兰卡候选人当选为由，成功成为剑桥分析的潜在客户。记者拍摄的暗访视频显示，剑桥分析的市场总监 Mark Turnbull 透露："如果你搜集人们的数据，并用算法分析并描述他们的特征，你就能获得更多可利用的信息，你将知道如何更精细地划分样本。然后，你可以在他们关心的事件上，用他们更可能产生共鸣的语言和图像来传递信息。"这段话进一步巩固了公众对《卫报》报道的信任。

这一事件后来被广泛称为"剑桥分析丑闻"或"Facebook 史上最重大的数据泄露事件"。

2018 年 3 月 18 日，又有报道指控剑桥分析对 Facebook 数据的使用是一项"不道德的实验"，指出剑桥分析在未经用户许可的情况下，擅自收集并利用了超过 5000 万用户的数据，用以建立档案模型并对用户进行画像。根据 Facebook 高管后来的分析，剑桥分析最终可能获得了高达 8700 万用户的数据，这一数字大约是美国选民总量的四分之一。

讨论

（1）为什么"剑桥分析事件"被认为是丑闻？它对社会生活和政治秩序的破坏体现在哪些方面？

（2）该不该阻止大数据技术用于政治选举？为什么？

（3）该不该阻止大数据技术用于公共治理和公共服务，例如公共场所安全监控、公共卫生监控、网络监督与反腐、智能交通服务等？为什么？

6.1 大数据与国家治理实践

6.1.1 数据治国——一种视角看美国

2014 年，涂子沛在《大数据》一书获得市场好评之后，又推出了《数据之巅：大数据革命，历史、现实与未来》。在书中，他带领读者回到了美国建国初期的"小数据时代"。那时，刚刚成立的合众国设立了参议院和众议院，任何法案都必须在这两院同时以多数票通过才能生效。各州根据分配到的议席自行选举产生议员。两院的议席分配与国家性质和基础制度密切相关。开国者制定了两院议席的不同分配方案：众议院的席位根据人口比例分配给各州，这照顾到了大州的利益，符合美国对民主的理解；参议院的议席每州都是两名，这保障了小州的平等权利，体现了共和思想。

公平分配众议院议席要以掌握全国人口总数和在各州的分布数据为前提。1790 年，美国进行了第一次人口普查。作者在书中提到，美国政治精英从中发现，人口数据还蕴藏着丰富的社会发展知识和规律，后续便开展更细致更频繁的人口普查，也催生了相关技术发明：1890 年，年轻的霍尔瑞斯打开了数据自动处理的大门；在此基础上，美国商用机器公司（IBM）开启了打孔卡片的新时代；1951 年，处理人口普查大数据的需要还促成了第一台商用计算机的诞生……

"以人口普查为基础，美国的建国者构建了用数据分权的方法，这不仅调和了民主与共和的矛盾，就人口普查本身而言，也是一项创新。因为国家权力——议席要按人口数量来分配，各州需要向中央政府缴纳的税收也要按人口来分摊，权利和义务得以互相制约：想通过夸大人口基数获得更多议席的州，也要相应承担更多的纳税义务；同时，想要通过隐瞒人口增长来避税的州，将在国家权力的分配中失去应该得到的席位，这种互相约束的关系保障了人口普查的公正性和准确性。[57]"

全书从数据技术与治理交互发展的视角，将美国短短二三百年国家历史分成了初数时代、内战时代、镀金时代、进步时代、抽样时代、大数据时代，展现了数据文化在美国的发展和形成，揭示了数据技术在政治、经济、军事等领域的重大意义和互促共生的生态，提出了数据治国之道。

6.1.2　从电子政务到数字政府

进入信息时代，电子政务被认为是信息技术引入政府管理和公共服务实践的开端。从 20 世纪 80 年代开始，依托数据库和局域网技术，政务办公自动化系统逐渐形成，引领电子政务进入数字化时代。2010 年前后，伴随着互联网、移动设备和社交媒体的普及，政务网站和机构社交媒体账号出现，标志着电子政务进入互动时代，政府开始发布官方信息并回应民众关切。大数据和云计算技术的发展促成了"一站式"服务的诞生，数字政府的雏形开始显现，电子政务步入大数据时代。在未来，伴随人工智能技术的进一步应用，电子政务将进入一个数据更为丰富、功能更加完善的数字政府新时代，为广大民众提供更为智慧的政府服务。

虽然电子政务建设已有数十年历史，但并未形成一个具有统一内涵的学术名词。其实质在于利用网络信息技术建立网络化协同办公环境，通过优化管理服务职能、重塑业务流程，实现社会公共事务管理、政府内部事务管理与公共服务提供等政务功能的数字化、网络化、智能化，进而推动构建以知识经济为基础的高效政府和责任政府。

各级政府部门和公共机构是推动电子政务建设的主体，通过这种主动行为解决政务工作中的难题，如信息不充分、信息孤岛、工作效率低下、精准服务难以实现等。

进入 21 世纪以来，以美国为首的各国政府看到了大数据带来的公共治理巨大红利：利用政务管理数据、在线金融旅行商务等服务数据以及社交网络数据，可以较为准确地识别危险（人或事）、匹配公共服务的供需、进行经济社会统计和预测等。2012 年 3 月 29 日，美国在全球率先发布《大数据研究和发展倡议》（*Big Data Research and Development Initiative*）（以下简称《倡议》）。在经济方面，《倡议》把大数据视为提高美国竞争力的关键因素；在安全方面，《倡议》提出要将大数据应用于反恐、情报分析等多个公共安全领域。这一《倡议》标志着大数据已经成为重要的时代特征，并表明了美国政府对大数据发展的重视。

不仅美国，大数据技术在国家治理方面的应用在全球主要国家都得到了积极的实践。在美国《倡议》发布之前，2010 年，欧盟通信委员会向欧洲议会提交了《开放数据：创新、增长和透明治理的引擎》报告；2011 年，美国、英国、挪威等八国发起成立了"开放政府联盟"。《倡议》发布之后，2013 年，英国商业创新与技术部出台了《把握数据带来的机遇：

---

[57] 涂子沛．数据之巅：大数据革命，历史、现实与未来 [M]. 北京：中信出版社，2014：11.

英国数据能力战略》，日本发布了《创建最尖端 IT 国家宣言》。许多国家还在自己的大数据发展战略中，针对政府承担的公共治理提出了许多具体项目和目标，其中投入最多的公共领域包括公共安全、公共卫生、医疗服务、社会保险、智能交通、智慧城市等。

新加坡政府于 2000 年出台了第一个电子政务行动计划"电子政府行动计划 I"（e-Government Action Plan I），提出在全球经济日益数字化的进程中把新加坡发展成为电子政务的领先国家。此后，又推出了"电子政府行动计划 II""智慧国 2015"，在出台数字政府领域的政策法规、建立信息化特派员数字政府管理运行制度、开发便捷的数字政务服务项目、重视公民隐私保护与数据安全以及打造公民参政议政的网络数字平台等方面都取得了显著成绩。新加坡在联合国电子政务发展指数上名列前茅，2018 年排在全球第七位。在互联网时代的背景下，大数据已逐渐成为一个国家发展的关键性基础资源。在从"智慧国2015"向"智慧国 2025"的转型中，新加坡政府提出要将"大数据治国"贯穿于数字政府建设的全过程，主要做法包括重视数据平台的开发与管理；成立政府技术局（Gov Tech）；重视大数据的收集与应用。

在中国，2012 年，住房和城乡建设部公布了首批 90 个国家智慧城市试点名单，标志着智慧城市的建设正式起步。大数据技术开始被系统化地应用于交通、民生服务、医保、社保等领域，为智慧城市的构建提供了技术支撑。这一举措不仅为大数据推动政务服务和政府治理创新奠定了基础，而且通过持续的政策引导和各方投入，取得了显著成效。在全球大数据战略的热潮中，中国政府也开始积极行动。2014 年，"大数据"首次被纳入《政府工作报告》。2015 年 8 月，国务院发布了《促进大数据发展行动纲要》，全面推动大数据的应用。纲要中提出了加快政府数据开放共享、推动资源整合、提升治理能力、推动产业创新发展、培育新兴业态、助力经济转型、强化安全保障、提高管理水平、促进健康发展等多方面的目标。

到了 2022 年，国务院办公厅发布了《全国一体化政务大数据体系建设指南的通知》（以下简称《通知》），回顾了过去十年间大数据在政务领域的应用取得的成就：在经济调节方面，通过大数据加强经济监测分析，提高了研判和决策能力；在市场监管方面，数据共享减轻了企业负担，增强了监管能力；在社会管理方面，推动了城市运行"一网统管"和社会信用体系建设；在公共服务方面，政务服务"一网通办"的创新模式提高了办事效率；在生态环保方面，大数据强化了环境监测和应急处理能力。特别是在新冠肺炎疫情防控中，及时响应并解决了各地区提出的数据共享需求，推动了防疫数据跨地区、跨部门、跨层级的互通共享，31 个省（自治区、直辖市）共享调用健康码、核酸检测、疫苗接种、隔离管控等数据超过 3000 亿次，为精准防控、助力人员有序流动、筑牢疫情防控屏障、高效统筹疫情防控和经济社会发展提供了有力支撑。《通知》还指出，数据确权、数据处理各方的责任分配、数据安全合规使用等是当前发展面临的主要伦理问题。《通知》提出了 2023 年初步形成全国一体化政务大数据体系，2025 年体系更加完善、政务数据管理更加高效、政务数据资源全部纳入目录管理的分阶段目标。以上各项行动充分显示出，对于运用大数据技术改进政府事务，中国政府始终持有积极、公开、包容、审慎的态度。

6.1.3　网络民意及其应对

2010 年 12 月 17 日，突尼斯一名 26 岁的街头小贩因遭到警察的粗暴对待自焚抗议，后伤势太重不治身亡。因国内经济不景气，他大学毕业后一直没有找到工作，只好做街头流动小贩谋生。自焚的惨象被迅速发到网上，激起了突尼斯人巨大的同情心，也导致对本国通货膨胀、政治腐败等问题的愤怒和抗议在网上集中爆发，有人发帖子鼓动上街游行。在某些政治力量的操控下，境内很快爆发了大规模的街头示威游行和争取民主的活动，这些事件最终导致时任总统的下台。突尼斯成为首个因人民起义而推翻了现政权的阿拉伯国家。后来，北非和中东地区还爆发的一系列政治动荡和抗议活动，被称为"茉莉花革命"。

尽管这些政治事件主要是由本国的经济、社会和政治问题等内因而引发的，但互联网在其中扮演了关键角色。社交网络平台，如脸书和推特，成为抗议者组织和协调行动的高效工具。通过这些平台，人们能够迅速地表达观点、传播信息。得益于网络的"小世界"结构特征以及社交网络分享机制所形成的"信息茧房"效应，社交媒体大数据能够迅速凝聚"网络民意"，同时，网络动员呼吁集会和示威的效率也得到了显著提升。

互联网与大数据的结合，使得网络民意往往从一个事件出发，经历现象转移、矛盾放大、焦点变异和多方共振等过程，逐步演变成为网络社会问题。这样的问题经过一次又一次的传播，形成了多轮网络舆情。在这个过程中，相关和不相关的多方主体纷纷发声，使得问题的焦点不断转移，甚至外溢到其他问题和其他领域，从而使问题变得更加复杂[58]。

网络为普通人提供了更多的外部信息接收渠道和更广阔的社会参与空间。作为"网络舆情"的重要来源，负面网络民意时常爆发，而借助网络动员能力的群体事件也日益增多。与过去农民为土地、工人为企业改制和个人工资社保待遇等进行信访的情况不同，如今，通过大数据和互联网，来自城市各处、从事不同职业的市民往往因共同面对的教育、医疗和环境等问题而上网、上街表达诉求。这一切的转变，都在短短几年间发生！

专栏 6-1　信访与网络民意概念比较

信访是指公民个人或集体通过书信、电子邮件、走访等形式，向政府反映情况，表达自己的意见和诉求，请求解决某些问题的一种行为。它通常具有牵涉群体较为确定、信访人实名身份、诉求明确且相对不变等特点。

网络民意是指通过互联网表达、收集或汇聚的公众意见和观点，它具有群体广泛性、信息实时性、来源匿名性、诉求多样性、过程互动性、进展快变性等特点。信访与网络民意的区别主要体现在渠道、主体、目的以及处理方式上。

---

[58]　李良荣，方师师. 互联网与国家治理：对中国互联网 20 年发展的再思考 [J]. 新闻记者，2014，（4）.

互联网加强了网络民意表达和公众社会参与，这种转变与我国经济发展从高速向高质量的转型几乎同步进行。对于一些县级、市级地方政府来说，他们刚刚积累的处理复杂矛盾的线下接访经验，在面对全新的网络民意时可能完全失效，应对能力明显不足。在初始阶段，一些地方采取了强压、拦截或敷衍塞责等消极方式应对，将网民视为"暴民"，将网络民意视为洪水猛兽而不敢理会，或不认为其具有代表性而不予理会。而另一些地方政府则采取了积极的方式予以回应，探索建立网上官民互动机制，主动打造网上民意社区、开展网络民意调查、加强政府信息公开；同时，他们还采用大数据分析等技术，加强对网络民意的甄别和研判，以提高全面把握民意的能力。

讨论

在现代国家治理中，公共安全的维护不可能仅依赖于个体努力，而是需要公共治理的协同作用。将技术手段应用于治理过程中，引发了诸多值得讨论的问题。以下是一个辩论题目，你可以与你的同学组成辩论队进行探讨。

辩题：面对层出不穷、形式多样的国家安全和社会风险问题，国家应该如何应对以实现平稳治理？

正方观点：我们支持国家在保障国家安全和社会稳定的过程中采用高科技手段，尽可能搜集并有效管控全球范围内的信息资源。

反方观点：我们认为国家在利用技术手段时应避免权力滥用，确保个人隐私和权利不受侵犯。

6.2 国家和社会治理理念

6.2.1 中西方国家思想比较及对数据伦理的启示

1. 国家

人类社会从远古至今，随着生产力和生产关系的演进，社会组织形态从原始的部落群体逐渐发展成为古代的国家制度。西方国家的起源可以追溯到埃及、巴比伦、希腊、罗马等古老文明，而东方国家的源头则是中国、印度等东方文明。经过上千年的商业交往、文化交流和战争交锋，尤其是英国工业革命之后，欧洲、北美等西方国家率先开启现代化进程；随后，亚洲、大洋洲、南美洲、非洲等地区也纷纷开展现代化建设，最终形成了今天全球 200 多个现代国家，它们建立了既有共性又各具特色的国家制度。

在英文中，与"国家"概念相关的词汇有三个。Nation 强调民族和国民，Country 侧重于地理和国土，而 State 则更加强调政治和政权。

现代国家维持领土、人民、合法政府和政治权力四要素的统一，并强调国家主权及其合法性，以及政府行使政治权力。

现代国家的基本职能如下：

▸ 保护本国免受其他国家的侵犯；

▸ 保护国内每个人免受他人的侵犯与压迫；

▸ 承担个人或少数人不应或不能完成的事情，如发展国民经济，提供公共服务。

国家制度是当今人类社会的一种基本形态。然而，国家和其背后的政治哲学各有不同的文明起源和历史逻辑。

2. 西方国家学说及演化

以欧美等西方国家为例，其源头可以追溯到古希腊的城邦制度。伟大的哲学家如柏拉图和亚里士多德认为，国家（城邦）是一种高于个人的真实存在，将国家看作是个人的终极目的。进入中世纪，基督教认为管理政治、国家等事务属于世俗权力的范围，而管理宗教、教会等事务则属于精神权力，且精神权力高于世俗权力。教会成为西欧封建国家的政治统治中心，罗马教皇被视为上帝在人间的最高代表。

文艺复兴时期带来了思想的启蒙，工业革命提升了生产力，资本主义开始萌芽，西方政治哲学也出现了关于现代国家的理论探索。西方现代国家理论的代表人物众多，各自提出了独特的观点。洛克在《政府论》中批判了"君权神授"观念，主张人的自然状态是自然权利，人与人之间是平等和和平的。为了保护自身权利，人们选择托庇于政府的法律之下，授权有限、分治的政府进行管理。卢梭在《社会契约论》中提出理性权利和理性的道德观点，认为社会是人们契约的产物，理性权利的让渡可以维护公共意志，政府是公共意志的执行者，而人民则拥有主权。G. W. F. 黑格尔（G. W. F. Hegel）则从国家道德正当性的角度出发，认为国家是人的自由的真正实现，是"伦理性的整体"和"自由的现实化"，是"地上的精神"和"地上的神"。他认为现代国家的原则能够使主体性的原则完美起来，同时又使它回复到实体性的统一，从而在主体性的原则本身中保存着这个统一。

进入 20 世纪后，韦伯（Weber）、吉登斯（Giddens）、罗尔斯等学者也对现代国家理论做出了贡献，他们各自提出了不同的观点和理论，这些理论对当代西方国家的政治实践仍具现实意义。

3. 中国国家思想及近百年治国理政实践

建立在五千年文明历史和优秀传统文化思想基础上的中华人民共和国，其政治哲学主要融合了马克思主义国家学说和中华优秀传统文化中的国家思想。

马克思主义国家学说主要观点认为，国家是私有制和阶级产生的产物，它代表统治阶级的利益，是阶级矛盾不可调和的体现。马克思在《共产党宣言》中明确指出，无产阶级政党的最近目的就是推翻资产阶级的统治，由无产阶级夺取政权。恩格斯在《家庭、私有制和国家的起源》中进一步阐述了国家的本质，认为它是社会组织中最重要的政治组织，随着私有制和阶级的产生而产生，代表统治阶级利益，是阶级矛盾不可调和的产物。马克思在《哥达纲领批判》中提出了劳动是一切社会成员的权利和义务，并主张进行公平分配，建设自由、民主的国家。而列宁总结俄国十月革命的经验，在《国家与革命》中强调，无产阶级的使命是通过暴力革命夺取政权，建立新型无产阶级政权，大力发展生产力，充分发挥社会主义国家制度优越性，同时不放弃采取武装镇压手段。

"家国一体"是中国传统国家思想中最重要的理念，即将家庭的政治和伦理功能与国家的政治、军事、行政以及文化等方面相结合。在这种思想体系中，家庭和国家是同构的，共享相似的组织和管理原则，共同构成了一个以政治、文化和地域为核心要素的共同体。家庭在这个结构中代表了民事，而国家则代表了政事。国家赋予了家庭政治性和国防性，使之不仅仅是生活的基本单位，也是国家的重要组成部分。反过来，家庭赋予了国家伦理道德性和宗法等级性，强调家庭成员之间的道德义务和等级秩序。因此，中国传统国家观念的核心是家国一体下的政治与道德的合一，这与孔子提倡的"为政以德"理念相吻合。这种合一的思想不仅体现在政治和军事的管理上，也体现在民事、道德和文化方面。由此看出，中国传统文化中的国家观念，既与历史上维护专制和封闭的封建王朝政权统治有关，又强调了道德责任、合理有序、共生共荣、不同而和、天下一家的人文关怀与人类理想。这种国家观念模糊了公与私、政事与民事的界限，使人民的主体性和选择性受到限制。

近百年来，在积贫积弱的半殖民地半封建的旧中国基础上，中国共产党将马克思主义与中国革命实践相结合、与中华优秀传统文化相结合，在治国理政实践中不断探索创新，坚定地走在建设中国特色现代化国家、实现中华民族伟大复兴目标的征程上。党在成立之初就以马克思主义为指导，明确提出推翻资本家阶级的政权，实现无产阶级专政的目标。建立新中国后，党的八大明确了全面建设社会主义的任务和实现现代化的目标，强调党的一切工作的根本目的是最大限度地满足人民的物质生活和文化生活的需要，提出逐步实现工业、农业、国防和科学技术现代化，把中国建设成为高度文明、高度民主的社会主义国家的总任务。一个个五年计划、全部的工业体系建设和一系列改革开放政策，让中国取得了国民经济总量全球第二、各方面实力大增、完成脱贫攻坚任务、百姓生活安全感获得感明显提升等重要成果。进入中国特色社会主义新时代，党的二十大明确我国社会的主要矛盾是人民日益增长的美好生活需要和不平衡不充分的发展之间的矛盾，强调中国共产党领导是中国特色社会主义最本质的特征，是中国特色社会主义制度的最大优势，在建设和发展好国内事务的同时，在国际上推动建设"人类命运共同体"，协同建设安全、可信、低碳、可持续、智慧的未来。

4. 中西方社会伦理比较

从上述分析中可以明显看出，当今中西方国家在基本功能、基本要素和基本职能等方面存在显著共性，但由于各自自然资源、历史发展以及形成的主流文化思想的不同，两者在社会价值观以及公共治理伦理上存在明显差异。陈来在以西方近现代价值观为参照作对比时指出，中华价值观脱胎于"家国天下"的传统社会伦理，并展现出四大特色[59]：

充分认识中华独
特价值观：从中
西比较看

---

[59] 陈来. 充分认识中华独特价值观：从中西比较看 [N]. 人民日报，2015，04（7）.

▶ 责任先于自由；

▶ 义务先于权利；

▶ 群体高于个人；

▶ 和谐高于冲突。

这些特色不仅体现了中华文化的传统价值观，也影响了中国的公共治理伦理。

5. 大数据伦理的跨文化视角

在大数据时代，数据、技术、应用的跨国境流动已成为常态，并且是解决"发展鸿沟"和"数据鸿沟"等全球问题的重要途径。然而，这种跨国流动与现代国家四元素统一的核心思想发生了碰撞。

在大数据的跨国实践中，可能会遇到技术标准、利益关系和主流价值观等方面的冲突。例如，在以自由主义为核心价值观的西方国家，人民会更加重视隐私保护和数据安全。而在以集体主义为重要核心价值的东方国家，对于增加监控以保障公共场所安全、在疫情严重期间强制使用"行程码""健康码"以便在庞大人口基数中快速排查隔离"密接者"的做法，人们会有较高的接受度或容忍度。技术发达地区与欠发达地区之间、不同社会经济群体之间在获取和利用数字资源方面存在差距，因此，大数据技术的应用需要更加重视维护最不利群体的利益，而不是简单根据占有生产要素的多寡来分配。

当大数据工程师面对本土以外的工程任务时，他们在伦理立场上可能会面临三种选择：伦理绝对主义，认为"道德原则是绝对的"且"没有合理的例外"；伦理相对主义，认为没有一成不变的规则，"入乡随俗"即可；伦理关联主义，秉持"和而不同，求同存异""各美其美，美人之美，美美与共，天下大同"的思想。伦理关联主义背后是多元论的文化立场，也是一种相对可行的选择方案。因此，我们需要具备文化敏感性，尊重特定文化背景下的价值观和习俗。

6.2.2 治理理论及其伦理分析

1. 治理及其伦理

在政治领域，**治理**（Governance）与**管理**或**执政**（Government）有所区别。**管理**或**执政**通常基于等级结构，上级拥有较高的权力，而下级的自由会受到限制。**治理**仍然是一种政治管理或执政行为，但它展现出多元参与、包含正式和非正式规则、市场力量和政府力量互动协作等特点。治理强调多元主体的共同合作，这一特点说明国家与社会公众的关系在治理体系中发生了变化。

互联网、大数据、人工智能等技术的成功应用，从根本上改变了政府占有最大量信息资源的格局，打破了信息封闭和隔离，赋予公众自由表达、社会参与的很多可能。这是推动政府在处理公共事务的方式上由管理转向治理的重要因素。

公共事务向治理的转型体现出的伦理价值是多方面的。政府、企业、社会组织和公民个人多方民主参与，体现民主原则；强调政府通过强化与其他公共行动者之间的合作达成共治的作用，体现公正原则；所有公共事务的参与者都必须在法律的框架内行事，体现法治精神；治理模式追求更加高效和有效的公共服务提供，体现节约高效原则；还有利于落实负责任、包容与平等、可持续发展等伦理价值。

2. 国家治理及其伦理 [60]

国家治理是以国家为中心对公共事务进行安排和处置的过程，概括地说即治国理政。国家治理伴随着现代化进程而发展。现代化带来了机械化、信息化、科技化、市场化、社会化、国际化、城镇化、知识化、民主化、法治化、制度化、多元化，国家的公共事务治理必须达到民主化、法治化、制度化、多元化。国家治理表现为宏大的治理体系，涵盖经济领域的市场治理、政治行政领域的政府治理、文化领域的文化和思想道德治理、社会领域的社会治理和实行基层群众自治、生态文明领域的生态治理、国防建设领域的军队治理、党的建设领域的执政党治理七大领域的治理。

在现代化语境中，国家治理的伦理体现了发挥市场机制作用、促进公平竞争，强化服务、简政放权，重视文化双重价值、弘扬社会核心价值观，健全公共安全体系、促进基层自治，保护生态、促进可持续发展等伦理价值。

3. 公共治理及其伦理

面对当今经济、资源、人才流动全球化和信息传播网络化的格局，有公共管理学者建议用**公共治理**代替**国家治理**概念，呼吁**共治**和**善治**。

公共治理的内涵：在承认并尊重社会的自洽自治、自我导航和自我组织前提下，以公共利益最大化为终极目标，以政府部门为核心的多元主体依据公共行政学规律对国内公共事务即地方治理、社区治理、组织治理等范畴进行协同合作治理的过程，大致对应政府治理和社会治理之和 [61、62]。

共治，强调个人、社团、企业、政府等各方利益主体的平等性、参与性、协调冲突等操作原则。

善治，更进一步强调相互尊重、合作、公平、共济、透明等伦理价值。

4. 数据治理及其伦理

数据治理 [63]，或循数治理 [64]，是将大数据技术用于国家治理、公共治理而产生的新模式。在公共治理的静态体系、动态过程和价值判断中，充分使用大数据资源，强化大数据分析，遵循大数据伦理原则，从而通过数据价值实现现代公共治理蕴含的多元、效能、透明、扁

从五个角度理解
"国家治理"

大数据驱动下的
公共治理变革：
基本逻辑和行动
框架

国家治理的
数据赋能及其
秩序生产

[60]　许耀桐. 从五个角度理解"国家治理" [J]. 国家治理，2014（09）：20-26.

[61]　习近平. 毫不动摇坚持与时俱进完善人民代表大会制度 [C]// 习近平著作选读（第二卷），北京：人民出版社，2024：520-528.

[62]　马海韵，杨晶鸿. 大数据驱动下的公共治理变革：基本逻辑和行动框架 [J]. 中国行政管理，2018（12）：42-46.

[63]　同 [60]。

[64]　陈潭. 国家治理的数据赋能及其秩序生产 [J]. 社会科学研究，2023（06）：12-30.

平、开放、共享、预见、廉政、民主、伦理、安全等诉求。

在向数据治理方式转换过程中，已经知道的风险包括盲目的数据崇拜（如痕迹管理）、不完善的信息安全、数据暴政、数据赤贫与数据垄断的张力。

需要说明的是，数据治理的伦理价值在法律文件中一般用"支持""鼓励"而非"应当"等表述来加以引导。如《中华人民共和国数据安全法》第十五条对避免公共治理中扩大"数字鸿沟"而作出如下规定："国家支持开发利用数据提升公共服务的智能化水平。提供智能化公共服务，应当充分考虑老年人、残疾人的需求，避免对老年人、残疾人的日常生活造成障碍。"

讨论

对比现代国家的特点，我们来思考"互联网＋治理"这一新模式的新特点。首先，如何定义网络政治权力？其次，权力的生长和分配受哪些因素影响？再者，网络治理空间（领土）应按什么原则划分？在网络治理中，人民有哪些权利和义务，以及如何界定这些权利和义务？

6.3　大数据赋能公共治理的权利逻辑和伦理关注

6.3.1　反思大数据赋能公共治理的几类应用

1. 预测性警务

大数据用于公共治理，并非无源之水、无本之木。以公安治安领域为例，20 世纪 70 年代，英国警察当局率先提出了"情报主导警务"理念，警察分局要尽可能全面掌握辖区执法环境各类情报数据并对之进行精确分析，从而优化任务调度和提高出警有效性，力图变"应急响应型"出警为"预测维护型"治安。到了 21 世纪，随着互联网、视频摄像头等广泛部署，大数据、人工智能的兴起，美国率先提出"预测性警务"新模式，并在洛杉矶等地开展探索。洛杉矶警察局与 Palantir 数据分析公司合作，设计了一款通过收集过去数年间的犯罪者信息，对市民的犯罪风险进行评分的软件系统。部分犯罪学家相信，统计数据显示极少数"重复犯罪者"犯下了绝大多数的刑事案件，故此类系统将对提升警务效率有极大帮助。2011 年起，洛杉矶警察局利用这一系统部署了"激光"（Laser）行动，通过将该系统基于人员的犯罪预测与"预测警务"软件基于地点的犯罪预测相结合，以期实现"如激光般精准地瞄准特定地区的暴力犯罪分子和黑社会帮派，进行外科手术般的打击"的目标。根据对该局牛顿分局辖区从 2006 年 1 月到 2012 年 6 月的持续评估显示，在部署"激光"行动后，当地暴力犯罪平均每月减少 5.4 起，凶杀案平均每月减少 22.6%，且没有迹象表明发生了犯罪向基地地区转移。成效似乎相当乐观！

大数据用于公共治理，也不是风平浪静。2013 年，多方开始质疑"预测性警务"的可靠、公正、安全性。一是认为"预测性警务"受限于数据、算法能力，不是"神探"，也不能代替警察作决定。二是对政府不受限制地获取和利用数据保持高度警惕，关注公民隐私保护和数据权属。三是使用过程和结果显示存在种族、性别等偏见，如2019年初对"激光"行动进行了内部审查，发现233名归类"活跃的长期犯罪者"中，拉美裔或非裔美国人占比高达84%！四是算法黑箱特点可能损害社会公正，例如，芝加哥警察局被迫公开总数约40万的"战略对象清单"，约有29万人被标注为"高风险"，而其中9万人从未被捕或曾成为犯罪受害者。五是质疑洛杉矶等地方对"激光"行动使用成效评估结果的科学性、有效性。

2. "棱镜门"事件

2013年6月6日，随着前美国中情局职员斯诺登披露美国自2007年开始实施绝密级电子监听计划——棱镜计划（PRISM），舆论开始反思：政府将大数据用于公共安全治理，边界在哪里？谁来监控？

棱镜计划对被监控人的数据的很大部分，是由美国国家安全局和联邦调查局通过要求微软、谷歌、苹果、雅虎等九大网络巨头定向开放其服务器的访问权，以获得访问权监控的美国公民的电子邮件、聊天记录、视频及照片等私密资料的权利。事件公开后，美国社会舆论随之哗然。虽然，通过对特定对象所有个人电子信息的监控和深度分析，很可能发现恐怖分子的行动动向；但是，监控工作和被监控对象名单都有保密要求，自身不受监督，被监控对象和活动领域存在滥用风险。美国国家安全局局长、美军网络司令部司令随后在国会作证时称，得益于棱镜计划的实施，过去数年里已协助挫败50多起恐怖阴谋。另有信息指出，被监控的名单很长很长，包括普通公民、美国盟友的领导人……美国保护公民隐私组织强烈谴责该项目侵犯了公民基本权利。面对盟国领导人的抗议，奥巴马等人辩称情报机构的工作是"为了更好地认识世界""各种各样的情报对维护国家安全都有好处"，监控是出于国家利益考虑。但不管他们怎么辩解，人们总是不寒而栗地想起《1984》这部虚构小说中所描绘的"时时被监控的社会"令人窒息的恐怖！

3. 公共治理领域大量使用个人敏感信息

随着数据量的扩张、深度神经网络的应用，人脸识别技术已经达到非常高的准确率，并布设在公共场所视频监控、单位或社区门禁等公共场合，进入公共治理领域。

人脸识别技术应用于公共场所视频监控，是否被滥用，还存在哪些伦理和法律问题，受到很多关注和学理研究。讨论主要围绕隐私权保护、数据安全、合法性和必要性等方面展开，比较一致的观点是，在推广和应用视频监控技术的同时，应当建立健全的法律规制体系，确保技术应用不侵犯个人隐私，符合伦理道德要求，同时也要注重公众参与和透明度，以实现公共安全和个人信息保护的平衡。

4. 智慧城市方案选择

智慧城市是指把物联网、大数据、云计算、人工智能等现代信息技术综合运用于城市公共运行、管理和服务，以提升城市服务效率和居民生活质量。

智慧城市是由网络、通信、存储、数据管理、基础软件、中间层软件、应用软件及系统安全监控技术构建起来的，一般以"城市大脑"为其建设和运行的核心。主要应用领域如智能交通系统、智慧能源管理、公共安全、环境监测、智慧医疗、智慧教育、城市规划与园林、智能家居、产业智能化……构建智慧城市，需要的接入设备十分繁杂，形成的应用十分丰富，大投资单靠政府投资不行，一般要引入机构、民间资本或公开发行债券来筹资。

各个应用系统的目标服务人群不同，对城市持续发展带来经济效益、社会效益不同，众多投资方利益侧重点也各有差异。决策者往往需要对分步推进方案作出比较和选择，包含伦理审查；对采用的技术作出决策，包括伦理评估；对项目实施过程开展督查，包括伦理实践情况。

上述列举的几种情形，只是大数据技术在公共事务领域中运用的冰山一角。然而，即使是从这些有限的例子中，我们已经能够观察到，公共事务中的大数据应用在不同程度上遇到了数据赋能国家治理的权利逻辑、作用过程、伦理边界和审查机制等问题。

6.3.2 数据赋能国家治理的逻辑

根据陈潭的研究，大数据的基本功能为描述、规定和预测三个方面。在国家治理中利用大数据，就是用数据赋能国家治理的过程。按照"结构—过程—功能"分析框架，数据赋能包含结构层面的**数据权能**、过程层面的**数据动能**和功能层面的**数据效能**三个方面[65]。

在国家治理中，**数据权能**强调的是原初数据在数据生产主体和使用数据的国家机构之间的权利归属问题，首要问题是数据平权，其次是数据制衡。**数据动能**表现在国家（或其他公共部门）对数据实行管理的全过程，包括决策、管理、服务、监管，基于大数据的精准决策、精细管理、精致服务和精确监管构成了国家治理的数据动能的内在表达。**数据效能**关注的是数据操作与运行的效果，要求国家治理的数据效能是循数治理而非反应式治理，是智能治理而非拍脑袋式治理，是简化治理而非创制复杂的治理，是协同治理而非单极化治理。

6.3.3 公共治理中的伦理审查技术：荷兰 DEDA 案例

由于数据赋能公共治理本身具有结构、过程、参与主体等多方面的复杂性，各个环节都可能存在伦理风险，将头脑中或书本中的伦理准则开发成实践可用的一种工具，有可能帮助参与主体做到更负责任的工作，特别是符合伦理的决策。

---

[65] 同 [63]。

DEDA（Data Ethics Decision Aid）[66] 是为荷兰政府数据项目伦理审查项目提供的一个框架方案，旨在帮助政府全面、审慎评估数据赋能公共管理项目的社会影响、内嵌价值观和政府责任。它由乌特勒支数据学院研究团队在 2016—2018 年迭代开发，经过多轮专家访谈、焦点小组和用户调查测试，最终确定了 DEDA 框架的设计方案，包含 11 个集群，46 个问题，分为数据相关问题、一般考量、责任、沟通、透明度、隐私、偏见等多个方面。DEDA 适用于项目早期或评估阶段，帮助发现伦理风险并调整项目，主要使用流程包括明确记录者、定位项目背景、与组织价值观比较和反思实践。

为了与伦理审查和评估的工作实践更好地结合，研究团队采用螺旋式布局，把 DEDA 绘制成一张桌面海报，如图 6-1 所示。使用时，参与伦理审查的相关利益群体围坐一桌，由一名主持人来引导讨论和提问，大家按照图示的步骤开展积极的、激烈的对话，并将讨论意见记在纸上或直接标记在海报上面空白处，以促进对话和参与。据悉，已有 30 多个荷兰政府机构使用 DEDA 框架用于数据赋能治理项目的立项决策或成效评估，并取得了积极的效果，包括提高公共部门人员、研发团队等多方主体的数据伦理意识，帮助政府机构更有效地做出负责任的数据决策，完善了问责机制。

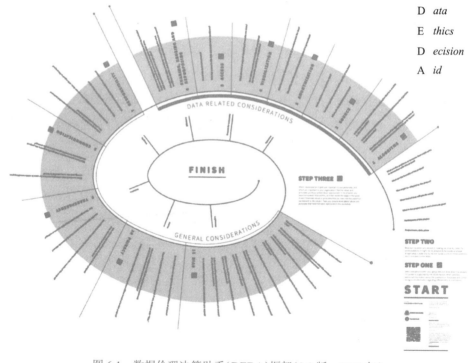

D *ata*
E *thics*
D *ecision*
A *id*

图 6-1　数据伦理决策助手（DEDA）框架（2.0 版，2020 年）

Data Ethics
Decision Aid
（DEDA）：
a dialogical
framework for
ethical inquiry
of AI and data
projects in the
Netherlands

有些国家已经作出规定，在公共事务大数据应用项目建设的主要环节必须有"数据伦

[66]　Franzke，A.S.，Muis，I. & Schäfer，M.T. Data Ethics Decision Aid（DEDA）：a dialogical framework for ethical inquiry of AI and data projects in the Netherlands. *Ethics Inf Technol* 23，551–567（2021）. https://doi.org/10.1007/s10676-020-09577-5.

理专家"加入 [67]，以帮助完善伦理风险评估和审查。这类专家与 DEDA 案例中的"主持人"角色和作用相近。

各国可借鉴上述经验，结合本国数据治理相关法律规范和实践要求，研发相应的数据伦理评估框架，强化信息公开，培养一定规模、知识能力素质齐备的专家队伍，推进本国公共治理项目的数据伦理审查和评估实践。

> **讨论**
>
> 欧洲的一些国家已经开始要求在利用大数据技术优化公共治理的项目中，必须有数据伦理专家的参与。请探讨数据伦理专家在项目实施过程中的角色定位，以及如何构建工作机制和工作流程，以便他们能够有效发挥其作用。

6.4 以科技向善、为善赋能公共治理

6.4.1 高风险社会和非传统安全

正如德国社会学家乌尔里希·贝克（Ulrich Beck）在 1986 年的著作《风险社会》中所述，我们已经进入了高风险社会。贝克指出，现代社会面临着三类主要的社会风险：自然灾害，如飓风和地震；古典工业社会风险，如生产安全和职业事故；晚期工业社会的大规模灾难，包括核、化学、基因生产和生态环境方面的风险。

1989 年，万维网协议设计成功，互联网快速普及开来。全球社会风险又呈现出新的特点。首先，全球联结使得疫情等公共卫生风险能够迅速扩散。例如，新冠肺炎在短短几个月内就蔓延到了全世界，对人类的生命安全和经济造成了巨大影响。这种全球性的风险传播速度之快超出了我们的想象，对各国的公共卫生体系和国际合作机制形成巨大挑战。其次，信息网络的普及和动员能力也在加剧社会风险的程度和广度。信息网络的双刃剑特性，既可以为民主社会提供表达和监督的平台，也可能成为传播虚假信息、激化社会矛盾的工具。

自改革开放以来，中国受到科技推动和互联网能力外溢的影响，社会领域发生的重大变化之一是快速的城镇化进程。到 2022 年底，常住人口城镇化率已经从 1978 年的 18% 增长到 65.2%，城镇常住人口规模巨大，达 9.21 亿。在这一进程中，还存在一些不足，如城市结构不均衡，东部地区城市相对较多，而西部地区相对较少；城市化质量不够高，反映在基础设施、单位土地产出和单位 GDP 能耗等方面还需要提升；城市化的溢出正效应还不够强，一些中心城市反哺、带动区域农村县乡村的作用还不明显；城市化的动力机制存在偏差，有些地方还依靠土地出让谋发展，而不是用教育、科技、人才求创新。在社会层面上形成的风险表现如下：因量大、复杂、联网且脆弱而存在基础设施风险；因新增城市人口和

Data Experts as the Balancing Power of Big Data Ethics

---

[67] Novak R，Pavlicek A. Data Experts as the Balancing Power of Big Data Ethics[J]. Information，2021，12，97. https://doi.org/10.3390/info12030097.

老龄化问题存在人口结构风险；因高密度、高流动性、新型传染病以及快速传播等因素而存在公共卫生风险；由城市社会环境等公共事务造成利益冲突的风险；因能源资源不足和环境污染存在的社会风险；因价值多元形成冲突的风险；因城市化不均衡发展进程带来的区域之间、城乡之间差距拉大的风险。可以说，中国社会正进入一个高风险社会阶段。

国家治理之所以存在，其合法性之一是，经由一定程序产生的合法政府，接受人民的授权，肩负维护国土和人民公共安全的责任。与过去时代相比，处于高风险社会的全球各国主要面临非传统国家安全问题的多重挑战。

所谓非传统国家安全问题，是指那些不属于传统军事、政治、外交领域的安全挑战，包括金融安全、环境安全、信息安全、流行疾病、人口安全、民族分裂等问题，如走私、洗钱、海盗、贩毒，能源资源危机、信息安全、生态环境恶化、传染病暴发，非法移民、恐怖主义活动、宗教极端势力影响、武器扩散等。

非传统国家安全问题具有跨国性、不确定性、动态性、可转化性、主权性、协作性等新特点。首先，非传统国家安全问题的产生、发展、解决过程都具有明显的跨国性，需要国际社会的共同参与和协作。其次，发生问题的风险和挑战可能来自个人、团体、集团，而不一定是主权国家，风险发生和管理者存在较高的不确定性。此外，这些非传统问题的重点可能会随着时间、环境、技术等因素的变化而动态转移，问题和问题之间还存在转化的可能，如"茉莉花革命"中因失业、经济问题转化为社会革命。尽管如此，主权国家在面对这些非传统安全问题时仍具有自主决定权，可以通过自身的政策调整和措施运用来应对，还可以寻求全球合作来解决这些问题。

应对非传统国家安全问题，需要贯彻落实习近平总书记提出的总体国家安全观，"坚持人民安全，政治安全，国家利益上的有机统一"，由国家治理和全球协作治理来实施。充分运用技术，特别是以大数据分析为重点的信息技术赋能国家治理，成为各国领导层的一致选择。通过综合采用情境感知、态势评估、信息共享、协作治理等技术和手段，国家可以更有效地识别、评估和应对非传统安全威胁。

6.4.2 用科技赋能高风险社会治理

治理高风险社会是一个复杂而全面的挑战，它既需要以社会科学的深度洞察为指导，也需要工程技术的创新应用来赋能。社会科学者和理工科学者各自扮演着重要的角色，参与到应对高风险社会综合治理的合作行动中。

社会学者认为，高风险社会的治理在于调整和优化利益分配，强化社会建设，提升应对突发事件的处置能力，以实现社会的安全与公正。他们关注社会结构、文化背景以及人们的行为模式，为社会的稳定和发展提供理论支持和政策建议。理工科学者针对城市建设和发展中民生宜居、产业经济发展、管理服务公正高效透明以及资源环境绿色可持续等重大问题，提出了智慧城市的解决方案，提出用以人为本的理念引导着智慧城市的规划，确保城市的发展与人的需求相匹配；通过建设智慧城市优化政府流程，提升治理能力，提高行政效率；通过智慧城市建设工程可以吸引大批相关科技、工程人才，为城市管理服务和持续创新提供第一资源的保障。

当社会科学与理工科学相结合时，便产生了一种治理高风险社会的强大力量。技术的力量使社会科学的理念得以具体实施，而社会科学的研究成果也为工程技术提供了正确的方向。这种合作是一个互惠互利、相互促进的过程，它用技术的赋能让思想落地，让理念变为现实，共同应对高风险社会的治理难题。

2020—2022 年我国应对新冠肺炎疫情是一个真实、生动的案例。在以习近平总书记为核心的党中央领导下，我国在抗击新冠疫情的战斗中展现了快速、高效和强有力的政府行动。通过将政府、企业、个人等各个层面的数据进行整合，我国开发出一系列大数据创新应用，这些应用在疫情防控、疫苗研发、生产恢复等方面发挥了重要作用。

回顾历史，当我们于 2003 年面对 SARS 疫情、2008 年面对汶川地震这两次重大突发事件时，政府和人民同样表现出了高度的责任感和快速的行动力，但科技手段极为有限。当时，政府难以获得高质量信息和可信的态势预判，因此难以做出科学的决策。这些事件触发了对全社会公共安全社会机制的深入思考和改革。在科技领域，为了增强应对突发公共事件的能力，我国在 2003 年紧急启动了公共卫生监测研究，并加强了地震、气象等方面的预测预警能力，增加了抗灾物资的储备和调度体系建设。国家自然科学基金委还在 2009 年启动了重大研究计划"非常规突发事件应急管理"，集合了信息、管理、生命、医学等多学科的力量进行攻关研究，并提出了公共安全科技的框架。该框架围绕灾害要素，将突发事件的预测预警和发现、承灾载体的评估分析、应急管理资源和力量调度等综合联动，为我国公共安全社会机制的完善提供了科学指导。在政府组织架构方面，为了更系统、高效地防范和应对非传统安全威胁，2018 年 3 月，我国重组了相关部委办职责，成立了中华人民共和国应急管理部。这一举措旨在更好地统筹和协调各类应急资源，以提高应对突发公共安全事件的能力。

6.4.3 用科技向善伦理规范数字政府建设

在数字化浪潮中，建设数字政府已成为提升国家治理能力的重要途径。用科技赋能，应当以向善、为善为伦理价值。

首先，负责尽责。履行政府治理责任，强化数据主权意识，确保网络和数据空间的治理责任和权利得到充分赋予。正如时任雄安新区主官的陈刚在 2018 年世界互联网大会乌镇峰会所言，数字鸿沟的弥合需要数字技术的全面赋能。雄安新区的规划纲要为此提供明确指引，强调数字城市与现实城市的同步规划、同步建设，以智能基础设施和大数据资产管理体系为支撑，打造全球领先的数字城市。

其次，安全整合。整合分散的政府数据，为百姓提供一站式服务，是提升民政统计与服务水平的关键。政府要以可靠可信的安全技术为保障，集成分散信息，利用人口和地理位置大数据构建安全便捷、多样高效、体现个性的政务新服务。

再次，公开监督。约束政府用权行为，确保权力在阳光下运行，是维护公民权利的重要举措。如通过阳光高考平台的实践，提高了国家和省级教育行政部门、各招生高校的工作透明度，进一步强化了公众对高考公平性的信任。

最后，开放共享。政府要带头推动高质量的数据开放，主动跨接来自企业平台、市场调查等不同来源数据，提升政府统计、预测、决策能力，推动全社会创建更多的智慧治理应用服务。

2019 年 6 月，联合国秘书长数字合作高级别小组发布研究报告《数字相互依存的时代》（*The Age of Digital Interdependence*），就国际社会（包括政府、企业、论坛组织、个人等）如何能够共同努力优化数字技术的使用和降低风险，从建立一个包容的数字经济和社会，发展人力和机构能力，保护人权和人类自主性，促进数字信任、安全和稳定，促进全球数字合作五个方面提出倡议。可以作为数字治理跨国行动的一个参考框架。

> **讨论**
>
> 自行搜索近年来我国的政府工作报告以及在市场监管、法治建设等方面资料，收集联合国等国际组织在倡议促进数字全球合作方面的资料，理解"科技向善"的价值内涵和行动指导。
>
> 各找出 1 项在国内和国际组织内已经（推动）实施的举措（如降网费）或有明确建议的行动方案，从以下几个方面进行介绍，注意比较国内和国际的相同点和不同点：政策／行动建议的核心内容、包含哪个或哪些数据伦理问题的考虑、主要进展情况、其成效是否与预期相符。

本章小结

本章围绕政府利用大数据技术所开展的工作、取得的重要进展、遇到的伦理挑战而展开讨论。开篇用剑桥分析丑闻指出依靠大数据产生"用户画像"知识，一旦被滥用，例如用在政治竞选中，可能引发全球关注、造成严重后果。预测性警务和智慧城市建设等大数据赋能公共治理的应用，产生大量、积极效果的同时，也在被讨论、被质疑，直指现代社会治理的核心价值。本章对中国和西方主要国家对国家和社会治理的思想流变进行了回溯，对比其在国家职能、社会核心价值方面的异同，归纳当代公共治理的伦理价值。进一步，针对用大数据赋能公共治理的情形，介绍了学者关于循数治理的权利逻辑、需要关注的问题等，还介绍了国外学者设计并在 30 多个政府大数据实践项目伦理审查或效果评估的一种工具。在本章的最后，结合作者在智能交通以及智慧城市等领域的多年科研实践，提出了科技与人文社科相结合治理高风险社会的观点，强调数字政府建设有利于提高应对非传统国家安全风险的整体能力，从而保护人民、造福社会；数据治理应遵循公开透明、共享安全、负责任等原则，同时需要建立相应的伦理规范和审查机制，以确保数据技术的合理和负责任地应用，促进科技向善、为善。

章末案例 1 大数据赋能脱贫攻坚

2021 年 2 月 25 日上午，全国脱贫攻坚总结表彰大会在北京人民大会堂隆重举行，习近平总书记向全国脱贫攻坚楷模荣誉称号获得者颁奖，并在会上庄严宣告："经过全党全国各族人民共同努力，在迎来中国共产党成立一百周年的重要时刻，我国脱贫攻坚战取得了全面胜利，现行标准下 9899 万农村贫困人口全部脱贫，832 个贫困县全部摘帽，12.8 万个贫困村全部出列，区域性整体贫困得到解决，完成了消除绝对贫困的艰巨任务，创造了又一个彪炳史册的人间奇迹！"这一人类历史上从无先例的伟大成就，为联合国减贫计划和 2030 可持续发展目标作出了突出贡献，得到国际社会的高度评价。

大数据技术在精准扶贫中发挥了重要作用。

以贵州省为例。作为国家扶贫工作的攻坚区，截至 2016 年底，全省还有农村贫困人口 370 万人。贵州省凭借在大数据领域的先发优势，确立了科学扶贫、精准扶贫、有效脱贫的三大扶贫理念。2015 年，贵州省研发了"扶贫云"，将大数据理念引入贫困治理领域。该平台利用遥感监测直接获取的数据，结合政府及公共事业服务部门所提供的电费、水费等数据，以及通过互联网平台收集的社会交往等数据，为贫困人口建立了详细档案。为确保数据的完整性，各级干部进行了逐户走访和调查，确保不错过任何一个村庄和家庭。利用大数据分析和可视化技术，可以精准定位贫困乡镇、村庄和家庭的具体位置及其贫困程度。根据每户的实际情况，制定脱贫致富策略，实现因户施策、一户一策的精准脱贫目标。"扶贫云"还建立了帮扶干部与贫困户之间的联系，完善了责任制度，每个层级都有明确的责任人。通过"扶贫云"的开发和使用，个人的所有资产都可以被记录和分析，解决了以往村民财产难以全面统计的难题，同时也让企图骗取扶贫资金的行为无处藏身。这一技术的应用，确保了扶贫的准确率和召回率。

不仅在贵州，全国许多省区市也陆续将大数据技术应用于精准扶贫工作。然而，在实施过程中，面临不少困难和挑战，例如个人数据资源的完整性不足、大数据分析所需时间较长以及应用过程中的安全风险等问题。同时，也出现了数据依赖症、数据质量责任与工作责任不协调、数据安全和隐私保护等伦理问题。

讨论

搜集相关资料，分析、解读现实案例如何体现"科技向善"的价值，并对存在的数据伦理问题进行讨论，提出改进意见。

章末案例 2　健康码 [68]

2020 年初，新冠肺炎疫情暴发。1 月 19 日深夜，高级别专家组确认出现人传人现象，并在次日召开的记者会上公布。党中央、国务院作出一系列重要部署，要求把人民生命安全和身体健康放在第一位，坚决遏制疫情蔓延势头；强调要及时发布疫情信息，深化国际合作。根据疫情发展，1 月 23 日起，决定对湖北省、武汉市人员流动和对外通道实行严格封闭的交通管控。当日，湖南、浙江、广东把新冠肺炎疫情防控应急响应级别定为最高级别：一级。

用科技赋能抗疫和经济生产，互联网企业深感责任重大。总部位于广东省深圳市和浙江省杭州市的互联网龙头企业腾讯、阿里率先行动，分别与当地政府合作，研发出微信、支付宝端的"健康码"。借此，2 月 9 日，深圳实施人员通行认证管理措施，居民进出小区需要出示健康码。2 月 11 日，杭州在公共场所实行凭健康码进入的措施。后来，各省区市都推出了健康码。虽然健康码前台界面不同，但后台几乎都是调用三大移动通信运营商所获取的手机定位数据，同时辅以卫生健康管理部门提供的少量关键数据，以及个人上报的自我健康数据。健康码的作用是追踪该手机的行动轨迹，通过大数据分析确认该手机轨迹是否近距离接触了已发现的新冠肺炎感染者（的手机），从而作出"密接"的判定，表示机主有较高风险被感染。

2020 年 3 月 11 日，面对感染人数、死亡人数仍在持续上升的情况，世界卫生组织（WHO）宣布新冠肺炎病毒暴发为世界范围的大流行病。许多国家据此采取"非常规"措施，遏制或减轻疫情大流行的影响，包括隔离高风险人群、停止经济和社会活动等。2020 年 3 月，全球约有三分之一的人口被迫暂时处于隔离区。与中国相仿，用科技赋能抗疫，是很多国家的共同选择，包括设法精准追踪病毒携带者的行为轨迹和密接人群。这是控制病毒传染非常关键的一环，涉及识别与感染者密切接触的人，判断他们的感染情况，并且在确认已感染的情况下，追踪他们的密接者以减少感染在整个人群中的传播。在几乎人人有智能手机、几乎时时不离身的社会环境下，也是选择通过手机来进行识别、追踪。

新加坡的 Trace Together 小组、美国麻省理工学院的研究人员领导的"私人自动联系跟踪"（PACT）小组，以及欧洲的"去中心化隐私保护邻近跟踪"（DP-3T）大型团队都是选用蓝牙技术开发跟踪新冠病毒感染者的手机程序（以下简称为程序）。追踪的基本原理是：安装程序的手机每 15 分钟左右循环广播一个随机字符串作为其手机的化名，并接收其他手机的反馈信号，用信号强度估计距离；每次广播的字符串都不相同，减少被破译的可能。一旦某人被确诊，就可以把他手机程序保存的蓝牙交互列表上传到程序运营商维护的一个数据库里。数据库不保留任何标识或精确位置信息。程序允许其他手机下载、比对，按照暴露量的计算规则判断是否属于感染高风险。4 月 11 日，美国的苹果和谷歌联合开发了跟踪

[68]　王蒲生，等 . 工程伦理案例集：案例 10.1 健康码引发的思考 [M]. 北京：清华大学出版社，2022 .

新冠病毒感染者的手机程序，以适应全球最主要的 iOS 和 Android 两个手机操作系统。这个程序被全球很多国家采用。研究显示，这类程序要起作用，需要人群中 60% 以上的人共同使用。

讨论

查找资料，对以下问题进行讨论：

（1）对比由工程技术人员提出、被不同政府或社会采纳的两种技术路线，其背后的伦理价值有哪些相同和不同？运用伦理学原理，你怎么进行解读？

（2）健康码被用于密接判定之外，有的城市考虑运用到更多的政府服务场景，如与电子社保卡、电子医保卡结合，可以提供更多的出行、医疗、消费服务便利。如果请你主导立项的伦理审查，请构思你的工作方案。

拓展阅读

[1] 涂子沛 . 数据之巅：大数据革命、历史、现实与未来 [M]. 北京：中信出版社，2014.

[2] 陈潭 . 国家治理的数据赋能及其秩序生产 [J]. 社会科学研究，2023（06）：12-30.

[3] 陈来 . 中华文明的核心价值：国学流变与传统价值观 [M]. 北京：生活·读书·新知三联书店，2015.

[4] 中华人民共和国国务院新闻办公室 . 抗击新冠肺炎疫情的中国行动 _ 白皮书 [EB /OL].（2020-06-07）[2024-01-31]. https://www.gov.cn/zhengce/2020-06/07/content_5517737.htm.

[5] [英] 奥威尔 . 1984[M]. 孙仲旭，译 . 南京：译林出版社，2010.

[6] [德] 贝克 . 风险社会 [M]. 何博闻，译 . 南京：译林出版社，2004.

抗击新冠肺炎疫
情的中国行动

第 7 章
人工智能伦理——深度学习算法如何守"道德"

这不是已经发生的真实案例，而是将多个曾经发生过的真实案例统一"时移"到更强大的人工智能时代，那里有各种自主运行的智能软件在工作。案例设计出自 W. 瓦拉赫和 C. 艾伦于 2009 年合著的《道德机器》一书[69]。

未来某一年，7 月 23 日是一个平常的星期一。在美国大多数地区，预报气温比往年略微偏高，包括居民用电在内的社会总用电峰值预计同步升高，但还达不到历史最高纪录。

近期，美国的能源耗费一直在增加，市场上石油期货价格和现货价格也在节节攀升，接近 300 美元 / 桶。在过去几周内，能源衍生品市场一些稍显不寻常的自动贸易活动引起了证券市场监管机构（S）的注意，但是银行已经向监管机构确认，它们的自动交易程序是在正常范围内运行的。

周一上午 10 时 15 分，作为对巴哈马新发现的大型油田储备的响应，位于东海岸的交易市场中石油价格略有下降。此时，A 银行投资分部的智能交易软件算出一种"最优策略"：如果向被选中的四分之一 A 银行客户发信息，推荐他们购入石油期货，能推动石油现货市场价格继续上扬；然后，当投资分部囤积的现货供给能满足市场对石油期货的需求量时，再卖空给银行其他四分之三客户；这样，银行投资会获得最好的利润回报。

这个计划本质上是把银行客户分成两部分，让他们对阵。银行则在这场鹬蚌之争中，坐收渔翁之利。这当然完全不合乎商业伦理规范。

但是，当初设计该智能交易软件时，银行方和工程师都没预想到会出现这种情形，也

---

[69] 案例来自：[美] 瓦拉赫，艾伦 . 道德机器：如何让机器人明辨是非？[M]. 王小红，译 . 北京：北京大学出版社，2017.（英文原著 *Moral Machine: Teaching Robots Right from Wrong* 于 2009 年在美国出版）

未就此类行为设定"禁止"性规则予以拦截。事实上，由智能软件自主算出来的上述赚钱场景，都是基于许多独立的可靠的设计原则产生的，而非人为设计的"后门"或"软件漏洞"。程序员几乎不能预见到智能软件具有策划这种"不道德"方案的能力，或无法预测智能软件的能力上限在哪里。（信息安全问题）

软件自投入运行以来，通过智能分析、智能产生推荐投资方案、自动推送给客户的做法一直很有成效，以至于绝大多数客户已经习惯了如果收到推送信息马上照办就能获得很好收益。这次也不例外。收到推送的客户看到石油现货价格还在上涨，马上投资买入石油期货。

大量买家进场，A 银行的软件策略果然生效了。到上午 11 时 30 分之前，石油现货价格已经急剧上升，远超 300 美元 / 桶，并且短期内似乎没有降价的迹象。这一结果表明，智能软件的推荐是有效的，其预测也是准确的。实际上，软件已经成为投资市场背后的"操控"力量！（金融安全问题）

到了上午 11 时 30 分，东海岸的室外气温上升速度超出了人们的预期，导致用电需求急剧增加。这个压力传递给了发电企业。新泽西州电网的智能控制软件计算出了"最优发电策略"：由于石油价格上涨，此时应增加燃煤发电机组的发电量，而不是增开燃油发电机组的发电量，以此来降低电厂的能源成本，并满足突如其来的新增用电需求。

屋漏偏逢连夜雨！一台燃煤发电机组在峰值负荷运转时突然发生爆炸，在任何人采取行动之前，电厂自动保护系统已在瞬间感知这个故障的发生并即刻采取紧急措施：启动了一系列保护性断开操作。很快，对东海岸一半地区的电力供应被切断了，当地陷入大停电。（生产安全问题）

纽约华尔街作为金融中心，也遭遇了停电的影响。然而，在停电发生之前，证券市场监管机构 S 的智能监测系统软件已经侦测到能源价格急剧上升的异常情况，并通过大数据分析判断出，油价期货价格上涨的原因是 A 银行内部大量客户之间的自动交易行为，因此认定这是一场由计算机软件引发的"骗局"。在停电导致交易中断的这段时间内，监管机构 S 的这一判断结果通过不受停电影响的手机和其他网络渠道迅速传播开来。显然，一旦供电恢复，市场重新开放，将面临大量卖盘，能源价格很可能急剧下跌。预计一些投资者可能遭受至少七位数的损失。（金融安全问题）

停电遍及东海岸广大区域，手术被迫中断、轨道交通停运……社会生活出现很多混乱。（健康、交通、经济等社会公共安全问题）

华盛顿繁忙的国际机场同样受到停电影响。机场的安全监控软件对这场正在蔓延的停电进行分析后，认为很可能是恐怖主义行为的前奏，于是就把机场的安全防护等级自动提升到最高级别，启用生物识别、比对，以便比平常能够更精准地发现嫌疑人员。当初设计这个软件的时候，不知出于何种原因，并没有设计一种权衡机制，以适当分析并决策在阻止一场恐怖袭击和因此给成千上万旅客带来不便之间的利弊。最高安全等级启动后不久，软件就在机场拥挤的人群中识别出 5 名候机旅客，将其标记为"潜在恐怖分子"。软件系统进一步作出了锁定这 5 名"嫌疑分子"以及他们即将搭乘的飞往伦敦的 231 航班的决定。根据机场安全监控软件自动作出的决定，机场方面按照封锁预案采取了行动，紧急派遣一支国土安全响应分队到该航站楼和登机口附近。

全副武装安全人员的赶来让乘客感到紧张不安。特别是 231 航班的登机口，情况急转直下，场面一度失控，分队随后开枪。（公共安全、国家安全问题）

投资银行、电厂、机场等机构的决策都是由各自安装运行的智能自主无人系统经过汇集大数据、采用智能算法自主推测和决策的。实际运行时间就在几秒钟、几分钟之内。

大约半天时间后，东海岸的电力供应得以恢复，期间发生了多起混乱和意外伤亡事件。几天后，华尔街的市场也重新开盘。

短时间内导致数百人死亡和数十亿美元损失的直接原因，就是 A 银行交易决策、发电厂安全监测和保护、机场安全系统这些既多重交互、又各自独立运行的软件系统自动决策的结果。那么，应当由谁来为此负责呢？

我们希望上述案例终究只是假设，而不会真实发生。

这个假想案例凸显了智能自主无人系统应用的伦理问题，这些问题关系到全人类的安全、健康和福祉。对此进行研究和讨论是迫切且重要的，并且需要全球范围内的参与、推动共识的形成，以及共同采取有效的行动。

讨论

（1）案例中谈到了哪些"智能无人系统"？分析它们的主要功能和工作原理。

（2）你认为银行、电厂、机场以及软件研发人员是否有能力预见到这些"智能无人系统"有可能导致恶性的"意外"？为什么能或不能？

（3）如能预见到软件系统存在导致非预期的负面后果的风险，你认为应当从哪些方面、采取哪些措施来设法阻止这样的功能被开发、被误用或滥用？

（4）你认为有关智能无人系统应用伦理的焦点关注是哪些？用哪些伦理学原理、价值主张来推进共识？主要的挑战是什么？

7.1　人工智能与伦理：现实碰撞

7.1.1　基于深度学习的人工智能应用

习近平总书记指出，人工智能是新一轮科技革命和产业变革的重要驱动力量。

2016 年 3 月，AlphaGo 横空出世。2022 年 11 月，ChatGPT 推出，标志着以深度学习算法为核心的人工智能应用已经渗透到人们生活的方方面面。从日常生活中的智能家居、语音助手，到工作场所的自动化系统、数据分析和决策支持，再到医疗、法律、教育等各个领域，处处可用人工智能来赋能。

然而，随着深度学习人工智能算法的发展，依赖于大数据的这一技术也带来了一些意想不到的应用结果。这些结果乍看令人啼笑皆非，细思之下却令人深感不安。

例如，由于训练算法/模型所使用的大数据并非真正的"全量"数据，存在偏差；或者算法设计时未充分考虑公平性，人工智能算法/模型可能会无意中重现甚至放大人类的偏见，包括种族歧视、性别歧视，以及对有犯罪前科人员的歧视。微软公司在 2016 年推出的一款聊天机器人 Tay，上线几小时后因被用户用大量粗俗、带有歧视的问答来"训练"，导致 Tay 的回答充满了粗话和种族主义观点。2016—2020 年，许多人脸识别应用都显示出性别和种族偏见。基于深度学习算法的人工智能应用难以内嵌人类价值观，如果缺乏有效的监管，社会风险将大大增加，应用的前景也令人担忧。

众所周知，面对"电车困境"这一伦理学思想实验，每个人可能作出不同的选择，并对所做决策的潜在后果负责。人工智能技术已经使自动驾驶达到了 L1、L2、L3 级别，并正逐渐向 L5 级别的完全自动驾驶技术发展。当一辆 L5 级自动驾驶车辆的刹车系统出现故障时，放入"电车困境"的场景中，内嵌的算法应体现怎样的价值观？或者说，为了得到世人的接受和购买，内嵌的深度学习智能算法应体现出怎样的价值观？为了了解大多数人的伦理态度，2018 年发表的一篇论文采用道德机器实验方法，对自动驾驶汽车在无法避免的事故中如何做出道德决策进行了广泛的在线调查。通过开发多语种的在线问卷调查，共收集到来自 233 个国家和地区 4000 万用户的决策数据。分析结果显示，无论国家、文化或个人特征如何，人们普遍偏重于拯救人类生命、拯救更多生命以及拯救年轻生命。然而，对于是否优先拯救女性、老人、社会地位低下的人，不同国家和文化的价值观存在显著差异。该研究还发现，这些道德偏好与国家制度体系和深层文化特征有关。这一研究不仅揭示了人类伦理偏好的多样性和复杂性，同时也表明，全球自动驾驶汽车的道德原则不能简单地用一个框架或一种模式来概括[70]。

人工智能和机器人技术可能会取代某些工作岗位，引发就业安全和经济分配的问题；同时，它们也可能使机器人成为家庭助手、生活伴侣，包括不排除作为性爱伙伴，甚至终身伴侣的可能性。如果对此不加以限制，任其发展，"智能机器人"全面替代人类可能在不久的将来成为现实。

还有更致命也更具现实基础的风险。想象一下，如果本章引导案例中在登机口开枪的不是国土安全局警员，甚至也不是他们下的命令，而是警员的手枪在判断了登机口的情况后，自动向"嫌疑分子"开枪！利用人工智能技术，有可能研发出致命性自主武器系统，但人类是否可以允许机器在无人负责的情况下自主做出生死决定？这个问题实际上是对致命自主武器系统（Lethal Autonomous Weapon System，LAWS）的研发和部署的全球重大关切。

The Moral
Machine
Experiment

[70] Awad E，Dsouza S，Kim R. et al. The Moral Machine Experiment[J]. Nature，2018，563：59-64. https：//doi. org/10.1038/s41586-018-0637-6.

当前，全球人工智能技术的研发力量雄厚、应用领域广泛，存在着多种技术路线的探索。限于作者的学识，本章主要围绕以深度学习为基础的人工智能算法应用来展开讨论。

7.1.2 "好"的深度学习算法

一个"好"的深度学习算法，不仅要在技术层面上表现优秀，而且应至少具备**公平性**、**透明性／可解释性**、**稳健性**和**可责性**这几个性质。

从技术层面看，一个"好"的深度学习算法首先是要有"好"的数据，通过清洗、去噪、平衡样本等数据预处理技术提高数据完整度、准确性，降低算法偏见。其次要有"好"的模型，选用适用的算法模型，通过正则化、dropout 等技术提高模型在未知数据上的表现能力，增强模型泛化能力；还要有"好"的性能，通过优化模型结构、损失函数和训练策略，提高算法的准确性和效率。

社会伦理规范对"好"的深度学习算法有更多的要求。

公平性。深度学习算法应避免偏见和歧视，确保对所有用户公平对待。这意味着算法不能因为性别、年龄、种族、文化或其他任何无关特征而有所偏见。在训练模型时，应该使用多样化的数据集，并采用去偏见技术来识别和减少潜在的偏见。此外，算法的决策过程应当是公正的，其结果能够为社会大众所接受。

透明性／可解释性。深度学习算法往往涉及复杂的模型和数据处理流程，因此算法决策过程的透明性非常重要。好的算法应当能够向用户解释其决策背后的逻辑和依据，让用户理解算法是如何工作的，其决策过程是否合理。透明性还包括数据的来源和处理方式，确保算法的决策是可追踪和可理解的。

稳健性。深度学习算法的稳健性是指算法在面对噪声数据、异常值、分布偏移等不利因素时，仍能保持稳定性能和不降低准确性的能力。在现实世界的应用中，数据往往是不完美的，可能包含错误值、异常值、噪声或者是分布上的变化，甚至包含经伪造或篡改的对抗性数据。算法的稳健性是评估其可靠性和实用性的重要指标，也是确保模型能够可靠地在现实世界中应用的关键。

可责性。深度学习算法作为技术产品，其设计者和开发者应当对算法的后果负责。在出现问题时，算法应能提供合理的解释和问责机制。这意味着当算法造成负面后果时，应当能够追溯至问题的源头，并采取措施进行修正。同时，也要求算法的设计和应用过程中，遵循法律法规和社会伦理，确保算法不会被用于非法或不道德的用途。更要在社会伦理和法律法规的框架内，保证其公正、透明、稳健和可责，这样才能更好地服务于社会，促进社会的和谐与发展。在设计和应用这些算法时，我们需要不断地进行审查和优化，以确保它们的使用符合核心价值观，不损害公众利益，不侵犯个人隐私，同时促进科技进步和社会发展。

7.1.3 算法的道德主体性争议

在人工智能带来的诸多现实碰撞中，一个核心的议题是：算法能不能像人一样具有道德能动性，能不能承担道德责任？

首先，关于责任。在伦理学、法律和社会学等不同领域，责任都有着丰富的内涵，存在多种观点和解释。第一种观点认为，责任是一种能力。这个观点强调个体对自己的行为有认知和解释的能力，即个体应当能够理解自己的行为及其可能的后果，并有能力对其进行合理的解释。这是责任的一种基础含义，也是个体在社会中进行有效沟通和互动的前提。第二种观点认为，责任是一种对行为的心理预期。这种解释强调的是社会对个体行为的期待，即人们预期个体对其行为负责，并能够承担行为所带来的正面或负面后果。这种预期是社会秩序得以维持的重要基础，也是法律制度得以运行的保障。第三种观点认为，责任是一种对能力的心理预期。这一观点强调的是对他者能力的期待，即社会期望个体具有自主性，能够独立完成任务、做出判断并承担相应后果。这种预期与个体在社会中的角色和地位密切相关，反映了社会对个体成长和发展的期望，也是人在社会中应当担负道德或伦理责任的理论基础。

其次，关于道德能动性。至今为止，大部分观点认为，智能算法、机器不具备道德能动性，不能成为责任主体。不过，也有学者不同意这个"传统"观点，认为现代意义上的道德责任是一个群体进行道德互动的保证，是一种社会规约机制，确保有利于群体的行为，避免危害他人的行为，由此可推断，智能机器作为社会—技术系统的一部分可以承担分配到其身上的责任[71]。可以用以下两个情形来理解道德能动者（老师，社会）和道德"他者"（学生，自动驾驶无人车）的关系，并理解道德责任在能动者和"他者"两方面是如何配合的。

情形一：

老师留作业让学生"习得"，表现出老师担负了道德能动者的责任。

老师对不做作业的学生会进行批评，隐含着学生有通过做作业来"习得"的"他者"道德责任。

情形二：

社会允许装有智能驾驶系统的无人驾驶车上路行驶，表现出社会担负了道德能动者的责任。

社会不接受对无人车在"电车困境"中不努力"止损"的行为，隐含无人车有"避险止损"的"他者"道德责任。

最后，关于人工智能算法道德主体性，仍在争议中。持否定论的主要论据是，人工智

作为"他者"而承担道德责任的智能机器——一种人工智能成为道德能动者的可能性

---

[71] 张正清，黄晓伟. 作为"他者"而承担道德责任的智能机器——一种人工智能成为道德能动者的可能性[J]. 道德与文明，2018（4）：26-33.

能算法不具有自主性和道德意向性，无法自我设定行为目的[72]。有人结合法律实践的迫切需要，提出法律拟制人格说，主张参考法人制度来赋予人工智能算法以独立的法律人格，理由是人工智能已经是真实、独立、自主的存在，具有独立的行为能力和责任能力；赋予拟制人格有利于有效管控人工智能风险和人类对自我权利的保障[73]。持肯定论的理由是，自主性不体现在行为选择上，而体现在行为偏差概率上；道德责任是一种被赋予的属性，与意向性无关，并用智能机器人索菲亚 2017 年 10 月被正式授予沙特阿拉伯公民身份为佐证。

讨论

分享你遇到的或关注的人工智能伦理问题，谈谈可以从哪些方面来推动解决。

7.2　人工智能与伦理：理论探究

正如本书 3.3 节所述，自 1956 年人工智能获得正式命名以来，对其技术的伦理反思和批判便已开始。然而，在很长一段时间里，相关的研究、会议、论坛及成果都相对分散。2000 年以后，随着互联网的繁荣、大数据时代的到来以及高性能计算的普及，全球相关研究开始得到推进。2016 年，基于深度学习的人工智能应用取得了里程碑式成果，人工智能伦理研究迎来了快速增长的拐点。相比之下，国内在 1985 年之前几乎没有这方面的研究，在大数据技术兴起之前也落后于发达国家。但在那之后，国内的研究开始同步增长，且中文和外文论文的总量都出现了显著增长。

用现行民法规则解决人工智能法律调整问题的尝试

2024 年 2 月 6 日，作者以 Artificial Intelligence Ethics 和"人工智能伦理"为主题词，在 Web of Science 和中国知网两个数据库进行检索，分别找到了 4823 篇和 7175 篇相关论文。这些论文的出版时间段分布如图 7-1 所示。人工智能主题研究的学科分布非常广泛，Web of Science 中前 10 个学科的分布情况如图 7-2 所示。值得一提的是，中国知网收录的该主题第一篇中文论文是《计算机对人和社会的意义》，原作者为图灵奖和诺贝尔经济学奖获得者赫伯特·西蒙（见 3.3 节对他的介绍）。该文由国内学者翻译成中文，发表于 1985 年 2 月的《科学管理研究》上。同时，清华大学图书馆已收藏 43 本该主题的图书（包括纸质书和电子书），其中最早的 2 本出版于 2018 年。这些图书的出版年份统计情况如图 7-3 所示。作者的专业领域分布在信息、哲学、经济、法学、公共管理等多个学科。

论人工智能的拟制法律人格

由此可见，人工智能伦理是一个多学科参与、正处于研究热潮的重要问题。限于作者的知识水平，并考虑本书的总体结构，本节采用李伦[74]的观点，从人工智能道德哲学、人工智能道德算法、人工智能设计伦理、人工智能社会伦理 4 个维度来介绍相关情况。对于

给人工智能一颗"良芯（良心）"——人工智能伦理研究的四个维度

[72]　杨立新.用现行民法规则解决人工智能法律调整问题的尝试[J].中州学刊，2018（7）：40-49.

[73]　杨清望，张磊.论人工智能的拟制法律人格[J].湖南科技大学学报（社会科学版），2018（6）：91-97.

[74]　李伦，孙保学.给人工智能一颗"良芯（良心）"——人工智能伦理研究的四个维度[J].教学与研究，2018（8）：72-79.

希望深入了解和研究这一领域的读者，建议跟踪最新的研究动态。本书末尾也提供了一些
资料，供有兴趣拓展阅读的读者参考。

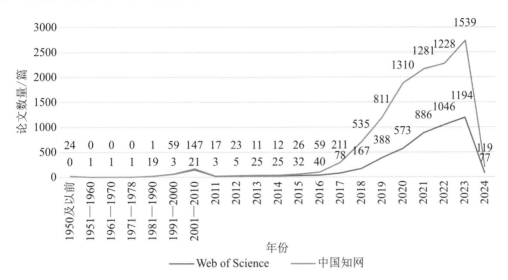

图 7-1　Web of Science 和中国知网数据库检出人工智能伦理主题论文数量

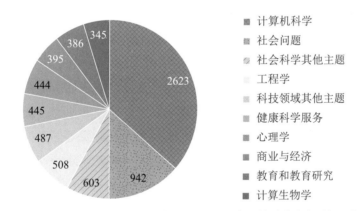

图 7-2　Web of Science 检出人工智能伦理主题论文的学科分布（前 10 位）

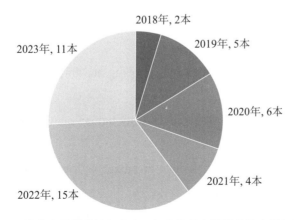

图 7-3　清华大学图书馆入藏人工智能伦理主题图书按出版年统计

7.2.1　人工智能道德哲学

人工智能道德哲学主要涉及人工智能的道德主体地位、人工智能的道德权利和责任分配、人类道德与机器道德的关系等重要主题。

关于人工智能的道德主体地位，研究集中于回答人工智能是否可以被视为道德主体，或者伦理构建是否应以创造人工道德主体（Artificial Moral Agents，AMAs）为前提。这是关系到该学术问题存在性和必要性的根本性问题。詹姆士·穆尔跟随计算机技术的发展，将他对计算机伦理的研究扩展到人工智能领域，提出可以根据智能体的自主性程度构建 4 个层次的人工道德主体。第一层是有影响的道德主体（Moral Agents with Ethical Impact），这类智能体的自主性最弱，尽管缺乏道德规范和道德推理能力，但它们的存在和行为可能会对人类社会产生道德影响。第二层是隐式的道德主体（Implicit Moral Agents），这类智能体的自主性有所提升，可以内嵌某些道德规范，但仍然缺乏明确的道德推理能力。第三层是显式的道德主体（Explicit Moral Agents），这类智能体因技术手段的日益丰富而具备更强的自主决策能力，需要拥有道德规范和明确的道德推理能力。第四层是完全的道德主体（Full Moral Agents），这类智能体不仅拥有道德规范和推理能力，还能独立进行道德决策，享有完全的道德主体地位。如果"弱人工智能"与"强人工智能"能够明确区分开来，那么前两种 AMAs 属于"弱人工智能"，后两种 AMAs 则需要"强人工智能"来实现。

在人工智能的道德权利和责任分配方面，本书 7.1.3 节介绍了否定、肯定和拟制人格三种不同的观点。持否定观点的人往往难以就自动驾驶电车伦理困境提出公正的责任分担原则或解决方案，同时他们也无力阻止自动驾驶技术的研发和应用。持肯定观点的人面临的未解问题更多且更具体。例如，赋予 AMAs 权利和责任是否等同于为人类开脱责任、留下免责后门？对 AMAs 未尽责的惩罚手段是清除数据、算法，还是彻底销毁？科幻电影中机器人灭绝人类的噩梦会不会成真？阿西莫夫 1950 年创作科幻小说时构想的机器人三定律（见专栏 7-1）是否完备？

专栏 7-1　机器人三定律

Law Ⅰ: A Robot may not injure a human being or, through inaction, allow a human being to come to harm.

Law Ⅱ: A robot must obey orders given it by human beings except where such orders would conflict with the first law.

Law Ⅲ: A robot must protect its own existence as long as such protection does not conflict with the first or second law.

——Isaac Asimov, *Runaround*, 1950

关于人类道德与机器道德的关系，存在"分布式道德"论和"操作性道德"与"功能性道德"的分阶段法两种主要观点。"分布式道德"论认为，道德决策和责任可以分散在人工智能系统中，而非集中在单个智能体上，并通过促进智能体间的相互沟通合作（倾向于集体主义而非个人主义），来增强系统整体的道德行为和集体责任感。"操作性道德"和"功能性道德"的分阶段法是另一种观点，前者适用于弱人工智能阶段，其意义由设计者和使用者赋予；而后者对应于强人工智能阶段，智能体具备道德决断力，其作出的道德判断可能超乎常人想象，具有较强的挑战性。

在人工智能研究领域，尽管深度学习算法备受瞩目，但其对大量数据、超强计算能力、超高能耗的需求，尤其是与人类大脑运作的几乎完全相反的特性，促使许多学者探索建立其他研究方案。有的研究将智能体与人类"价值对齐"作为起点。朱松纯教授认为，现有的人工智能解决方案"缺乏自主的价值体系"是一个根本性的不足。在他提出的通用人工智能（General Artificial Intelligence，GAI）方案（见图 7-4）中，要求通用人工智能体应该在复杂动态的环境（物理与社会）中完成以下三类任务，或具备三大基本特征：

▶ 完成无限任务，即任务可以泛化，而不局限在预先设定的任务里。

▶ 自主定义任务，即不依赖人类，可以自主产生任务或指令流程。

▶ 由价值驱动，即内在价值体系与人类价值伦理相一致 [75]。

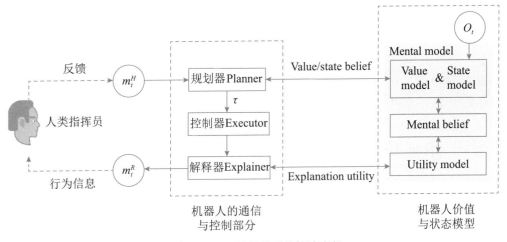

图 7-4　GAI 计算模型的算法流程

7.2.2　人工智能道德算法

人工智能道德算法专注于研究在道德上可接受或符合伦理的算法，以确保智能体自主决策的结果具有高可靠性、安全性和人类适应性，并主要从技术实现的角度进行探讨。

自人工智能技术问世至今，主要发展了两类方法：一类是以符号逻辑、产生式规则、专

In situ
bidirectional
human-robot
value alignment

[75]　Luyao Yuan，et al. In situ bidirectional human-robot value alignment[J]. Science Robotics，2022，7，eabm4183.
（DOI：10.1126/scirobotics.abm4183）

家系统为代表的"符号主义"推理建模方法,这些被称为知识驱动的第一代人工智能;另一类是以神经网络、深度学习为代表的"连接主义"方法,被称为数据驱动的第二代人工智能。目前,还有多种综合前两代人工智能优势的综合方法,既融合了知识和逻辑,又能通过数据在实践中学习,可被视为综合的或通用的第三代人工智能。

在知识驱动的人工智能框架中,已确认的、被接受的伦理道德规范和行为原则可以通过确定的知识、规则、逻辑关系、贝叶斯推理等方式表示和运算,并编程入算法,从而使人工智能体能够依据这些预设的知识、产生式规则、推理方法进行道德推理,作出伦理决策。

以医生接诊病人为例,医生在给出治疗方案建议后,病人可能接受也可能不接受。可是,无论病人情况如何,医生都应该无条件地尊重病人的自主权利,让病人作出决策吗?如果病人已经失去自主意识,但医生判断花一定代价还能抢救过来吗?这是医生经常面临的职业道德困境。专家系统 MedEthEx[76] 被设计出来,用于记录、讨论、总结不同场景下、不同医生的"合伦理行为",并用逻辑表达式归纳出医生接诊的伦理行为规则。该系统基于三个"显见"的义务,并将它们列为有优先顺序的三个原则:首先,病人自主原则有最高优先级,其次是有利康复原则,最后是不伤害病人原则。经过大量案例推演,专家系统发现了完整一致的医生决策的伦理原则,即一条似乎人人都知道、但以前从未被明确定义过的伦理判决规则:如果病人的决定不是完全自主进行的,并且这个决定要么违反了不伤害病人原则,要么严重违反了有利康复原则,这时医生应当挑战(即不执行)病人的决定。

然而,由于开发成本高、难以泛化,这些方法在 30 多年前基本被搁置,无论在理论上还是应用实践上都没有取得里程碑式的重要进展。加之伦理规则在全球范围内的认识和实践并不完全一致,难以一一列举出来,以显式方式表达并被编程入算法。因此,它们尚未成为人工智能道德算法的技术主流。

如果采用已经取得许多标志性成果的数据驱动方法来实现道德算法,其理论前提是采用道德发生学的视角,认为道德能力是在一般性智能的基础上演化而来的。这一方法的关键在于训练数据的质量,需要提供符合人类道德的数据样本供系统训练,以避免数据自身的偏差导致算法失德。这部分研究正在进展中,部分成果体现在"算法伦理"研究主题中。

更理想的情况是将知识驱动和数据驱动技术的长处相结合,实现综合的或通用的人工智能道德推理。这需要跨学科的合作,如道德哲学提出人类道德判断的基本原则和理论框架,心理学探明实际情境中人类道德决策的机制,社会学解释道德规范如何在社会中形成和演化,计算机科学开发出模拟和实现道德判断的算法和技术。7.2.1 节介绍的通用人工智能是这一方向的较有希望的实践。

MedEthEx:
a prototype
medical ethics
advisor

[76]　Anderson M,Anderson S L,Armen C.MedEthEx: a prototype medical ethics advisor[C]//Proceedings 21st National Conference on Artificial Intelligence(AAAI-06)&18th Innovative Applications of Artificial Intelligence Conference(IAAI-06).Boston,USA: AAAI,2006: 1759-65.

7.2.3 人工智能设计伦理

人工智能设计伦理主要涵盖价值定位和风险防范两个核心内容。价值定位涉及在设计人工智能系统时，明确其应当增进人类福祉的价值目标，包括对人工智能系统的透明度、公平性、稳健性、可责性和可持续性等方面的考量，并确保系统的设计和应用不会损害人类利益。风险防范则要求识别人工智能可能带来的伦理风险，如歧视、隐私侵犯等，并在设计中设置防控机制以及出现问题时能够自我纠正。

在人工智能设计实践中，可以采用价值敏感设计（见 3.4 节）的方法，以确保伦理要求得到有效实施并体现在产品的设计方案中。

7.2.4 人工智能社会伦理

人工智能社会伦理领域探讨的是人工智能技术在社会广泛应用中引发的伦理问题，这是一个涵盖范围广泛的议题。

人工智能技术有潜力全面解放人类的体力和脑力劳动，这对就业结构产生了直接影响。研究关注点包括评估人工智能替代劳动力的影响、保障就业权益，以及就业结构变化对基础教育和高等教育带来的挑战等问题。

从全社会发展均衡的视角，探讨如何合理利用人工智能技术促进社会发展，同时防止技术滥用或数字鸿沟的产生，以及如何推动社会正义的实现。

从人类和平与发展的视角，研究内容还包括自主武器系统对人类社会的潜在风险，及其研发和应用的规范化等问题。

此外，研究还涉及虚拟仿真游戏对人的成长和发展的影响，仿真机器人对人际关系和社会制度的影响，以及如何引导其健康发展。

讨论

由中国院士评选出的 2023 年世界十大科技进展中，与人工智能相关的有 2 个。排在第 4 位的是"OpenAI 正式发布 GPT-4"。与此前的版本相比，GPT-4 在识图能力、文字输入限制、回答准确性等方面具有显著提升，在各类专业测试及学术基准上也表现优良。GPT-4 利用对抗性测试程序和 ChatGPT 的经验教训迭代调整 GPT-4，从而在真实性、可操纵性和拒绝超出设定范围方面取得了有史以来最好的结果。被认为是人工智能应用的一个里程碑事件，人工智能可实现的功能越来越丰富，未来或将成为人类得心应手的工具。

排在第 2 位的是"人工智能首次成功从零生成原始蛋白质"，研究创建了一个能够从头开始生成人造酶的人工智能系统 ProGen，采用自然语言处理技术让它能够学习生物学基本原理。在实验室测试中，尽管人工生成的氨基酸序列与任何已知的天然蛋白质存在显著差异，但其中一些酶与自然界中发现的酶一样有效。被认为能加速新蛋白质的开发，为已有 50 年历史的蛋白质工程领域注入活力。

了解上述技术进步的情况，尝试从哲学、算法、设计、社会等角度提出可能存在的人工智能道德问题。

7.3 人工智能与伦理：共治实践

7.3.1 多方参与、共同治理

人工智能伦理已经广受关注，多方参与共治成为必然趋势。

人工智能技术的研发者积极回应社会关切，探讨技术实现方案，努力改进和解决问题。例如，针对人工智能算法无法解释为何出现"歧视性"结果的问题，他们构建了一个"歧视错误分析"系统，帮助定位是在数据源、特征提取、预测等哪个环节造成了偏见，并设法作出相应改进。又例如，技术人员发现，当一段描述人的文字输入智能体，让它判断人的职业时，如果文中的人称代词用"她"，智能体给出的结果是"教师"，而全部改成"他"后，结果就是"律师"，这说明人们在文字表达时已经内嵌了实际存在的社会偏见。技术人员可以通过中性词替换来进行纠偏。

人工智能高技术企业正在探索设立内部的伦理规章，针对研究开发、发布使用和共同治理等不同环节提出应遵守的价值观、技术方案、管理流程等。

技术、经济、哲学、医学等领域的专家学者自发组织研讨会、组建研讨圈、发表文章、开展对话，以深入探讨人工智能伦理问题，并推进联合行动。例如，他们针对人工智能与健康社会、人工智能与就业结构等进行社会调查，了解公众对医疗、健康、经济活动领域人工智能应用和伦理的关注。

在国家层面，相关规划和实施组织环环相扣。例如，我国在 2017 年制定的《新一代人工智能发展规划》中明确提出，在大力发展人工智能的同时，必须高度重视人工智能发展的不确定性可能带来的安全风险挑战，加强前瞻预防与约束引导，最大限度降低风险，确保人工智能安全、可靠、可控发展。同时，将制定促进人工智能发展的法律法规和伦理规范纳入规划中。2021 年，发布《新一代人工智能伦理规范》（见附录 A）。

国际对话合作和国际组织推进也是重要的一环。北京智源人工智能研究院提出了人工智能北京共识，明确了人工智能治理的原则，包括优化就业、和谐与合作、适应与适度、细化与落实、长远规划等。时任 WFEO 主席龚克强调，人工智能的开发者、制造者、应用者、管理者等应该具有价值追求、伦理道德、知识能力，以负责任的态度从事人工智能创新和应用。在 2023 年 10 月举行的第三届"一带一路"国际合作高峰论坛开幕式上，习近平主席宣布了《全球人工智能治理倡议》，倡议坚持"以人为本、智能向善"，为世界提供了基于人类命运共同体理念的人工智能治理新视角。2023 年 11 月 1 日，英国、欧盟、美国和中国等 29 个国家和地区在英国共同签署《布莱切利宣言》，重申"以人为中心、可信任的和负责任的"人工智能发展模式，呼吁在"已有的国际平台和相关倡议"的框架下进行合作，倡导"有利于创新"和"适当"监管，依据本国情况分级分类监管，在国际层面设立共同原则和行为准则，并强调人工智能的实施以保障人权和实现联合国可持续发展目标为目的。2021 年 11 月，UNESCO 主持各成员国讨论并最终发布了《人工智能伦理问题建议书》（*Recommendation on Ethics for Artificial Intelligence*），强调以国际法为依据，采用全球方法制定该建议，注重人的尊严和人权以及性别平等、社会和经济正义与发展、身心健康、多样性、互联性、包容性、环境和生态系统保护。UNESCO 的全球人工智能伦理论坛于 2022 年 12 月和 2024 年 2 月举办两届，2024 年达沃斯世界经济论坛（WEF）将人工智能的经济影响、伦理与安全、国际治理作为重要议题组织沟通、分享、对话。特别需要指出的是，作为人工智能研发全球领先大国，中美双方将人工智能作为重要议题纳入两国元首级会晤中，2023 年 11 月 15 日在旧金山达成就人工智能领域开展政府间交流的共识；2024 年 5 月 14 日，中美人工智能政府间对话首次会议在瑞士日内瓦举行，双方围绕人工智能科技风险、全球治理以及各自关切的其他问题深入、专业、建设性地交换了意见 [77]。

人工智能伦理问题建议书

鉴于工业界对于人工智能研发应用中在合规使用和全球推广方面存在的盲区和巨大需求，高校、网络社区、非营利组织或企业主动采取行动。例如，它们创办专题网站，将收集整理的重要议题和规则文件、公开的研究成果、开源代码和工具箱等链接免费发布，并可能为企业提供收费的定制服务。又如，芬兰一些大学和企业开展了人工智能治理和审计（Artificial Intelligence Governance and Auditing，AIGA）联合项目，用"沙漏"模型表示人工智能应用在系统研发层面、组织管理层面和社会环境层面的治理要素及相互作用机制，把系统、算法、数据操作、风险与影响、透明性、可解释性、可竞争性、问责与负责、开发与运营、合规等重要的伦理治理议题放到生命周期对应环节，并编制实施指南加以指导 [78]。

7.3.2 人工智能伦理原则

为推动人工智能实践更符合伦理标准，政府、企业、学术界等机构和团体纷纷研究并制定了一系列指南、指导原则、规范和建议等文件。C.Huang 等 [79] 收集了 2015—2021 年全球发布的相关文件共计 146 份。在这 146 份文件中，工业界主导制定了 43 份，学术界主导制定了 42 份，政府主导制定了 50 份，还有 11 份由其他机构主导制定。这些文件的发布年份主要集中在 2017—2020 年，共计 133 份；其中 2018 年就有 53 份指南发布。对这 146 份指南文件中提出的伦理原则进行分析，可以发现有许多共识。表 7-1 列出了出现频度最高的一些原则。

AIGA 项目

An Overview of Artificial Intelligence Ethics

[77] 李亚琦，何文翔 . 中美人工智能政府间首次对话，最前沿的合作效果如何？ [EB/OL](2024-05-24)[2024-07-30].https://fddi.fudan.edu.cn/_t2515/50/5f/c21253a675935/page.htm.

[78] AIGA 项目 [EB/OL][2024-2-7].https://ai-governance.eu/about-aiga/ .

[79] Huang C，Zhang Z，Mao B，et al., An Overview of Artificial Intelligence Ethics[J]. IEEE Transactions on Artificial Intelligence，2023，4（4）：799-819.

表 7-1　146 份 AI 伦理指南文件高频伦理原则

伦 理 原 则	文件数量 / 份	内涵 / 近义词
透明性（Transparency）	107	透明性 / 可解释性 / 可理解性
公平公正（Justice & Fairness）	107	公平、公正、平等、非歧视、无偏、多样、可及
负责任（Responsibility）	100	负责、可责、诚信
不伤害（Non-maleficence）	81	不伤害、安全可靠、预防不良行为
保护隐私（Privacy）	73	隐私、个人信息、敏感信息
向善（Beneficence）	41	福利、利益、善行、福祉、和平、公益、共同利益
保护人类自由自主性（Freedom & Autonomy）	34	自由、自主、知情同意、自由选择、自我决定、许可授权
维护团结（Solidarity）	20	团结、社会安全、凝聚力
可持续（Sustainability）	19	可持续、自然环境、能源、资源
可信（Trust）	14	可信
保护人类尊严（Dignity）	13	尊严

2021 年 11 月 23 日，UNESCO 正式发布《人工智能伦理问题建议书》[80]。这是推动人工智能伦理全球共治的一个里程碑事件。建议书提出，在发展人工智能的过程中，应秉持以下价值观：尊重、保护和促进人权以及基本自由，维护人的尊严；促进环境和生态系统的繁荣；确保多样性和包容性；让人们生活在和平、公正、互联的社会中。此外，建议书还提出了十条伦理原则：相称性和不损害原则，安全和安保原则，公平和非歧视原则，可持续性原则，隐私权和数据保护原则，人类的监督和决策原则，透明度和可解释性原则，责任和问责原则，认识和素养原则，以及多利益攸关方与适应性治理和协作原则。

讨论

查找资料，深入了解相称性和不损害原则、安全和安保原则、公平和非歧视原则、可持续性原则、隐私权和数据保护原则、人类的监督和决策原则、透明度和可解释性原则、责任和问责原则、认识和素养原则，以及多利益攸关方与适应性治理和协作原则的内涵。讨论：

（1）为什么它们具有重要性？

（2）它们与哪些特定问题、领域和角色相关？

（3）如何将它们付诸人工智能实践？

人工智能伦理问题建议书

[80] UNESCO. 人工智能伦理问题建议书 [EB/OL]（2021-11-23）[2024-2-7]. https://unesdoc.unesco.org/ark：/48223/pf0000381137_chi.

本章小结

随着深度学习、大模型算法和大算力的精彩结合，人工智能应用如雨后春笋般涌现，深入社会生活的程度不断加深，出现了诸多"超乎预期"的结果，引起了各界人士对人工智能伦理问题的高度关注。本章从现实碰撞、理论探究和治理实践三方面讨论，试图为人工智能伦理的研究和应用勾勒出一幅素描，期望能启发读者深入探索和实践。

本章开篇设想了一个充满自主智能体的时代可能发生的悲剧性场景，提出了人工智能伦理重要命题。接着，从深度学习算法在日常生活、生产经营等应用领域取得的突出效果出发，列举了算法偏见、隐私泄露、就业替代、自主武器系统可控性等重要伦理冲突，并提出了设计公平、透明、稳健、可问责的"好"的深度学习算法的建议，以预防非预期的负面后果。人工智能的理论探究是一个跨学科的行动，以哲学为基础，心理学、社会学、政治学、经济学、医学、信息科学、工程科学等多个学科都参与其中。人工智能伦理研究涉及道德哲学、道德算法、设计伦理和社会伦理四个维度。其中，人工智能的道德主体地位、权利责任分配以及与人类道德的关系等问题仍存在争议。人工智能伦理治理需要多方参与、共同治理，也正在吸引各方力量纷纷加入，中美两国政府间交流受到极大关注。本章概述了国际组织、国家政府、企业、学术界在制定伦理原则方面的各种努力，提炼出了一系列取得广泛认可的重要原则，如透明性、公平性、可解释性、责任性、安全性、隐私保护等，包括中国提出的《全球人工智能伦理倡议》、29 个国家和地区共同签署的《布莱切利宣言》和 UNESCO 汇聚成员国共识发布的《人工智能伦理问题建议书》。然而，将这些原则落地执行仍面临很多挑战。

有理由相信，在国际社会的共同参与下，在勇担社会责任的高技术公司的带头探索和示范下，在全社会的使用和监督下，人工智能伦理的理论和实践都将朝着推动构建更安全、更健康、更公平、更可持续的未来社会的方向不断创新和发展，尽管道路可能曲折，过程可能艰辛，竞争可能激烈。

章末案例 1 人工智能与就业[81]

随着人工智能技术在制造、服务、教育、医疗等行业的广泛应用，那些只需中等或初级技能的劳动岗位最先面临被人工智能替代的风险，这导致了就业市场结构的变化和劳动力需求的转变。

在国际劳动节前夕的 2023 年 4 月 30 日，世界经济论坛发布了《2023 年未来就业报告》。报告显示，受到绿色能源转型、经济增长放缓以及人工智能等新技术的综合影响，预计到 2027 年，全球近四分之一的工作岗位将发生变化：新增 6900 万个新型工作岗位，同时

---

[81] 李佳，车田天，杨燕绥. 人工智能与就业：替代还是推升？ [J]. 东北财经大学学报，2021，（01）：30-39.

减少 8300 万个工作岗位，其中大部分的变化与技术和数字化相关。

综合多项研究可以得出这样的结论：从就业市场的宏观结构来看，人工智能等新技术发挥了"改造升级"的作用，而非简单的"替代"。例如，算法工程师、数据科学家、AI 产品经理、数据分析师、数据挖掘工程师、智能制造工程师、人工智能伦理与法律专家等新岗位不断出现，需求大增；同时，直接服务于劳动力转型的大中专教育机构教师岗位预计将增长约 10%。相反，人工智能和自动化技术的广泛应用减少了一些就业岗位，大部分受到影响的岗位集中在服务行业的服务员和行政人员，如收银员、票务员、数据录入员和会计、厨师和服务员等，制造业的装配工、焊接工、机器操作工，建筑业的建筑工人，交通运输业的卡车司机、出租车司机，金融业的客服人员、风险控制人员等。

从就业市场的微观结构分析，这种升级改造存在不对称性。低技能、重复性工作被智能机器替代，导致部分劳动力失业，生存面临风险；另一方面，高技能、创新型岗位的需求增加，对劳动力素质提出了更高要求，人力成本也因此增加。在社会层面，这种影响可能导致社会贫富差距加大。

讨论

收集资料，了解人工智能技术创造的新就业岗位在技能要求、准入条件和评价考核方面的主要情况。讨论，从长期看在应对人工智能对就业市场的影响的治理中，各方可以采取哪些行动来化解人工智能对就业结构的负面影响，提升全社会经济活力，保障社会安全？

章末案例 2 UNESCO 的全球人工智能伦理行动

2021 年 11 月 23 日，UNESCO 发布了《人工智能伦理建议书》，其中阐述了发展人工智能应秉持的价值观和伦理原则。

2022 年 12 月 13 日，UNESCO 在捷克布拉格市举办了首届全球人工智能伦理论坛，此次论坛的主题是"确保人工智能世界的包容性"。会上讨论了人工智能技术的发展及其对人类社会的影响，特别是人工智能技术在伦理和法律方面的问题。论坛结束后，发布了《布拉格声明》，呼吁全球范围内的政府、企业、学术界和非政府组织等各方合作，共同制定人工智能技术的伦理和法律标准，以确保人工智能技术的安全、可靠、公正和透明。同时，论坛成立了由多个国际组织、企业和学术界代表组成的"全球人工智能伦理联盟"，旨在促进全球范围内的合作和交流，推动人工智能技术的伦理发展。与会代表还就人工智能技术在医疗、交通、金融等领域的应用及其伦理问题进行了多方意见交换和解决方案建议。论坛强调了人工智能技术的安全性和隐私保护问题，并呼吁各方加强人工智能技术的监管和管理，以保护个人隐私和数据安全。

2024 年 2 月 5 日，UNESCO 第二届全球人工智能伦理论坛在斯洛文尼亚克拉尼市举行。

来自 67 个国家和地区的 600 多名政府、国际组织、学术研究机构、非政府组织和企业代表在论坛上分享了见解、实践经验和行动倡议。中国教育部副部长王嘉毅代表中国政府出席论坛，表示中国愿意与各方就全球人工智能问题开展沟通交流、务实合作，共同构建开放、公正、有效的治理机制，促进人工智能造福全人类。论坛前夕，UNESCO 与英国艾伦·图灵研究所和国际电信联盟（International Telecommunication Union，ITU）合作开设了"全球人工智能伦理观察站"，旨在通过获取有关人工智能的报告及最佳实践分析，成为人工智能伦理和治理知识的中心。此外，全球移动通信系统协会（GSMA）、因尼特（INNIT）、联想集团、LG 人工智能研发、万事达卡、微软、赛富时和西班牙电信等八家跨国组织或企业共同签署了协议，致力于构建更合伦理、更具道德的人工智能。其中两家公司公开承诺在设计和部署人工智能系统时将整合 UNESCO《人工智能伦理建议书》的价值观和原则。

讨论

阅读《人工智能伦理建议书》，与你的同学一起讨论：

（1）国际组织在人工智能全球共治中发挥作用，受到哪些有利和不利的因素的影响？为什么？

（2）了解 2024 年 2 月首批签署协议的八个成员的背景，如主营领域、机构属性、国家分布、行业地位、人工智能领域业绩等，分析这项行动可能的前景。

拓展阅读

[1] ［美］瓦拉赫，艾伦，道德机器：如何让机器人明辨是非？[M]. 王小红，译. 北京：北京大学出版，2017.

[2] 李伦. 人工智能与大数据伦理 [M]. 北京：科学出版社，2018.

[3] 刘志毅，梁正，郑烨婕. 黑镜与秩序：数智化风险社会下的人工智能伦理与治理 [M]. 北京：清华大学出版社，2022.

[4] 李伦，孙保学. 给人工智能一颗"良芯（良心）"——人工智能伦理研究的四个维度 [J]. 教学与研究，2018（08）：72-79.

[5] 吴艾峻，黄铁军，龚克. 中国人工智能的伦理原则及其治理技术发展 [J]. Engineering，2020，6（03）：212-229.

[6] UNESCO. 人工智能伦理问题建议书 [EB/OL]（2021-11-23）[2024-2-7]. https：//unesdoc.unesco.org/ark：/48223/pf0000381137_chi.

[7] Cao L. A New Age of AI: Features and Futures[J].IEEE Intelligent Systems，37（1）：25-37，2022.

第 8 章
做负责任的创新者——代结束语

8.1 信息和大数据伦理责任特点

习近平总书记指出："古往今来，很多技术都是双刃剑，一方面可以造福社会、造福人民，另一方面也可以被一些人用来损害社会公共利益和民众利益。"[82] 作为推动经济社会发展主要动能的大数据和人工智能技术，利剑的双刃尤为锋利。因此，对于能够创造各种新颖奇特的大数据和人工智能应用的研究者、工程师、创业者，讨论他们应具有的伦理责任意识、应担负的伦理责任和应遵循的行为规范，帮助他们构建安全、和谐、有利于增进社会福祉的工作平台，必要而紧迫。

信息和大数据伦理责任是具有普遍意义的伦理责任在大数据和智能时代的具体化，因此它首先具有伦理责任的一般特征。同时，由于构建网络社会的底层技术促进了自由、开放、平权、虚实结合、真假融合等网络社会生态的形成，信息和大数据伦理责任又有自己的特殊性，表现为**自律性、广泛性**和**实践性**。

自律性。工程师在工作中需要处理大量的个人信息和敏感数据。因此，他们必须自我约束，遵守职业道德和伦理标准。这种自律性体现在他们必须主动了解并遵循相关的法律法规，如数据保护法、隐私保护法等，以确保数据的安全和用户的隐私不被侵犯。

广泛性。工程师的伦理责任不仅仅局限于技术层面，还涉及对整个社会的影响。他们的工作成果可能会被应用于各个领域，如医疗、金融、交通等。因此，他们需要考虑技术对社会、经济、文化、政治、生态环境等广泛领域的潜在影响，并确保这些影响是正面的。

实践性。工程师的伦理责任不是理论上的，而是需要转化为具体的实践行动。他们必

---

[82] 习近平 . 在网络安全与信息化工作座谈会上的讲话 [C]// 习近平 . 论党的宣传思想工作 . 北京：中央文献出版社，2020：190-211.

须在日常工作中不断实践伦理原则，如确保数据的真实性、完整性和客观性，保护个人隐私，以及确保算法公平、透明等。他们的伦理决策和行为将直接影响到技术的应用效果和社会的反应。

8.2 信息和大数据创新科技人员的伦理责任意识

科技人员在大数据和智能技术创新应用的整个生命周期中，从构思、设计、开发、投放市场、使用到服务乃至最终退出市场，都需要面对各种利益相关者。这些相关者不仅包括企业客户，还有非客户的社会大众和政府，且其范围不仅限于本地或本国，往往是跨国甚至全球性的。

科技人员必须正确识别各类责任主体的利益关注点，理解他们的价值追求及行为动机（见表 8-1），这是帮助他们形成正确、完善伦理责任意识的重要因素。

表 8-1 不同责任主体进行价值追问的动机

责任主体	价值追问收益
企业	通过明确责任、降低风险，达到快速吸引用户、增加经济回报的经营目标； 通过对约束和义务的全面理解，做好企业合规管理的建设，减少法律纠纷； 借由行业内、生态内形成的共同价值观而加快协作创新的进程； 降低发生非预期负面后果的风险，保障企业安全、健壮、长期运行； 赢得社会认可，成为维护和践行社会责任榜样带来长久声誉和示范效应
个人	个人品德修养的需要； 树立个人应该遵从的价值观（如爱国、敬业、诚信、友善）并积极践行、努力坚持，获得成长和进步； 了解做人做事的底线、边界和高度
社会大众	树立和践行社会层面的核心价值观（如自由、平等、公正、法治）； 参与到技术与社会的互动中，主动发声； 保护社会公序良俗； 保护创新源泉
政府	建设法治政府、服务政府、责任政府、透明政府； 凝聚人民信任，致力富强、民主、文明、和谐、美丽国家建设与发展； 适时修订法律条文，明确大数据的应用底线，保护公众利益，维护社会价值
国际社会	寻求全球最大共识，建立全球伦理标准； 为跨国数据流动、跨国合作与责任归属等提供有效规制； 通过技术赋能全球治理，推进解决贫困、卫生、环境、气候、资源等全球问题，促进全球经济均衡、可持续发展； 尊重、维护和发展文化多样性

8.3 信息和大数据创新科技人员伦理责任

信息和大数据创新科技人员伦理责任主要表现在以下几方面。

1. 尊重个人自由

在大数据时代，信息和大数据创新科技人员必须尊重个人自由，应当自觉地、发自内心地、主动地尊重个人隐私，遵从伦理道德；而不能停留在被动地通过合规性检查这个层面。

2. 强化技术保护

信息和大数据创新科技人员要以自身专业能力，不断完善信息与大数据系统安全建设，提升安全性能，维护好数据的安全性、完整性，防止数据被未经授权地访问、篡改或泄露。

3. 严格操作规程

信息和大数据创新科技人员应督促和帮助企业制定严密的数据管理和追责制度，规范所有能接触到数据及算法的人员操作行为，确保数据的准确性和可靠性，以及技术的正当和合理使用。

4. 加强行业自律

努力培育和强化行业自律机制，发挥行业自律的灵活性和专业化优势，弥补法律法规滞后的缺陷。重点行业应制定自律规范和自律公约，规范大数据的使用方法和标准流程。

5. 遵守法律法规

信息和大数据创新科技人员应及时学习、严格遵守与信息和大数据相关的法律法规，确保所有活动都在法律框架内进行。

6. 锻炼沟通能力

信息和大数据创新科技人员要积极培养专业表达、公众表达、多媒体和新媒体表达能力，能够与其他领域专家进行有效的跨领域交流，能够有效地向公众解释复杂的技术问题，以获得多方的理解和支持。

7. 保持终身学习

信息科技领域仍处于迅猛发展、跨界融合的阶段，信息和大数据创新科技人员要保持终身学习的习惯，通过长期自学、参加学术机构终身教育项目、利用人工智能系统辅助学习等手段，不断学习和更新知识。

8. 主动融入全球

信息和大数据创新科技人员要具备国际化的视野，主动了解相关领域的全球议题和基本共识，主动与其他国家和地区的创新者进行沟通和合作，提高共同防范全球性技术风险、合力推进全球性问题解决的能力。

9. 承担社会责任

信息和大数据创新科技人员应共同承担建设安全、可信、平等、可及、惠民的大数据社会的责任，避免发明伤害他人、涉嫌歧视、损害名誉、降低道德水平的大数据产品和服务，在企业私利和社会公德之间履行好科技创新人员的社会责任。

10. 持续造福社会

信息和大数据创新科技人员应以"向善、为善"为价值取向，确保其工作和技术发展符合公共利益，为社会带来积极的影响。

8.4 信息和大数据创新科技人员的行为规范

本书的附录 A 中收录了几项密切相关且具有广泛影响力的伦理规范和职业行为守则，供读者学习和日常参考，具体情况如表 8-2 所示。

表 8-2 若干伦理规则、行为守则一览

文 本 名	发 布 机 构	发 布 时 间
关于加强科技伦理治理的意见	中共中央办公厅 国务院办公厅	2022 年 3 月
新一代人工智能伦理规范	国家新一代人工智能治理专业委员会	2021 年 9 月
中国计算机学会职业伦理与行为守则	中国计算机学会	2023 年 7 月
电子和电气工程师学会行为守则	IEEE Board of Directors	2014 年 6 月
电子和电气工程师学会伦理规范	IEEE Board of Directors	2020 年 6 月
ACM 伦理规范和职业行为守则	ACM Council	2018 年 6 月

需要强调的是，纸面上的行为规范只有当我们将其付诸行动时，才会产生真正的价值。这些规范不仅能够帮助教育、引导科技人员尤其是新手，正当行事，避免走入歧途。通过不断深化实践，可以积累丰富的真实案例，并在专业学会的会议、活动、出版物中分享，为同行和后辈提供借鉴。

讨论

选一个你感兴趣的专业学会、行业协会或科研工作者团体，了解该组织在团体章程、会员责任义务、工程技术人员从业规范等方面有哪些制度性或描述性伦理规范。结合大数据技术、智能技术的社会影响分析，帮助起草或修改完善该组织对于职业人员的行为守则和 / 或伦理规范。

拓展阅读

[1] Tang X，Nieusam D. Contextualizing the code：ethical support and professional interests in the creation and institutionalization of the 1974 IEEE Code of Ethics[J]. Engineering Studies，2017，9（3）：166-194. DOI: 10.1080/19378629.2017.1401630.

Contextualizing the code：ethical support and professional interests in the creation and institutionalization of the 1974 IEEE Code of Ethics

附录 A
法律法规、伦理规范

中华人民共和国数据安全法

中华人民共和国个人信息保护法

互联网信息服务算法推荐管理规定

关于加强科技伦理治理的意见

新一代人工智能伦理规范

中国计算机学会职业伦理与行为守则

IEEE Code of Conduct

IEEE Code of Ethics

ACM Code of Ethics and Professional Conduct

附录 B

《伦理学大辞典》(2002 年版)^[83]词条摘录

---

1. 伦理学（Ethics）

伦理学又称"道德哲学"，是对人类道德生活进行系统思考和研究的学科。英文 ethics 源于古希腊文 ethikos，意为习俗、风尚等；19 世纪末，中国启蒙思想家（如严复）借用日本的译法，将此词译为"伦理学"，成为对现代哲学学科的一个分支学科的指称。

在中国古代，并不存在现代学科形态的伦理学，站在现代学科分类的立场上，中国古代的伦理思想与认识论学说、世界观理论以及政治思想融为一体。但这仅仅是学科形态的不同，从哲学的精神、旨趣的立场去看，中国古代伦理思想同样是对人类道德生活的系统思考和研究，同样是道德哲学，并且以反映着中华民族生活历史的独特理论贡献成为人类理论宝库不可或缺的部分。反映西周政治文化生活的文献《尚书》《周礼》等记载了大量的伦理思想。以后又产生了《论语》《孟子》《大学》《中庸》等著作，形成以孔子、孟子为代表的儒家伦理思想。与此同时，还出现了以墨子为代表的墨家伦理思想，以老子、庄子为代表的道家伦理思想，以商鞅、韩非为代表的法家伦理思想等，形成了百家争鸣的学术繁荣局面。秦汉时期，董仲舒继承"孔子之术"，创立以"三纲五常"为核心的神学伦理思想体系，从此儒家伦理思想成为中国封建统治思想的正统。儒家伦理思想的中心议题是"义利之辨"，以维护封建身份等级制度为最终目的，在两千多年的中国封建社会里居于统治地位，是中国古代伦理思想发展的主流。同时，道家的伦理思想和佛教、道教的伦理思想也具有一定的影响。1840 年以后，中国资产阶级思想家在西方近代伦理想的影响下，主张自由、平等、博爱。他们怀着"自强保种"的强烈意愿，大多以西方的进化论学说以及唯意志论为思想武器、结合中国传统伦理思想的精华，提出天下为公、天下大同等政治伦理思想。他们还大力抨击封建礼教，积极传播西方近现代伦理思想，并且结合中国社会道德生活的实际，在建立现代学科形态的伦理学方面做出了可贵的探索。"五四运动"以后，中国

---

[83] 朱贻庭 . 伦理学大辞典 [M]. 上海：上海辞书出版社，2002.

早期共产主义者运用马克思主义伦理思想批判封建道德及其伦理纲常。在中国共产党人所领导的新民主主义革命和社会主义建设中，马克思主义伦理思想得以发展，并且已经成为中国社会的主导伦理思想。中国伦理思想史上主要探讨的问题如下：关于道德的本质、人性的善恶、道德评价的根据；关于道德的最高原则；关于人的道德品质、道德心理、道德修养和道德境界；关于道德认识和道德实践的关系；关于人生意义和道德理想的关系等。

2. 马克思主义伦理学（Marxist Ethics）

以马克思主义的原理、立场和方法研究人类社会的道德生活，揭示道德的本质和发展规律的学科。马克思主义整个理论体系的重要组成部分。随着马克思主义的形成而形成，由马克思、恩格斯开创。

19 世纪初，无产阶级反对资产阶级的斗争日益尖锐。为清除剥削阶级旧思想、旧道德对工人阶级的腐蚀，培养大批无产阶级先锋战士，迫切需要新的道德理论。马克思、恩格斯适应当时的需要，从辩证唯物主义和历史唯物主义的基本理论出发，创立了马克思主义伦理学。19 世纪中叶起，马克思和恩格斯在《神圣家族》《德意志意识形态》《1844 年经济学哲学手稿》《共产党宣言》《道德化的批判和批判化的道德》《反杜林论》和《家庭、私有制和国家的起源》等著作中，批判了一些资产阶级思想家和机会主义者散布的错误道德观念，对马克思主义伦理思想的一系列重大问题作了明确阐述。以后，马克思主义伦理学随着无产阶级革命实践和马克思主义理论的发展而不断发展，列宁、毛泽东等各国马克思主义者结合本国无产阶级和劳动人民的革命实践，进一步丰富和完善了马克思主义伦理学。

在当代中国，在改革开放、建设中国特色社会主义的伟大实践推动下，在邓小平理论和江泽民"三个代表"重要思想指导下，为建立适应社会主义市场经济发展的社会主义道德体系，马克思主义伦理学又取得了新的发展。

3. 道德哲学（Ethics 或 Moral Philosophy）

在伦理学上，道德哲学通常有两种含义：

（1）即"伦理学"；

（2）对道德做本源探讨的学科。

4. 理论伦理学（Theoretical Ethics）

理论伦理学是专门研究伦理学基本理论的学科，伦理学分支之一，西方的道德哲学，与"实践伦理学""描述伦理学"相对。

主张伦理学只是哲学的一个分支，只应研究在道德方面的哲学问题，对道德理论只做哲学上的思辨。马克思主义道德学说强调道德理论与道德实践相结合。在现代西方，理论伦理学的主体是元伦理学。

5. 实践伦理学（Practical Ethics）

实践伦理学是侧重研究道德活动（即"道德实践"）的伦理学理论，伦理学分支之一，与"理论伦理学""描述伦理学"相对。

在现代西方，它主要研究当前社会实际存在的道德问题。其内容十分广泛，如犯罪与惩罚、非暴力反抗、流产、安乐死、自杀、人口控制、环境治理，以及经济领域中的公正、国际关系中的道义问题等。实践伦理学也是现代西方伦理学的一个流派。

6. 比较伦理学（Comparative Ethics）

比较伦理学是伦理学的分支之一，研究不同地域、不同时代的各个民族和各种文化的道德和实践，着重研究各种道德体系的异同及其物质文化背景。

此种研究或注重于基本道德原则的共同性，如禁止凶杀、私通乱伦、偷窃盗抢等；或注重于各种道德实践的异性，如一夫一妻制与多偶制、禁止堕胎与堕胎自由等。

西方学术界一般认为，比较伦理学与人类学、历史学、社会学、心理学等社会科学有密切联系，利用这些学科的材料，侧重于对道德现象做出经验上可予证实的概括，发现并解释客观存在的人类行为模式，不规定道德律令，尽可能避免对道德事实做出优劣高下的价值评判。在此意义上，比较伦理学与规范伦理学形成对照，而与描述伦理学相近。

7. 规范伦理学（Normative Ethics）

规范伦理学又译作"规定伦理学"，是现代西方伦理学关于研究人们的行为准则，探究道德原则和规范的本质内容和评价标准，规定人们应当怎样行动的理论，与"元伦理学"相对。

在中外伦理学史上，绝大部分伦理学说均包含规范成分，如中国儒家就十分重视道德规范的研究，认为道德要调整人与人之间的关系，就必须依靠各种规范以节制人们的欲望，把人们的行为约束在一定社会秩序的范围之内。在西方，义务论、功利主义被认为是规范伦理学中的两大主要流派。而现代西方新实证主义把规范伦理学作为非科学的伦理学体系，认为道德原则和规范无法从科学上证明，只有以研究道德语言逻辑的元伦理学才是科学的。由于元伦理学无法说明和解决现实道德问题，20世纪60年代后在西方遭到批判，规范伦理学又被提到重要地位。美国伦理学家弗兰肯纳等试图寻找社会和道德理想与原则的新途径，探讨道德规范与判断的性质、基础，重新解释善与恶、正义与非正义等道德范畴，形成了新功利主义和正义论等规范伦理学理论。以马克思主义为指导的伦理学研究，把规范伦理学作为伦理学主要的成分，用于论证共产主义道德的原则、规范和范畴体系，以指导人们的道德实践。

8. 描述伦理学（Descriptive Ethics）

描述伦理学是伦理学学科形态之一，与"理论伦理学""规范伦理学"相对。

描述伦理学根据具体的历史材料，描述和研究各种社会、民族、阶级和社会集团中实际存在的道德关系、道德规范、道德观念、道德结构、道德风尚传统和社会纪律等，并进行社会学和历史学的分析。它主要描述和判定"道德事实"，再现人类道德的历史，并进行分析、解释，揭示产生和发展的主客观方面的原因，进而提出关于道德教育的具体方法和建议。描述伦理学对具体道德的分析研究对于伦理学某些理论问题的解决有很大的意义。

西方实证主义把描述伦理学作为伦理学的唯一内容和任务，认为伦理学应当只限于记述和说明道德事实，以此排斥理论分析和规范阐述。马克思主义道德学说把描述伦理学作为整个伦理学体系的一个有机组成部分，认为它和规范伦理学、理论伦理学处于不可分割的联系中。

9. 元伦理学（Metaethics）

元伦理学以逻辑和语言学的方法来分析道德概念判断的性质和意义，研究伦理词、句子的功能和用法的理论，与"规范伦理学"相对。

1903 年，摩尔《伦理学原理》一书的出版，是元伦理学兴起的标志。该理论否认可以通过科学的途径对道德判断进行论证，主张排斥一切规范价值体系，只研究道德语言，不涉及道德的实际内容；标榜对任何道德信念和道德原则体系都抱"中立"态度。

元伦理学主要研究：

（1）伦理词或道德概念（如善、恶、义务、正当等）的含义，能否下定义，以及道德判断的性质、意义、作用和使用规则；

（2）伦理词在道德上和非道德上应用的区别，道德判断和其他规范判断的区别；

（3）道德判断能否证明，证明的方法，以及道德和价值的推理逻辑等。

由于对上述问题所得出的结论不同，在元伦理学中形成不同的派别，主要有摩尔、罗斯、普理查德等的直觉主义，艾耶尔、史蒂文森等的感情主义和里尔、图尔明、厄姆森等的语言分析伦理学等。这些派别又可以从认识主义和非认识主义、叙述主义和反叙述主义来加以区别。

元伦理学者为追求概念的严密性和科学性，把自然科学的公式符号引入伦理学，从而加强了伦理学的形式化和脱离实际的倾向。这种形式的、非历史的道德研究方法，决定了元伦理学不可能解决现实生活中的道德问题，因而遭到西方学者的普遍批评。但它研究的课题及其分析方法，已被其他伦理学理论所吸收。在马克思主义伦理学著作中，也有使用这一概念的，主要用以表示伦理学的方法论和逻辑问题。

10. 道德心理学（Ethical Psychology）

道德心理学研究人类道德的心理结构及其活动规律的学科。道德心理结构指道德与心理的相互作用的联系方式，包括道德产生、形成和发展的心理基础，道德活动和道德行为的心理机制、心理过程和心理状态，道德对心理活动所起的作用等。它着重于研究由道德意识和道德活动所引起的心理应答规律，揭示道德的社会心理因素。

道德心理学的内容包括：道德对人们心理失衡、障碍与偏差的调节和克服；道德教育和道德修养的心理因素和心理过程；道德行为的心理驱动；消除人们对道德抵触的心理障碍的方法，等等。研究道德心理学，对于正确分析和阐述各种道德现象，正确认识和理解道

德意识、道德情感和道德意志产生和发展变化的规律，科学地掌握道德教育和道德修养的方法，自觉地培养高尚的道德品质，有着重要的意义。

11. 伦理相对主义（Ethical Relativism）

伦理相对主义是一种用相对主义观点认识和解释道德本质与道德判断的伦理学理论，与"伦理绝对主义"相对。断言道德观念和道德概念具有极端相对性和条件性，否认在道德发展中存在着具有普遍性和规律性的客观因素。把不同民族的习俗和风俗中的多样性和变动性绝对化，按其主要表现可分为两类：

（1）从道德主体出发，把道德只看作是主体的意志、情感、需要的表现，道德价值（善、恶；正当、不正当）完全以主体的赞成与不赞成的态度、快乐与不快乐、满意与不满意的主观体验为转移，从而否定道德的客观依据，任何是非、善恶的标准都被看作是主观的，相对的，甚至是任意的。这种相对主义常被称为主观心理主义的相对主义。

（2）从社会、文化环境出发，夸大不同国家、民族、社会文化的道德、风俗之间的差异性，否认道德的普遍规律，过分强调道德标准的相对性。这种相对主义亦称客观伦理相对主义或文化相对主义。

在西方伦理学史上，相对主义观点可追溯到公元前5世纪古希腊的智者普罗塔哥拉。近代霍布斯、曼德维尔、洛克也具有伦理相对主义思想倾向。伦理相对主义在现代西方伦理学中占着主导地位，并成为其重要特征之一。新实证主义、实用主义、存在主义以及各种形式的境遇伦理学都是相对主义的极端形式。伦理相对主义虽然反映了现实道德领域的发展变化和不同时代、社会、阶级、集团和个人道德观念的差异，但它夸大道德的相对性，否认道德的客观性、真理性和普遍性，因而导致道德上的怀疑主义和虚无主义。

12. 伦理绝对主义（Ethics Absolutism）

伦理绝对主义是一种用绝对主义观点认识和解释道德本质及其发展的伦理学理论，与"道德相对主义"相对。认为人们的善恶观念和道德规范是永恒不变的超历史的范畴，否认它们的历史性、阶级性和民族性，否认道德由低级向高级发展的进步性。主张建立一种适合于一切时代、一切民族的绝对的道德真理体系。

古希腊柏拉图把善作为一种永恒不变的真理，认为它具有绝对的价值。基督教伦理学把上帝的意志视为道德的绝对法则。康德把"绝对命令"看作是普遍的、先验的、永恒不变的绝对原则。杜林从"两个人意志的绝对平等"出发去构筑终极的道德体系，把道德视为宇宙所有天体上"个人的和公共生活必须遵循的一种模式"，是伦理绝对主义的代表。斯宾塞则从庸俗进化论的观点出发，虚构了一个他认为可以解释一切自然和社会现象的综合哲学公式。主张道德是进化的产物，凡有助于扩建和延续生命的或适应环境的就是快乐、幸福，也就是善，反之就是恶，并认为这是普遍的人类进化而来的善恶标准。在中国古代，董仲舒提出"天不变，道亦不变"，也是伦理绝对主义的一种表现。伦理绝对主义把道德基础归结为所谓永恒不变的神性、理性与人的自然性，否定道德与社会物质生活条件的联系，否认道德的历史性，因此是唯心主义的观点。恩格斯指出："我们驳斥一切想把任何道德教条当作永恒的、终极的、从此不变的道德规律强加给我们的企图。这种企图的借口是道德的世界，也有凌驾于历史和民族差别之上的不变原则。相反的，我们断定，一切已往的道德论归根到底都是当时的社会经济状况的产物。而社会直到现在还是在阶级对立中运动的，所以道德始终是阶级的道德。"

13. 应用伦理学（Applied Ethics）

应用伦理学是与规范伦理学原理相对应的伦理学科，以伦理学原理为依据，着重研究和解决现实生活中的伦理道德问题，使伦理道德更好地发挥自身的作用。应用伦理学中的应用本质上是将规范伦理学的理论和原则、规范运用于具体的道德生活领域，并在实践中验证和发展规范伦理学的理论和原则、规范，以推动伦理学的进步和完善。基本特征表现为：在研究对象上侧重研究规范伦理学理论在道德生活中的具体应用，在研究任务上以指导人类道德生活的具体实践为目的，在研究方法上以实证方法、描述法和解惑法为主，注重伦理道德作用和效能的发挥。

应用伦理学有广义和狭义两种含义：广义涉及人类生活的所有领域，包括个人生活、爱情婚姻家庭生活、职业生活、社会公共生活、社会经济生活、政治生活及国际关系诸领域等，凡在这些领域中产生并需要实际解决的伦理道德问题，都可以纳入应用伦理学的范围之内，成为应用伦理学的一个分支。狭义是与爱情婚姻家庭伦理学、职业伦理学和社会公共生活伦理学相并列的伦理学类型，探讨的是现实社会生活中道德理论和规范的具体应用。

应用伦理学作为系统化学科化的伦理学科是 20 世纪的产物，同其分支学科诸如环境伦理学、生命伦理学、科技伦理学、经济伦理学等的兴起密切相关。应用伦理学依据自身发展的状况可分为应用伦理学导论或理论的应用伦理学、应用伦理学发展史或应用伦理史学、应用伦理学分论或分支的应用伦理学和应用伦理学方法论四大类或四个大的研究领域。

14. 科技伦理学（Ethics of Science and Technology）

科技伦理学是研究科学技术活动中的伦理问题以及科技道德中一系列理论和实践问题的学科，属应用伦理学范畴，是随着科学技术的发展和职业伦理学的建立而逐步形成和发展起来。英国哲学家斯提芬（1832—1904）首先提出"科学伦理学"的概念。苏联科学家、宇航学的创始人齐奥尔科夫斯基于 1930 年出版《科学伦理学》一书。以后，许多哲学家和科学家就科技伦理提出了一系列的思想。1948 年，世界科学工作者联合会通过了《科学家宪章》，推动了该学科的发展。科技伦理学以科技道德为研究对象，主要内容包括：科学技术的发展与道德进步的内在联系；当代科学技术革命中所提出的一系列新的伦理道德问题，如试管婴儿、器官移植中的伦理问题，遗传工程、环境污染中的伦理问题，计算机应用中的伦理问题等；科技道德的本质、特点和功能；科技工作者应当遵循的道德规范和应当具备的道德品质，科技工作者的道德责任、自我道德修养、科学良心和科学荣誉；科技道德建设等问题。

研究和建设科技伦理学，对于提高科技工作者的道德素质，促进科学技术的发展以及正确处理人与自然的关系起着积极的作用。

15. 技术伦理学（Ethics of Technology）

技术伦理学是伦理学分支学科之一，研究人类技术应用活动中的伦理问题、道德准则和行为规范的学科，与技术哲学、技术社会学、科学伦理学等密切联系。

20世纪中叶以来，由于技术已成为改造人类自身、改造自然和改造社会的巨大力量，涉及技术与伦理道德关系的问题与日俱增。技术伦理学由此应运而生，成为一门新兴的交叉学科。

技术伦理学研究内容主要包括：

（1）当代新技术革命中所提出的一系列新的伦理道德问题，如试管婴儿、器官移植、"无痛苦致死"中的伦理问题，遗传工程、环境污染中的伦理问题，计算机应用中的伦理问题等；

（2）确立人类使用技术改造世界的道德标准，如新技术应用于改造自然的价值标准，技术应用于人类社会的善恶标准，技术应用于改变人类自身的道德界限，技术应用于战争的人道与非人道、正义与非正义的道德界限，技术发展和应用过程中动机与效果的道德评价等；

（3）技术发展与道德进步的相互关系，加快技术进步对人类道德视野扩大和观念和变革的影响，社会道德对技术发展、应用的制约及控制；

（4）工程技术人员的道德行为规范，工程技术人员对社会的道德责任以及个人应具备的道德品质；

（5）技术道德的建设，技术道德与技术立法的关系，技术高度发展时代的技术道德教育。

目前技术伦理学虽然没有形成稳定的学科体系，但在技术的社会价值取向上取得了进展，形成了不同的学派观点。技术乐观主义认为技术进步会带来新的价值伦理的革新，将会克服种种社会矛盾，而技术悲观主义则认为当代技术与道德处于对立状态，形成了种种不可克服的矛盾。

为了全人类的共同利益，人们必须正视新技术革命中出现的各种新的伦理道德问题。深入开展技术伦理学的研究，对于提高工程技术人员的道德素质，促进技术与自然、社会的协调发展具有重要的意义。

16. 技术理性（Technological Reason）

理性观念是在当今技术时代发展的新形态，是导致现代技术得以兴起与发展的理性。其典型特征是在人类征服自然的前提下，追求分解化约、同一性、定量化和功能效用的形式合理化。技术化的过程就是按照技术理性所要求的可量度、可通约、可计算、可预测的严格程序对自然界和社会进行改造、控制的过程；标准化、数量化已成为取代传统价值体系的、无可置疑的价值标准。理性的这种异化受到人文主义者的强烈批判，他们认为，要克服当代技术理性，必须以价值理性对其加以规范和引导。只有这样，才能恢复人的尊严与自由。

工程负责行为（Responsible Conduct in Engineering）指技术人员在工程活动中要遵循的道德原则和准则，一般包括：

（1）技术人员在履行其职业责任时，把公众的安全、健康和福利放在首位，并遵守可持续发展的原则。

（2）只在自己力所能及的范围内从事服务。

（3）仅以客观、诚实的方式发布公开声明。

（4）在职业事务中应作为忠诚的代理人或受委托人来为每一位雇主或客户服务，并避免利益冲突。

（5）将自己的职业声誉确立在自己优质服务的基础上，不应与别人进行不公平的竞争。

（6）在工作中努力维护和提高工程职业的荣誉、正直和尊严。

（7）在整个职业生涯中通过不断学习促进其职业发展，并为后学者提供职业和发展的机会。

17. 信息开发道德（Ethics of Information Exploitation）

信息开发道德是在为增加信息量、丰富信息资源或为信息活动提供新的手段、方式等的各种行为、活动中的道德要求。例如，发掘新的信息，构造新的信息通道，研制新的信息产品，都属于一般意义上的信息开发。

在信息开发中，人们应当掌握的基本的道德原则如下：

（1）维护公共利益原则。这一原则要求信息开发促进公共利益的发展，至少不能造成对公共利益的危害。对公共利益有所促进的信息开发行为是善的，是正当的行为，而对公共利益造成损害的信息开发行为则只能在道德上判定为恶的，是不正当的行为。

（2）尊重个人权利原则。这一原则要求信息开发人员在行使自己权利的同时也对别人的权利给予足够的尊重，至少不应侵犯别人的正当权利。

（3）纯洁、健康、向上的原则。这一原则要求信息开发人员应当有良好的道德素养，其所研制的信息产品应当有助于社会道德水平的提高，而不是相反，对社会道德状况造成腐蚀和毒化。

18. 信息管理道德（Ethics Information Management）

信息管理道德在对信息进行收集、加工、组织等引向预定目标的行为、活动中的道德要求。信息管理者是信息管理三要素（人员、技术、信息）中活的要素，其在信息管理伦理的建设中具有核心与能动的作用。明确信息管理者的道德准则，增强他们的道德意识，并使其道德意识转化为自觉的道德行为，对于信息管理道德来说具有至关重要的作用。

信息管理者的道德准则如下：

（1）确保只向授权用户开放信息系统；

（2）谨慎、细致管理、维护好信息系统，防止因工作的疏漏而给信息用户带来损害；

（3）及时更新信息系统的安全软件；

（4）确保信息服务的有益性。

19. 信息传播道德（Ethics of Information Dissemination）

信息传播道德是对信息的发布和扩散的道德要求。对于互联网时代的信息传播来说，依凭迅速发展的信息技术，人们已经在信息传播中享有高度的自由。然而，若要维护网上的基本秩序从而保证人们自由权利的实现，就必须对网上自由给予一定的限制，把自由限制在合理的范围之内，以防止其演变为肆无忌惮的任性妄为。

对于信息传播自由的道德限制，可以通过两种方式进行：一是信息传播主体的自我道德限制，一是公共信息通道中的外在道德限制。信息传播主体的自我道德限制，是指信息传播者基于其内在的道德价值观和道德规范，自觉按照有关道德要求正当地行使信息传播自由的权利。信息传播主体的自我道德限制，能够最充分体现出道德的特点，即：主体性、自觉性、自律性。然而并非每一信息传播主体都能够对其行为进行自觉的道德限制，因为有些信息传播主体可能还没有真正完成道德内化，或道德内化的程度还不够，故其良心机制要么还未完全建立，要么还不稳定、可靠。由于存在着这样的现象，因此，除了诉诸信息传播主体内在的自我道德限制之外，还需要为信息传播主体的行为设定一种外在的道德限制。针对信息传播行为的外在道德限制，实际上就是利用各种现代化的信息技术手段，对信息传播主体发送到公共信息通道的信息进行过滤，清除其中的某些不道德信息，强制将信息传播自由权利的行使限制在道德的范围之内。因为过滤是这样的道德限制的主要功能，所以，又可以将道德的外在限制称为道德过滤。

20. 信息消费道德（Ethics of Information Consumption）

信息消费道德是在利用信息或以信息为消费对象的活动中的道德要求。在信息消费领域，接受什么样的信息，进行什么样的信息消费，往往是经过信息消费主体的自主选择。信息消费主体的自主选择过程，就是信息消费主体权衡自己的经济理性和道德理性来满足其利益偏好和道德偏好的过程。但由于信息消费者的道德偏好是一般的道德偏好在信息消费活动中的特殊表现，而一般的道德偏好又往往在个体进入信息消费领域之前就已存在，因此，要切实发挥道德偏好在信息消费选择中的作用，就必须结合信息消费的具体情况，为道德偏好在这一特殊领域中的应用提供具体的指标。

根据信息消费的特殊情况，可以为信息消费者的行为选择确定的具体道德指标包括：

（1）信息消费应有利于而不是有害于消费主体自身道德品质的提升；

（2）信息消费者不应利用信息来造成对国家、社会和他人的危害；

（3）信息消费者不应在未经授权的情况下使用信息资源和信息产品。

后记
POSTSCRIPT

本书从起意到完成，已经过去整整三年。幸得清华大学研究生院 2021 年教改项目立项支持，且两次准予延迟结题时间，方得以在这个寒假集中撰写、校对和完稿。

从我 2013 年加入"工程伦理"等教学团队以来，物联网、云计算、大数据、深度学习、AlphaGo、自动驾驶、区块链、5G、ChatGPT、Sora 等技术创新和应用日新月异，引发的伦理问题也接踵而至，法治建设、全球行动也在探索、碰撞中不断向前。这些发展给本教材提供了丰富的素材，同时也推动我继续深化对本主题的研究，不断优化教学组织。希望这本教材有比较全面、比较健壮的体系结构，章节内容既涵盖基础理论、重要技术和工程实践，又包含案例和讨论题，以启发读者思考，并便于组织教学讨论。总之，希望在书籍出版后的一段时间内，它能成为高校师生和业界工程师的学习参考。我深知这是一个极具挑战性的任务，自感目前交出的答卷仅初步达到了目标。我恳请读者们给予宝贵的反馈意见。

此时此刻，众多师友对我的帮助如放电影般在我眼前一一浮现。

首先，我要感谢学校研究生院和国家卓越工程师学院。2013 年，得益于研究生院在全校推进专业伦理教育的决策，我有机会加入"工程伦理"教学团队，并开启了学习、思考、讲授和宣传工程伦理教育的旅程。如果没有杨斌、姚强、周杰等几任院长的持续推动，我难以进入这个交叉领域，并完成"数据伦理"和"工程伦理"课程的教学任务。2015—2024 年，我在校内共开设了 14 个班次的研究生公共素养课"数据伦理"，1184 名学生先后完成课程学习；2019—2024 年，我为 6 个年级、8 个班次的创新领军工程博士生讲授"工程伦理"课程，237 名学生已完成课程学习。

其次，我要感谢校内多位专业教师的帮助。社科学院的李正风、雷毅等科技哲学专家牵头推进全校职业伦理课程建设，普及伦理学知识，规划学术和职业伦理课程方案，组织教学讨论，编写教学大纲，组织《工程伦理》教材编写、慕课录制、视频案例建设和教师培训，是他们带我进入这个领域，并陪伴我学习和成长。经管学院的钱小军、姜朋教授倾心分享《商业伦理》标杆课教学经验，并将优秀案例集及伦理教育反思著作馈赠于我，让我学习了工科教学中少有的案例分析教学实践。赵劲松、杨福源、刘洪玉、李淼、李丹勋、王建龙、唐潇风等在各自工程领域卓有建树的学者分享了对本领域工程伦理问题的洞察，研讨了安全、健康、可持续等全球关注的工程伦理价值及其实践应用，为我提供了很有价值的多学科分析视角。龚克、薛澜、彭宗超、梁正等教授在国际、国内相关组织承担责任，他们在工程伦理特别是人工智能伦理方面的见解和行动让我受益匪浅。自动化系的同仁全方位给予我帮助，不论是直接参与课程教学活动的裴欣、黄海燕、戈红江、孟庆慧等多位教师，还是组织课程改革、系列教材建设的张涛、陈峰、王红、石宗英、张长水、耿华、鲁继文等，他们一直是我最有力的支撑。

在这个过程中，我还有幸结识了校外不同领域的专家学者，并得到他们的真诚帮助。这是一个长长的名单，我只能举出少数代表以表达我对他们的感谢：全国工程专业学位教学指导委员会"工程伦理"专家团队的王前、丛杭青等教授，人工智能伦理研究领域的活跃学者李伦、段伟仁等专家，教育部高等学校自动化类专业教学指导委员会的刘丁、吴晓蓓、戴先中等教授，是他们，帮我渡过了一个个难关。

感谢清华大学出版社和"学堂在线"在制作、出版、交流、传播等方面对我的关爱和支持。

我要深深感谢我的学生们——包括先后担任"数据伦理"课程助教的刘宏光、祝哲、董永奇、孙辰朔、付睿、孙正卫、邵东珂、郭宇晴、李尹硕和李东泰同学，以及所有积极参加小组研讨、完成高质量课程报告或教学案例的同学们。书中有一些内容直接来自他们的贡献，除少数几个做了标注外，大多数都融入教材中了。

为了增加对大模型的一手使用经验，本书写作过程中，我学习运用智谱清言（ChatGLM——一款来自于清华大学唐杰科技团队的大模型工具）。它帮助我精读文献、梳理逻辑、校对润色，让孤独的写作过程变成了一个可以互动时有启发的有趣过程。我还尝试在智谱清言的平台上创建了一个专属智能体——"和张老师讨论数据伦理"，试着用书中讨论题提问，互动结果较为满意。如有需要的人士，可联系本书的责任编辑（zhaokai@tup.tsinghua.edu.cn）以获取更多信息。

最后，由衷感谢始终如一关爱和支持我的工作、默默帮我分担家庭责任的亲人们。

张佐